U0322643

普通高等院校电子信息类系列教材

现代密码学

（第2版）

任 伟 编 著

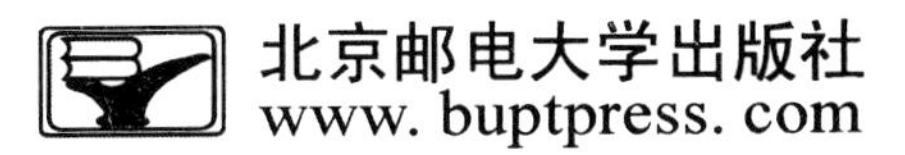
北京邮电大学出版社
www.buptpress.com

内容简介

本书内容包括密码学概述、古典密码体制、信息理论安全、序列密码、分组密码、Hash函数和消息鉴别、公钥加密(基础)、公钥加密(扩展)、数字签名、实体认证与身份识别、密钥管理。本书的特点是注重介绍知识的内在逻辑性,展现密码学方案设计的内在规律和基本原理,注重使用比较和类比的方式探究一般规律和方法论,使学习者"知其所以然"。在给出方案的同时,还给出具有启发性的解释和讨论,解释方案的设计机理、来源和思路,试图培养学习者的逻辑推理能力和设计密码学方案的创造性思维方式。

本书面向的主要对象包括高等学校信息安全、密码学、电子对抗、应用数学、计算机科学、通信工程、信息工程、软件工程等专业本科高年级学生和研究生。对具有密码学基础的研究人员也有启发作用和参考价值。

图书在版编目(CIP)数据

现代密码学 / 任伟编著. --2版. --北京:北京邮电大学出版社,2014.1
ISBN 978-7-5635-2294-1

Ⅰ.①现… Ⅱ.①任… Ⅲ.①密码—理论 Ⅳ.①TN918.1

中国版本图书馆CIP数据核字(2013)第296116号

书　　名:现代密码学(第2版)
著作责任者:任　伟　编著
责 任 编 辑:刘　颖
出 版 发 行:北京邮电大学出版社
社　　址:北京市海淀区西土城路10号(邮编:100876)
发 行 部:电话:010-62282185　传真:010-62283578
E-mail:publish@bupt.edu.cn
经　　销:各地新华书店
印　　刷:北京源海印刷有限责任公司
开　　本:787 mm×1 092 mm　1/16
印　　张:15.5
字　　数:373千字
印　　数:1—3 000册
版　　次:2011年4月第1版　2014年1月第2版　2014年1月第1次印刷

ISBN 978-7-5635-2294-1　　定　价:32.00元

一本好的教材不仅要教给读者知识，更重要的是要给读者以启迪。任伟博士的新著《现代密码学》不但“授人鱼”而且更“授人以渔”。

“现代密码学”是一门既难学，更难讲的重要基础课程。它既要求学生具备良好的数学基础，更要求教师的讲解要深入、透彻，如果没有一本很好的教材，那么，无论是老师还是学生都将在它面前一筹莫展。

为了向读者展示现代密码学中的逻辑思维过程，启发读者的创造性，尽可能地让读者真正学懂现代密码学的精髓，本书作者可谓是使尽了浑身解数：演绎法、归纳法、关联法、典型示例法、方案比较法、特征和规律提炼法等方法层出不穷；浅显的解释、历史的回顾、现状的综述、前景的展望等尽情发挥；内在基本原理的揭示、理论与技术的推广讨论、全面的扩展思维等无所不包。

作为一本专著，本书取材独具一格，内容翔实，覆盖面广，组织结构由浅入深，思维周到严谨，富有逻辑性。作为一本教材，本书讲解通俗易懂，举例丰富，分析透彻，可读性强。本书的特别之处还在于它论述的视角独特，注重对一般规律和基本原理的论述，包含了大量的知识归纳和前后逻辑的关联和比较，颇具启发性。本书对深入理解现代密码设计的内在机制，提高应用密码学知识的创新能力是一次有益的尝试，对现有密码学书籍是有益的开拓和补充。该书的出版必将有助于推动我国现代密码学的教学和科研工作。

灵创团队带头人

北京邮电大学信息安全中心主任

灾备技术国家重点实验室主任

国家级精品课程“现代密码学”负责人

国家级教学名师、博士导师、长江学者

前言

目前市场上已经有很多密码学书籍，但普遍存在的一个问题就是大部分书中对原理、原则和设计机理等内在机制的讲解仍不充分，学生在学习了各种方案后，不理解这些方案是如何设计出来的，特别是不知道这些方案是如何想出来的，不知道其来龙去脉，没有理解方案设计中内在的逻辑性，没有"真正学懂"，以至于疲于死记硬背方案本身，导致学生无法学以致用，尤其缺乏设计安全方案的能力。同时，目前的教材在思维的启发性方面、学生创造性能力培养方面仍然有待完善。本书有意识地引导学生思考，培养他们的逻辑推理能力，发散性思维能力，知识的归纳能力，以及灵活运用所学知识的能力。

本书也是一本旨在让学习者能够"真正学懂密码学"的密码学教材。"密码学"是信息安全专业、密码学专业、电子对抗等专业中一门最重要的专业课，在学科知识体系中占据重要的地位。但是，多年的教学实践以及学生的体会表明，它也是一门非常难学(和难讲授)的一门综合课程，其数学基础涉及算法数论、计算复杂性、抽象代数、信息论、概率论等，讲授的内容覆盖面广，各知识点均具有一定难度和深度。因此，"真正讲透或学懂密码学"对于教与学双方都是一个挑战。

"真正学懂"意味着对知识的深刻理解、对一般规律的认识，甚至是融会贯通、应用自如。本书在这个方面可能是一次有益的尝试。每章内容的组织是从整体全貌到局部细节，从一般模型到具体方案(先讲模型、分类，再介绍具体构造方案)。介绍具体内容时遵照学习规律，从易到难，从简单方案到改进方案，还原历史发展的原貌和变迁，突出来龙去脉(如在介绍公钥方案的提出时，先介绍 Merkle 谜题，Pohlig-Hellman 对称密钥分组加密，Merkle-Hellman 背包公钥密码方案，最后介绍 RSA 方案)。讲解内容时深入浅出，简洁、直观、易懂，使用浅显的语言表述深奥的内在规律。在介绍完多个具体方案后，再归纳一般规律，从具体到抽象，从具体方案中提炼出一般规律和原理(如从 ElGamal 签名、DSA 等到一般 ElGamal 签名，从基于身份识别协议到知识签名)。大部分方案给出实例(如实际数据)进行直观地讲解。此外，本书还大量采用类比法、比较法、归纳法、图示法，试图使读者对所学内容能够反复巩固，前后联系。

写作本书时还特别遵循了以下思路：

(1) 注重启发性。改变了目前教材中以罗列密码学方案为主，缺乏对设计原理的分析，对设计的动机和逻辑性的解释的局面。让学习者知其然，也知其所以然。

(2) 注重知识点的逻辑联系和类比。章节间和章节中前后各个分离的知识点间的联系和类比关系，明确给出各知识点间的关联并加以强调，便于读者体会密码算法或协议设计的奥妙。

(3) 注重原理的总结和推广。在具体构造方案介绍后,给出一般性构造方案,或者加以讨论和提炼总结,有利于知识的理解,举一反三。

(4) 广度和深度兼具。基本原理,基本概念的讲解力求透彻,有深度。通过扩展阅读提高广度,便于回顾经典论文或者了解最新的国际国内发展动态。

(5) 内容新颖。给出了基于计算复杂性的现代密码学的基本概念、原则。论述了可证明安全性理论的基础知识,如随机预言模型、安全定义、规约证明方法。解决了学生学完密码学课程后,无法看懂现代密码学论文的一个窘境。

全书共分 11 章:第 1 章对密码学做一个概述;第 2 章介绍古典密码体制;第 3 章介绍信息理论安全;第 4 章介绍序列密码;第 5 章介绍分组密码;第 6 章介绍 Hash 函数和消息鉴别;第 7 章介绍公钥加密(基础);第 8 章介绍公钥加密(扩展);第 9 章介绍数字签名;第 10 章介绍实体认证与身份识别;第 11 章介绍密钥管理。

全书精心安排了示例。为帮助读者进一步对内容的拓展研究,还有针对性地提供了进一步阅读建议,用于开展课外学习和论文研读讨论。每章小结归纳了本章知识点,并指出重点和难点,便于复习。打 * 号的章节可选学。

本书面向的主要对象包括高等学校信息安全、密码学、电子对抗、应用数学、计算机科学、通信工程、信息工程、软件工程等专业本科高年级学生和研究生。对具有密码学基础的研究人员也有启发作用和参考价值。

第 2 版中更新了参考文献以及对文献的阅读建议,并对书中内容作了较多增删调整。

本书受到国家自然科学基金资助(No. 61170217),湖北省教育厅高等学校教学研究项目资助(No. 2011123)以及中国地质大学(武汉)实验技术研究经费(SJC-201214)的资助,在此表示感谢。

特别感谢长江学者北京邮电大学杨义先教授为本书第 1 版作序。由于作者水平有限,在此衷心希望读者提出意见和建议,便于本书进一步改进,我的 E-mail 是:weirencs@cug.edu.cn。

作者

2013 年 8 月

目　录

第 1 章　密码学概论 …… 1

1.1　密码学的目标与知识构成 …… 1
1.2　密码学的发展简史 …… 3
1.3　对加密体制的攻击* …… 7
小结 …… 7
扩展阅读建议 …… 8

第 2 章　古典密码体制 …… 9

2.1　密码系统的基本概念模型 …… 9
2.2　置换加密体制 …… 10
2.3　代换加密体制 …… 11
2.3.1　单表代换密码 …… 11
2.3.2　多表代换密码 …… 13
2.3.3　多表代换密码的统计分析* …… 16
2.3.4　转轮密码机 …… 18
小结 …… 20
扩展阅读建议 …… 21

第 3 章　信息理论安全 …… 22

3.1　基本信息论概念 …… 22
3.1.1　信息量和熵 …… 22
3.1.2　联合熵、条件熵、平均互信息 …… 24
3.2　保密系统的数学模型 …… 26
3.3　完善保密性 …… 31
3.4　冗余度、唯一解距离* …… 34
3.5　乘积密码体制 …… 37
小结 …… 38
扩展阅读建议 …… 39

第 4 章　序列密码 …… 40

4.1　序列密码的基本原理 …… 40
4.1.1　序列密码的核心问题 …… 41
4.1.2　序列密码的一般模型 …… 41
4.1.3　伪随机序列的要求* …… 44
4.2　密钥流生成器 …… 45
4.2.1　密钥流生成器的架构 …… 45
4.2.2　线性反馈移位寄存器 …… 46
4.2.3　非线性序列生成器* …… 48
4.2.4　案例学习:A5 算法 …… 50
4.3　伪随机序列生成器的其他方法* …… 51
4.3.1　基于软件实现的方法(RC4 算法) …… 51
4.3.2　基于混沌的方法简介 …… 52
小结 …… 52
扩展阅读建议 …… 53

第 5 章　分组密码 …… 54

5.1　分组密码的原理 …… 54
5.1.1　分组密码的一般模型 …… 54
5.1.2　分组密码的基本设计原理 …… 56
5.1.3　分组密码的基本设计结构 …… 56
5.1.4　分组密码的设计准则 …… 59
5.1.5　分组密码的实现原则 …… 60
5.2　案例学习:DES …… 61
5.2.1　DES 的总体结构和局部设计 …… 61
5.2.2　DES 的安全性 …… 68
5.2.3　多重 DES …… 71
5.3　案例学习:AES …… 73
5.3.1　AES 的设计思想 …… 73
5.3.2　AES 的设计结构 …… 74
5.4　其他分组密码简介* …… 84
5.4.1　SMS4 简介 …… 84
5.4.2　RC6 简介 …… 86
5.4.3　IDEA 简介 …… 88
5.5　分组密码的工作模式 …… 89
5.5.1　ECB 模式 …… 89
5.5.2　CBC 模式 …… 90
5.5.3　CFB 模式 …… 91

5.5.4 OFB 模式 …… 92
5.5.5 CTR 模式 …… 93
小结 …… 93
扩展阅读建议 …… 95

第 6 章 Hash 函数和消息鉴别 …… 96

6.1 Hash 函数 …… 96
6.1.1 Hash 函数的概念 …… 96
6.1.2 Hash 函数的一般模型 …… 98
6.1.3 Hash 函数的一般结构(Merkle-Damgard 变换)* …… 99
6.1.4 Hash 函数的应用 …… 100
6.1.5 Hash 函数的安全性(生日攻击) …… 101
6.2 Hash 函数的构造 …… 102
6.2.1 直接构造法举例 SHA-1 …… 102
6.2.2 基于分组密码构造 …… 104
6.2.3 基于计算复杂性方法的构造* …… 107
6.3 消息鉴别码 …… 109
6.3.1 认证系统的模型 …… 109
6.3.2 MAC 的安全性 …… 110
6.3.3 案例学习:CBC-MAC …… 111
6.3.4 嵌套 MAC 及其安全性证明* …… 113
6.3.5 案例学习:HMAC …… 114
6.4 对称密钥加密和 Hash 函数应用小综合* …… 116
小结 …… 118
扩展阅读建议 …… 119

第 7 章 公钥加密(基础) …… 120

7.1 公钥密码体制概述 …… 120
7.1.1 公钥密码体制的提出 …… 120
7.1.2 公钥密码学的基本模型 …… 121
7.1.3 公钥加密体制的一般模型 …… 121
7.1.4 公钥加密体制的设计原理 …… 123
7.2 一个故事和三个案例体会 …… 124
7.2.1 Merkle 谜题(Puzzle) …… 124
7.2.2 Pohlig-Hellman 对称密钥分组加密 …… 125
7.2.3 Merkle-Hellman 背包公钥密码方案 …… 125
7.2.4 Rabin 公钥密码体制 …… 127
7.3 RSA 密码体制 …… 130
7.3.1 RSA 方案描述 …… 131

7.3.2 RSA 方案的安全性* …… 133
小结 …… 136
扩展阅读建议 …… 137

第 8 章 公钥加密(扩展) …… 139

8.1 ElGamal 密码体制 …… 139
8.1.1 离散对数问题与 Diffie-Hellman 问题 …… 139
8.1.2 Diffie-Hellman 密钥交换协议 …… 140
8.1.3 ElGamal 方案描述 …… 141
8.1.4 ElGamal 方案的设计思路 …… 141
8.1.5 ElGamal 方案的安全性* …… 143
8.2 椭圆曲线密码系统 …… 144
8.2.1 ECDLP 以及 ECDHP …… 145
8.2.2 ElGamal 的椭圆曲线版本 …… 145
8.2.3 Manezes-Vanstone 椭圆曲线密码体制 …… 146
8.2.4 ECC 密码体制 …… 147
8.3 概率公钥密码体制* …… 149
8.3.1 语义安全 …… 149
8.3.2 Goldwasser-Micali 加密体制 …… 150
8.4 NTRU 密码体制* …… 153
8.4.1 NTRU 加密方案 …… 153
8.4.2 NTRU 的安全性和效率 …… 155
小结 …… 156
扩展阅读建议 …… 156

第 9 章 数字签名 …… 158

9.1 数字签名概述 …… 158
9.1.1 数字签名的一般模型 …… 158
9.1.2 数字签名的分类 …… 159
9.1.3 数字签名的设计原理* …… 159
9.1.4 数字签名的安全性* …… 160
9.2 体会 4 个经典方案 …… 161
9.2.1 基于单向函数的一次性签名 …… 161
9.2.2 基于对称加密的一次性签名 …… 163
9.2.3 Rabin 数字签名 …… 164
9.2.4 RSA 数字签名及其安全性分析 …… 165
9.3 基于离散对数的数字签名 …… 168
9.3.1 ElGamal 签名 …… 168
9.3.2 ElGamal 签名的设计机理与安全性分析 …… 169

9.3.3　Schnorr 签名 …… 172
9.3.4　数字签名标准 …… 173
9.3.5　Neberg-Rueppel 签名体制 …… 176
9.4　离散对数签名的设计原理* …… 177
9.4.1　基于离散对数问题的一般签名方案 …… 177
9.4.2　签名多个消息 …… 178
9.4.3　GOST 签名 …… 179
9.4.4　Okamoto 签名 …… 179
9.4.5　椭圆曲线签名 ECDSA …… 180
9.5　基于身份识别协议的签名* …… 181
9.5.1　Feige-Fiat-Shamir 签名方案 …… 182
9.5.2　Guillou-Quisquater 签名方案 …… 183
9.5.3　知识签名 …… 184
9.6　特殊签名案例学习：盲签名* …… 185
9.6.1　基于 RSA 构造的 Chaum 盲签名 …… 185
9.6.2　基于 ElGamal 构造的盲签名 …… 187
9.6.3　ElGamal 型盲签名方案的一般构造方法* …… 187
9.6.4　盲签名的应用 …… 188
小结 …… 189
扩展阅读建议 …… 190

第 10 章　实体认证与身份识别 …… 191

10.1　实体认证与身份识别概述 …… 191
10.1.1　实体认证的基本概念 …… 191
10.1.2　身份识别的基本概念 …… 192
10.1.3　对身份识别协议的攻击 …… 193
10.2　基于口令的实体认证 …… 193
10.2.1　基于口令的认证协议 …… 194
10.2.2　基于 Hash 链的认证协议 …… 195
10.2.3　基于口令的实体认证连同加密的密钥交换协议 …… 196
10.3　基于“挑战应答”协议的实体认证 …… 197
10.3.1　基于对称密码的实体认证 …… 197
10.3.2　基于公钥密码的实体认证 …… 199
10.3.3　基于散列函数的实体认证 …… 200
10.4　身份识别协议* …… 201
10.4.1　Fiat-Shamir 身份识别协议 …… 201
10.4.2　Feige-Fiat-Shamir 身份识别协议 …… 203
10.4.3　Guillou-Quisquater 身份识别协议 …… 204
10.4.4　Schnorr 身份识别协议 …… 205

10.4.5 Okamoto身份识别协议 …… 206
小结 …… 207
扩展阅读建议 …… 207

第11章 密钥管理 …… 208

11.1 密钥管理概述 …… 208
11.1.1 密钥管理的内容 …… 208
11.1.2 密钥的种类 …… 209
11.1.3 密钥长度的选取 …… 210
11.2 密钥生成* …… 211
11.2.1 伪随机数生成器的概念 …… 211
11.2.2 密码学上安全的伪随机比特生成器 …… 212
11.2.3 标准化的伪随机数生成器 …… 214
11.3 密钥分配 …… 215
11.3.1 公钥的分发 …… 215
11.3.2 无中心对称密钥的分发 …… 215
11.3.3 有中心对称密钥的分发 …… 216
11.3.4 Blom密钥分配协议* …… 221
11.4 PKI技术 …… 222
11.4.1 PKI的组成 …… 222
11.4.2 X.509认证业务 …… 223
11.4.3 PKI中的信任模型 …… 226
小结 …… 228
扩展阅读建议 …… 229

参考文献 …… 230

第1章 密码学概述

1.1 密码学的目标与知识构成

随着信息社会的发展,信息安全成为一个需要解决的关键问题。针对信息安全的攻击,主要包括主动攻击和被动攻击。被动攻击主要是信息的截取(interception),指未授权地窃听传输的信息,企图分析出消息内容或者是通信模式。主动攻击包括:(1)中断(interruption),阻止通信设施的正常工作,破坏可用性;(2)篡改(modification),更改数据流;(3)伪造(fabrication),将一个非法实体伪装成一个合法的实体;(4)重放(replay)攻击,将一个数据单元截获后进行重传。

信息安全的目标是确保信息的安全性。安全目标通常包括如下几项。

(1) 机密性(confidentiality)。指保证信息不泄露给非授权的用户或者实体,确保保存的信息和被传输的信息仅能被授权的各方得到,而非授权用户即使得到信息也无法知晓信息的内容。通常通过访问控制机制阻止非授权的访问,通过加密机制阻止非授权用户知晓信息的内容。

(2) 完整性(integrity)。指消息未经授权不能进行篡改,要保证消息的一致性。即消息在生成、传输、存储和使用过程中不应发生人为或者非人为地非授权篡改(插入、修改、删除、重排序等)。一般通过访问控制阻止篡改行为,同时通过消息摘要算法来检测信息是否被篡改。

(3) 认证性(authentication)。指确保一个消息的来源或者消息本身被正确地标识,同时确保该标识没有被伪造,认证分为消息鉴别和实体认证。消息鉴别是指接收方保证消息确实来自于所声称的源;实体认证指能确保被认证实体是所声称的实体。

(4) 不可否认性(non-repudiation)。指能保证用户无法事后否认曾经对信息进行的生成、签发、接收等行为。当发送一个消息时,接收方能证实该消息确实是由既定的发送方发来的,称为源不可否认性;同样,当接收方收到一个消息时,发送方能够证实该消息确实已经送到了指定的接收方,称为宿不可否认性。一般通过数字签名来提供不可否认服务。

(5) 可用性(availability)。指保障信息资源随时可提供服务的能力。即授权用户根据需要可以随时访问所需信息,保证合法用户对信息资源的使用不被非法拒绝。典型的对可用性的攻击是拒绝服务攻击。

除了以上一些主要目标外,还有隐私性(privacy)、匿名性(anonymity)等。

为达到上述目标,信息安全采用了信息论、计算机科学和密码学等方面的知识,形成了一门综合学科,其主要任务是研究计算机系统和通信网络中信息的保护方法,以及实现系统和网络中信息的机密性、完整性、认证性、不可否认性、可用性等目标,其中密码学是实现信息安全目标的核心技术。

密码学(cryptology)研究实现信息安全各目标的相关的数学、方法和技术。密码学不是提供信息安全的唯一方式。其研究的目标是信息安全目标的一个子集，主要包括机密性、完整性、认证性、不可否认性。为实现上述目标，密码学结合数学、计算机科学、电子与通信等诸多学科的方法于一体，是一门交叉学科。从大的方面可分为密码编码学和密码分析学两类，对应于密码方案的设计学科和密码方案的分析学科。

密码学在设计方案的时候，首先需要考虑方案所能达到的安全性。通常，衡量密码体制安全性的基本准则有以下几种。

(1) 计算安全(computational security)。如果攻破一个密码体制所需要的计算能力和计算时间是现实条件所不具备的，就认为相应的密码体制满足计算安全。

(2) 可证明安全(provable security)。如果攻破一个密码体制意味着可以解决某一个经过深入研究的数学难题，就认为相应的密码体制满足可证明安全。

(3) 无条件安全(unconditional security)。如果假设攻击者在无限计算能力和计算时间的前提下，也无法攻破该体制，则认为相应的密码体制满足无条件安全。

通常现代密码学强调达到可证明安全性，这通常是计算安全的。即安全具有一定的等级，这种等级通常通过攻破方案所需要的工作量来衡量。

除了安全性外，还需要考虑到如下几个方面。

(1) 功能性。方案能够满足安全需求。

(2) 性能。方案的计算、存储、传输等各方面的效率。

(3) 容易实现性。在实际中实施方案的难易程度。包括在软件和硬件环境中实现密码要素的复杂度。

上述方面往往在实际应用中需要权衡，如在一个计算能力有限的环境中，为了系统整体上具有良好的性能，可能不得不割舍高级别的安全性。

围绕着密码学要达到的目标，可以将密码学的实现方案分类成各种工具。图 1.1 给出了密码学内容的构成，图 1.2 围绕着安全目标给出了各内容间的联系。

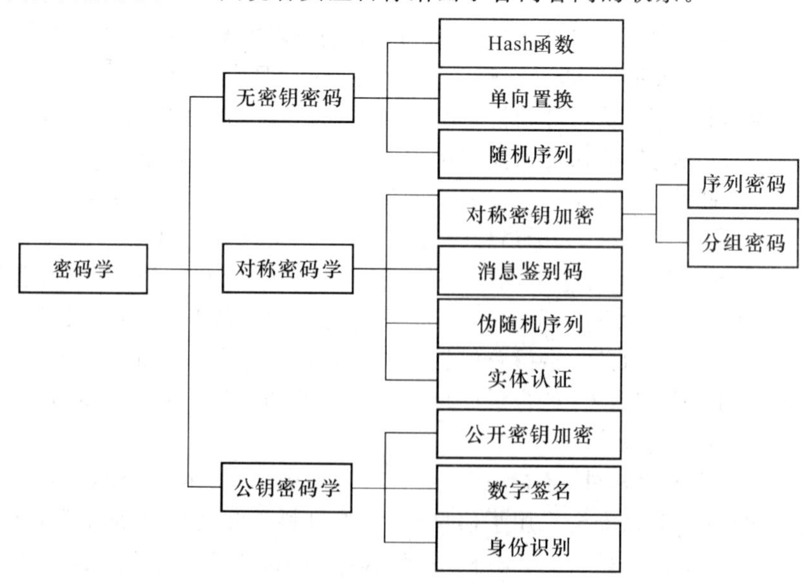

图 1.1　密码学的内容构成

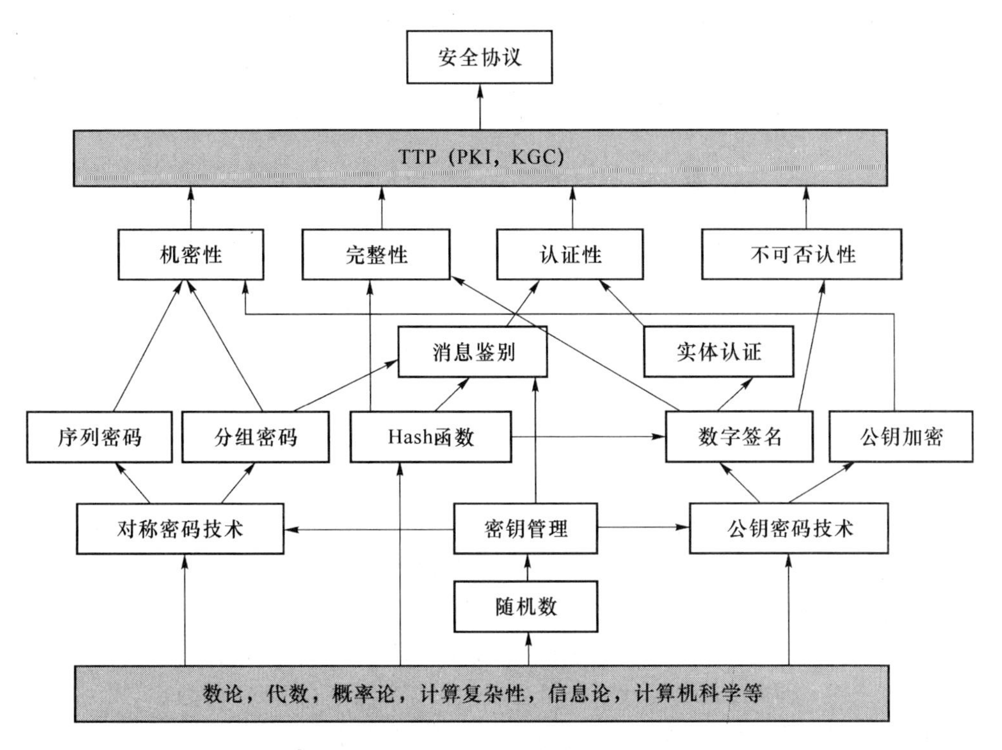

图 1.2 密码学研究内容间的联系

1.2 密码学的发展简史

从整体上来说，密码学经过了人工密码，到机械密码，到电子计算机密码的发展历程。下面按年代顺序列出密码学发展中的重要事件。

1. 古典密码时期

(1) 公元前 1900 年左右，一位佚名的埃及书吏在碑文中使用了非标准的象形文字，或许是目前已知最早的密码术实例。

(2) 公元前 400 多年，古希腊斯巴达军队中使用的 Scytale 密码，是一种置换密码。

(3) 公元前 1 世纪，古罗马帝国皇帝 Caesar 曾经使用有序的单表代换密码，即 Caesar 密码，是单表代换密码的代表。

(4) 我国宋代曾公亮、丁度等编撰的《武经总要 · 字验》中记载，北宋前期，在作战中曾用一首五言律诗的 40 个汉字，分别代表 40 种情况或要求，这种方式已具备了密码本的特点。

(5) 欧洲的密码学起源于中世纪的罗马和意大利。约在 1379 年，欧洲第一本关于密码学的手册由生活在意大利北部城市 Parma 的 Gabriela de Lavinde 写成，它由几个加密算法组成，且为罗马教皇 Clement 七世服务。

(6) 阿拉伯人是第一个清晰地理解密码学原理的人，他们设计并使用代换和换位加密，并且发现了密码分析中的字母频率分布关系。大约在 1412 年，波斯人 al-Qalqashandi 所编的百科全书中的第 14 卷载有破译简单代换密码的方法。这是密码分析法最早的著作之一。

(7) 大约在 1467 年左右,意大利佛罗伦萨的建筑师 Alberti 发明了多字母表替代密码,他设计了一个密码盘,该盘有一个大一些的外轮和一个小一些的内轮,并各自以明文字符和密文字符做索引。字母的排列确定了一个简单替代并且可在加密一些字之后通过转动盘来修改替代方式。

(8) 1508 年,密码学的第一本印刷书籍 *Polygraphic* 由德国的僧侣 Trithemius 写成,并在 1518 年出版,其中包含了第一个基于 24 个字符的方形表,该表列出了明文字母表字符在一个固定次序下的所有移位替代。

(9) 17 世纪,英国著名的哲学家弗朗西斯·培根在他所著的《学问的发展》一书中最早给密码下了定义,他说:"所谓密码应具备三个条件,即易于翻译、第三者无法理解、在一定场合下不易引人注意。"

(10) 1854 年,Playfair 密码(Playfair Cipher)由 C. Wheatstone 提出的,此后由他的朋友 L. Playfair 将该密码公布,所以就称为 Playfair 密码。

(11) 1858 年,维吉尼亚密码(Vigenere Cipher)由法国密码学家 B. D. Vigenere 提出。

(12) 1860 年,密码系统在外交通信中已得到普遍使用。如在美国国内战争中,联邦军广泛地使用换位加密,主要是使用 Vigenere 密码。

(13) 1863 年 Kasiki 测试法由普鲁士军官 F. Kasiski 提出,用于分析多表代换的周期。

(14) 1871 年,上海大北水线电报公司选用 6 899 个汉字,代以 4 码数字,成为中国最初的商用密码本,同时也设计了由明码本改编成密码本并进行混淆的方法。

(15) 1883 年,A. Kerckhoffs 在《军事密码学》一书中提出了密码系统的安全性的一个基本假设,称为 Kerckhoffs 假设(原则),即密码分析者知道所使用的密码算法。

(16) 1917 年,Vernam 密码由美国 AT&T 公司的 G. Vernam 为电报通信设计的非常简单方便的密码。它奠定了序列密码的基础。

(17) 1918 年,W. F. Friedman 的论文《重合指数及其在密码学中的应用》(*The Index of Coincidence and Its Applications in Cryptography*),给出了多表代换密码的破译方法,是 1949 年之前最重要的密码文献。

(18) 1929 年,希尔密码(Hill Cipher)由数学家 L. Hill 提出。

古典密码时期密码技术仅是一门文字变换艺术,其研究和应用远没有形成一门科学,最多只能称其为密码术。

2. 近代密码时期

(1) 20 世纪 20 年代,随着机械和机电技术的成熟,以及电报和无线电需求的出现,引起了密码设备方面的一场革命——发明了转轮密码机(Rotor),转轮机的出现是密码学发展的重要标志之一,从此出现了商业密码机的公司和市场。

(2) 从 1921 年开始的接下来的十多年里,美国加州奥克兰的一个名叫 Edward Hebern 的人构造了一系列改进的转轮机,并应用于美国海军的试用评估,他申请了第一个转轮机的专利,这种装置在差不多 50 年内被指定为美军的主要密码设备,奠定了第二次世界大战中,美国在密码学方面的超级地位。

(3) 在美国的 Herbern 发明转轮密码机的同时,欧洲的工程师们如荷兰的 Hugo Koch、德国的 Arthur Scherbius 都独立地提出了转轮机的概念。Authur Scherbius 于 1919 年设计出了历史上著名的密码机——德国的 Enigma 机(意思是"谜")。1930 年,日本的第一转轮密码机(美国分析家称之为RED)开始为外交部服务。1939年,日本人引入了一个新的加密机(美国分析家称之为PURPLE),其中的转轮机用电话步进交换机取代。

(4) 第二次世界大战是人工加密时代转变为机械加密时代的转折点。转轮密码机的大量使用极大提高了加解密速度,同时抗攻击性能有很大的提高,是密码学发展史上的一个里程碑。同时,密码分析最伟大的成功发生在“二次大战”期间,波兰人和英国人破译了Enigma密码,美国人攻破了日本的RED、ORANGE和PURPLE密码,对盟军在二次大战中获胜起到了关键性作用。

近代密码时期可以看作是科学密码学的前夜,这阶段的密码技术可以说是一种艺术,是一种技巧和经验的综合体,但还不是一种科学,密码专家常常是凭直觉和信念来进行密码设计和分析,而不是推理和证明。因此,也有学者将古典、近代密码时期划分为一个阶段。

3. 现代密码时期

(1) 1949年,Shannon在*Bell Systems Technical Journal*上发表了《保密系统的通信理论》(*Communication Theory of Secrecy Systems*)一文,用概率和统计等科学工具研究加密系统,为密码学奠定了坚实的理论基础,从此密码学从艺术变为科学。

(2) 1967年,Kahn出版了《破译者》(*The Codebreakers*)一书,对密码学的历史进行了相当完整的记述,使成千上万原本不知道密码学的人了解了密码学。从此,密码学研究引起了民间的兴趣。他认为是阿拉伯人创造了“加密法(cipher)”一词。

(3) 1973年,美国国家标准局(NBS,现在是美国国家标准技术研究所NIST)在全世界范围征求国际密码标准方案(DES)。4年后,发布正式的标准DES。该方案的公布极大地促进了密码学在民间的研究。

(4) 1976年,W. Diffie和M. Hellman在《密码学的新方向》一文中提出公钥密码体制。这是密码学发展史上最伟大的一次革命,是现代密码学诞生的标志。

(5) Merkle和Hellman于1978年提出了第一个公钥密码系统——背包(knapsack)公钥密码系统,安全性基于NP完全问题背包问题。

(6) 1978年,美国麻省理工学院(MIT)的Rivest、Shamir和Adleman提出RSA加密机制,这是第一个实用的公钥方案,开创了密码学的新纪元。

(7) 1979年,MIT的M. O. Rabin的Rabin提出第一个可证明安全的公钥密码体制。

(8) 1979年,L. Lamport提出基于任意单向函数的一次签名方案。

(9) 1984年,S. Goldwasser与S. Micali提出了概率公钥密码系统的概念,并提出Goldwasser-Micali概率公钥密码系统。

(10) 1984年,IBM公司的Benett和Montreal大学的Brassard,提出第一个量子密码学方案,称为BB84协议。它是以量子力学基本理论为基础的量子信息理论领域的第一个应用,并提出了一个量子密钥交换的安全协议,由此迎来了量子密码学的新时期。

(11) 1985年,ElGamal密码体制由T. ElGamal提出,基于的困难问题是群中的离散对数问题。

(12) 1985年,T. ElGamal提出一个基于离散对数问题的数字签名体制,称为ElGamal数字签名体制。

(13) 1985年,N. Koblitz和V. Miller提出了椭圆曲线密码系统(Elliptic Curve Cryptography,ECC),实现了公钥密码体制在效率上的重大突破。

(14) 1987年,R. Rivest提出面向软件实现的序列密码RC4,RC4是目前公开范围内应用最广泛的序列密码。

(15) 1988年,Matsumoto和Imai提出的多变量公钥密码体制,它是第一个使用"小域-大域"的思想来构造域的方法,也是多变量公钥密码体制发展史上的里程碑,还是第一个实用的多变量公钥密码体制。

(16) 1989年Robert A. J. Matthews首次将混沌理论用于密码学研究,并提出一种基于变形Logistic映射的混沌序列密码方案。从此混沌密码学作为密码学的一个分支引起了广泛的关注。

(17) 1989年世界上第一个量子密钥分配原型样机研制成功,它的工作距离仅为32cm,然而,它标志着量子密码开始初步走向实用。

(18) 1994年,Peter Shor发现了一种在量子计算机上多项式时间运行的大整数因子分解算法,这意味着一旦人们能研制出量子计算机,则RSA密码体制将不再安全。

(19) 1994年,Adleman利用DNA计算机解决了一个有向Hamilton路径问题,标志着信息时代开始了一个新的阶段。

(20) 1996年Bellare等基于嵌套MAC提出HMAC,并证明了其安全性。

(21) 1996年在Crypto会议上,布朗大学的Hoffstein、Pipher、Silverman三位数学家提出了NTRU(Number Theory Research Unit)公开密钥算法,是一种基于格的快速公开密钥体制。

(22) 1997年NIST发起公开征集高级加密标准(Advanced Encryption Standard,AES)算法的活动。

(23) 2000年10月,美国政府在多次评审后宣布,比利时人发明的Rijndael算法为最终的AES算法。

(24) 2001年1月,欧洲委员会在信息社会技术(IST)规划中投入巨资,支持一项称为NESSIE(New European Schemes for Signature, Integrity and Encryption)的工程,希望通过公开征集和进行公开、透明的测试评估,推出一套安全性高、软硬件实现性能好、能适应不同应用环境的密码算法。该工程于2003年2月完成,极大地推动了密码学的研究。

(25) 2004年2月,欧洲委员会IST基金支持一个为期4年的项目,ECRYPT(European Network of Excellence for Cryptology),目标是促进欧洲信息安全研究人员在密码学和数字水印研究上的交流。2008年该项目完成评审。

(26) 2006年我国国家密码管理局公布了无线局域网产品使用的SMS4密码算法,该算法是我国自有知识产权的国际无线网络安全标准WAPI的一部分。这是我国第一次公布自己的商用密码算法。

(27) 2010年2月Kleinjung等在IACR的ePrint预印版论文服务器上(2010/006)发表的论文*Factorization of a 768-bit RSA modulus*,是迄今分解的最大RSA模。

(28) 2012年3月21日,国家密码管理局公布了六项密码行业标准,包括GM/T 0001—2012《祖冲之序列密码算法》、GM/T 0002—2012《SM4分组密码算法》(原SMS4分组密码算法)、GM/T 0003—2012《SM2椭圆曲线公钥密码算法》、GM/T 0004—2012《SM3密码杂凑算法》、GM/T 0005—2012《随机性检测规范》、GM/T 0006—2012《密码应用标识规范》。

1.3 对加密体制的攻击*

对于加密体制，敌手具有的能力（或攻击方式）由弱到强分为如下几类。

(1) 唯密文攻击（Ciphertext Only Attack，COA）。敌手（或密码分析者）只能通过考察密文来试图推导解密密钥或明文。

(2) 已知明文攻击（Known Plaintext Attack，KPA）。敌手拥有一定量的明文和相对应的密文。

(3) 选择明文攻击（Chosen Plaintext Attack，CPA1）。敌手可以选择明文，接着得到相对应的密文。之后，敌手使用所拥有的信息，恢复以前未见过的密文的相应明文。

(4) 自适应选择明文攻击（Adaptive Chosen Plaintext Attack，CPA2）。一种选择明文攻击的特殊情况，在攻击中能以一种自适应的方式选择明文（来得到相应的密文），即明文的选择可依赖于前面已得到的密文。

(5) 选择密文攻击（Chosen Ciphertext Attack，CCA1）。敌手可以选择密文，接着得到相应的明文。实现这种攻击的一种方法是敌手设法获取了解密设备的访问权（但不是解密密钥，因为解密密钥可能被安全地嵌入到设备中）。然后，在不访问该解密设备的情况下，推导出（先前未询问过解密设备的）密文的明文。

(6) 自适应选择密文攻击（Adaptive Chosen Ciphertext Attack，CCA2）。一种选择密文攻击的特殊情况，在攻击中能以一种自适应的方式选择密文（来得到相应的明文），即密文的选择可依赖于前面已得到的明文。

对加密体制，攻击的最终目标是得到明文，但如果能得到密钥，则必然可以得到明文。加密体制的安全性从低到高主要有以下 3 类。

(1) 完全攻破。攻击者能得到使用的密钥（对公钥系统而言指私钥）。

(2) 部分攻破。攻击者可能不需要知道密钥，而对某些密文能推导出明文。

(3) 密文区分。攻击者能以超过 1/2 的概率解决以下两种不同形式描述的问题：一是给攻击者任意两个明文和其中任意一个明文的密文，攻击者判断该密文是哪个明文的密文；二是给攻击者任意一个明文和该明文的密文，以及一个和该密文等长的随机字符串，让攻击者判断哪个是密文。

理论证明表明：密文不可区分（Indistinguishability）等价于语义安全（Semantic Security）。语义安全是指有限计算能力的敌手不能从密文中得到任何明文信息（与完善保密性相对应，后者是指无限计算能力的敌手不能从密文得到任何明文信息）。目前，加密体制的最好安全标准是适应性选择密文攻击条件下的密文不可区分性，记为 IND-CCA2。

小 结

本章给出了密码学的目标和主要知识构成。回顾了密码学的发展历史。还给出了对加密体制的攻击和安全性的基本概念。

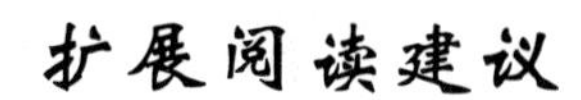

扩展阅读建议

(1) R. Rivest 的密码学与安全(*Cryptography and Security*)链接：
http://people.csail.mit.edu/rivest/crypto-security.html.

(2) Cryptology pointers，http://research.cyber.ee/~lipmaa/crypto.

第2章 古典密码体制

古典密码体制，也称为传统密码体制或经典密码体制，主要通过字符间的置换和代换来实现。介绍经典密码体制的目的提供密码设计和密码分析的基本案例，便于初学者入手。1949 年 Shannon 发表《保密系统的通信理论》一文之后，密码学从艺术变成了一门严格的科学，此后的密码学称为现代密码学。

本章首先介绍古典加密方案，其中重点介绍两种主要的方法，置换密码和代换密码。然后展开介绍代换密码，包括单表加密和多表加密，并讲解唯密文攻击，如单表代换的统计（频率）分析攻击方法和多表代换加密的统计分析攻击方法。

2.1 密码系统的基本概念模型

密码学最初的目的是保密。为了对加密系统有一个整体全貌，这里先给出密码系统的基本概念。图 2.1 为密码系统模型。

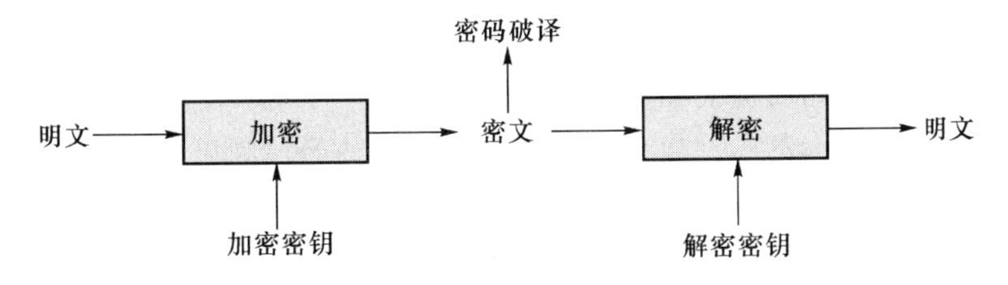

图 2.1 密码系统模型

定义 2.1 密码系统（Cryptosystem）

一个密码系统是一个五元组$<P,C,K,E,D>$，满足：

(1) P 是可能明文的有限集（明文空间）；

(2) C 是可能密文的有限集（密文空间）；

(3) K 是一切可能密钥构成的有限集（密钥空间）；

(4) 任意 $k\in K$，有一个加密算法 $e_{k_e}\in E$ 和相应的解密算法 $d_{k_d}\in D$，使得 $e_{k_e}: P\to C$ 和 $d_{k_d}: C\to P$ 分别为加密和解密函数，满足 $d_{k_d}(e_{k_e}(x))=x$，这里 $x\in P$。

注解：

(1)古典密码体制通常对字符进行运算，26 个英文字符常被抽象为 0～25 间的整数。

（在计算机发明之后，现代密码体制通常对 bit 进行运算。）

（2）如果 $k_d = k_e$，即加密密钥和解密密钥，则称为对称密钥密码体制。否则，称为非对称密钥密码体制（又叫公钥密码体制）。古典方案都是对称密钥密码体制，公钥密码体制是在 1976 年由 W. Diffie 和 M. Hellman 提出的，它的出现是密码学发展史上的一个里程碑。

（3）对称密码按照明文的类型可分为序列密码（又叫流密码，Stream Cipher）和分组密码（Block Cipher）。序列密码对明文按照字符或者比特逐位加密，对密文逐位解密。分组密码将明文按照一定的长度分组（Block），加密和解密分组进行。（为说明两者间的关系，这里举个例子，序列密码可视为分组长度为 1 个比特或 1 个字节的分组密码。）公钥密码体制都是对分组进行运算的，故不再区分。

一个实用的密码系统需要有两个特性：

（1）易计算性。加密算法和解密算法应当"有效地"计算。即该密码系统是容易使用的。这里"有效地"概念需要用计算复杂性理论中的度量来解释。

（2）安全性。看到密文，无法知道相应的明文和密钥。这里只是给出朴素的对"安全性"的直观感受，严格的安全性定义主要分为两种：无条件安全和计算安全。对密码系统而言，无条件安全也称为完美安全（Perfect Security）或信息理论安全（Information Theoretical Security），即不对攻击者的计算能力作限定。计算安全则需要假设攻击者的计算能力。Shannon 最早从理论上研究了对称密码的安全性，第 3 章将详细介绍。

19 世纪末，A. Kerckhoffs 指出军事密码系统的设计原则，其中最重要的一条是：加密方案不应该保密，唯一需要保密的是密钥。也就是说，加密的安全性不应当依赖于加密方案的保密性，即永远不要假定敌手得不到加密方案。

2.2 置换加密体制

置换密码（Permutation Cipher），又称为换位密码（Transposition Cipher），指根据一定的规则重新排列明文。密文空间和明文空间相同，故密文只是打乱了明文字符的位置和次序。它可以认为是最古老的一种加密方式，典型案例是古希腊斯巴达军队中使用的 Scytale 密码。Scytale 加密中沿着木棍写上明文字符，然后展开布条，即为密文，如图 2.2 所示。加密的内容为"THE SCYTALE IS A TRANSPOSITION CIPHER"。

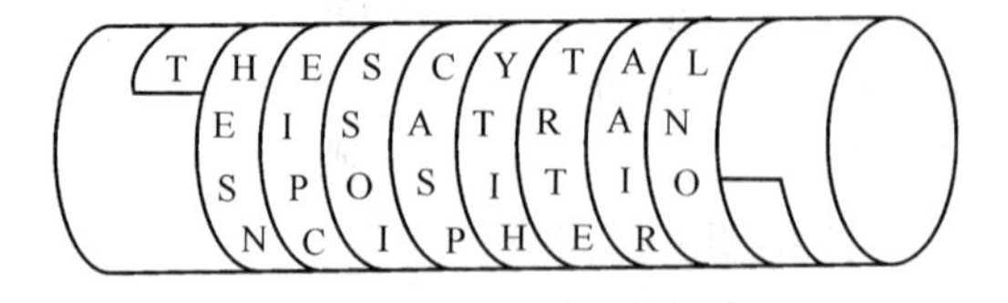

图 2.2 Scytale 加密

例如，假设明文是："Help me I am under attack"，加密时写为

h	e	l	p	m
e	i	a	m	u
n	d	e	r	a
t	t	a	c	k

于是得到密文是:“henteidtlaeapmrcmuak”。

定义 2.2 设 S 是一个有限集合,ϕ 是从 S 到 S 的一个映射,如果对任意 $u,v\in S$,当 $u\neq v$ 时 $\phi(u)\neq\phi(v)$,则称 ϕ 为 S 上的一个置换(Permutation)。

定义 2.3 设 n 为一固定整数,P、C 和 K 分别为明文空间、密文空间和密钥空间。明/密文是长度为 n 的字符序列,分别记为 $X=\langle x_1,x_2,\cdots,x_n\rangle\in P$,$Y=\langle y_1,y_2,\cdots,y_n\rangle\in C$,$K$ 是定义在$\{1,2,\cdots,n\}$的所有置换的集合。对任何一个密钥 $\sigma\in K$(即一个置换),定义置换加密如下:

$$e_\sigma(x_1,x_2,\cdots,x_n)=(x_{\sigma(1)},x_{\sigma(2)},\cdots,x_{\sigma(n)})$$

$$d_{\sigma^{-1}}(y_1,y_2,\cdots,y_n)=(y_{\sigma^{-1}(1)},y_{\sigma^{-1}(2)},\cdots,y_{\sigma^{-1}(n)})$$

这里,σ^{-1}是 σ 的逆置换,密钥空间 K 的大小为 $n!$。

显然,置换加密只是重新排列了明文的位置。可视为加密函数为空(NULL),密钥等于置换 σ。

例 2.1 设有限集 $X=\{1,2,3,4,5,6,7\}$,σ 为 X 上的置换,有 $\sigma(1)=3$,$\sigma(2)=1$,$\sigma(3)=5$,$\sigma(4)=2$,$\sigma(5)=4$,$\sigma(6)=7$,$\sigma(7)=6$。可直观表示为

$$\sigma=\begin{pmatrix}1 & 2 & 3 & 4 & 5 & 6 & 7\\ 3 & 1 & 5 & 2 & 4 & 7 & 6\end{pmatrix}$$

思考 2.1:请给出解密置换或者解密密钥 σ^{-1}。

结果为 $\sigma^{-1}=\begin{pmatrix}1 & 2 & 3 & 4 & 5 & 6 & 7\\ 2 & 4 & 1 & 5 & 3 & 7 & 6\end{pmatrix}$。

2.3 代换加密体制

代换密码(Substitution Cipher)是将明文中的字符替换成其他字符的密码体制。基本方法是:建立一个代换表,加密时将待加密的明文字符通过查表代换为对应的密文字符,这个代换表就是密钥。代换是密码体制中基本的处理技巧,在分组密码(第 5 章)设计中有广泛的应用。

定义 2.4 设 P、C 和 K 分别为明文空间、密文空间和密钥空间。其中 P 和 C 是 26 个英文字母的集合,K 是由 26 个数字 0,1,…,25 的所有代换组成,对任何一个密钥 $\pi\in K$(即代换表),定义代换加密如下:

$$e_\pi(x)=\pi(x)$$

$$d_\pi(y)=\pi^{-1}(y)$$

这里,π^{-1}表示密钥 π 的逆代换,x 表示一个明文字符,y 表示一个密文字符。

按照一个明文字符是否总是被一个固定的字母代换,可将代换密码划分为两类:单表代换密码(Monoalphabetic Substitution Cipher)和多表代换密码(Polyalphabetic Substitution Cipher)。

2.3.1 单表代换密码

单表代换密码指明文中相同的字母,在加密时都使用同一个字母来代换。单表代换密

码又分为移位密码(Shift Cipher)和仿射密码(Affine Cipher)。

1. 移位密码

将26个英文字符a～z依次分别与0～25的整数建立一一对应关系。令$P=C=K=Z_{26}$，$x\in P$，$y\in C$，$k\in K$，定义：

$$e_k(x)=x+k \bmod 26$$
$$d_k(y)=y-k \bmod 26$$

例2.2 Caesar密码

Caesar密码是$k=3$的移位密码，代换表如下：

$$\pi: \text{abcdefghijklmnopqrstuvwxyz}$$
$$\pi^{-1}: \text{defghijklmnopqrstuvwxyzabc}$$

若明文为please，则密文为sohdvh。

由于该密码体制密钥量为26，仅有26种可能的密钥，故可以通过穷举搜索方法进行密码分析。

2. 仿射密码

由于移位密码的密钥量太小，且代换表中字母先后次序没有改变。仿射密码可以改进这些弱点。

令$P=C=Z_{26}$，$K=\{(a,b)\in Z_{26}\times Z_{26}: \gcd(a,26)=1\}$，$x\in P$，$y\in C$，$k=(a,b)\in K$，定义：

$$e_k(x)=ax+b \bmod 26$$
$$d_k(y)=a^{-1}(y-b) \bmod 26$$

这里要求$\gcd(a,26)=1$，否则，加密函数就不是一个单射函数。例如当$k=(6,1)$时，$\gcd(a,26)=\gcd(6,26)=2$，对$x\in Z_{26}$，有$6(x+13)+1=6x+1 \bmod 26$，于是x，$x+13$都是$6x+1$的明文。

思考2.2：证明$\gcd(a,26)=1$时，仿射密码的解唯一。

证明如下：设存在$x_1,x_2\in Z_{26}$，使得$e_k(x)=ax_1+b=ax_2+b \bmod 26$，于是$ax_1=ax_2 \bmod 26$，有$26|a(x_1-x_2)$，又因为$\gcd(a,26)=1$，所以$26|(x_1-x_2)$，由于$x_1,x_2\in Z_{26}$，得到$x_1=x_2$。

仿射密码的密钥空间大小：a的可能性为12，因为$a\in Z_{26}$，$\gcd(a,26)=1$即$a=\phi(26)=\phi(2\times 13)=\phi(2)\times\phi(13)=1\times 12=12$。$b\in Z_{26}$，$b$的可能性为26。故整个密钥空间大小为$12\times 26=312$。

很明显，当$a=1$时，仿射密码就退化为移位密码。

3. 单表代换的安全性

单表代换存在一个问题就是由于密文和明文间有着固定的代换关系，简单地说，明文字符出现的频率没有掩盖，即明文中常出现的字符在密文中也常出现，于是被密码分析所利用，达到破解的目的。其实，在单表代换下，字母的频率、重复字母的模式和字母组合方式等统计特性(除了字母名称改变以外)均未改变。表2.1给出了英文字母的出现频率统计。

表 2.1 26 个英文字母的出现频率统计(Letter Frequency)

字母	频率	字母	频率	字母	频率	字母	频率
a	8.167%	h	6.094%	o	7.507%	v	0.978%
b	1.492%	i	6,966%	p	1.929%	w	2.360%
c	2.782%	j	0.153%	q	0.095%	x	0.150%
d	4.253%	k	0.772%	r	5.987%	y	1.974%
e	12.702%	l	4.025%	s	6.327%	z	0.074%
f	2.228%	m	2.406%	t	9.056%		
g	2.015%	n	6.749%	u	2.758%		

一般来说,字母 e 是频率最高的字母,t 排在第二位,a 或者 o 排在第三位,e,t,a,o,n,i,s,r,h 比任何其他字母有高得多的频率,约占英文文本的 70%。如果还考虑位置特征,字母 a,i,h 不常作为单词的结尾,而 e,n,r 出现在开始位置比结尾位置少,t,o,s 的出现在前后基本相等。

于是,密文分析时,可先统计密文中各个字母出现的频率,然后猜测出现次数最多的字母为 e 的密文,次多的字母为 t,或者 a,或者 o,用这两个字母替换密文,根据搭配关系、词首尾关系继续分析、猜测剩余的密文,最终得到全部明文。

2.3.2 多表代换密码

为了使密文中不表现出明文的统计特征,一个办法就是使每个明文字母可能被多种密文字母所代换,于是可以通过使用不止一个代换表进行代换来实现。多表代换密码就是多个代换表依次对明文消息的字母进行代换的加密方法。

不妨设明文序列为 $m=m_1,m_2,\cdots$,代换表序列为 $\pi=\pi_1,\pi_2,\cdots,\pi_d,\pi_1,\pi_2,\cdots,\pi_d,\cdots$,于是,得到的密文序列为

$$c=\pi(m)=\pi_1(m_1),\pi_2(m_2),\cdots,\pi_d(m_d),\pi_1(m_{d+1}),\pi_2(m_{d+2}),\cdots,\pi_d(m_{2d}),\cdots$$

这里,d 表示代换序列的周期。如果 $d=1$,多表代换密码退化为单表代换密码,即只有一个代换表。如果 $d=\infty$,则代换序列是非周期无限序列,每个明文都采用不同的代换表进行加密,这其实就是"一次一密"。通常实际应用中采用周期代换密码,也就是使用有限个代换表。

多表代换密码利用从明文字母到密文字母的多个映射,隐藏了单字母的统计特征(如频率特征)。它将明文字母划分为长度相同的明文分组,然后对明文分组进行代换。这样,同一个字母只要在不同明文分组中的不同位置就会映射到不同的密文字母,从而更好地抵抗密码分析。

多表代换密码体制有 Playfair、Vigenere、Vernam、Hill、Beaufor、Running－Key、转轮机(Rotor Machine)。下面按照年代顺序依次介绍比较典型的 4 种:Playfair 密码、Vigenere 密码、Vernam 密码和 Hill 密码。转轮机由于是机械加密单独介绍。

(1) Playfair 密码

Playfair 密码(Playfair Cipher)是 1854 年由 C. Wheatstone 提出的,此后由他的朋友 L. Playfair 将该密码公布,所以就称为 Playfair 密码。

Playfair 密码将明文按 2 个字母分成一组，每组根据代换表代换成其他两个字母。这里的代换表是一个 5×5 字母矩阵（I 和 J 等价，于是共 26 个字母），该矩阵根据密钥构造，这里的密钥通常是一个关键词，假设如 hello。构造矩阵的方法是：从左到右，从上到下依次填入关键词的字母，关键词中的重复字母第二次出现时略过，然后剩余字母按顺序填入矩阵。约定表中第一列视为第五列的右边一列，第一行视为第五行的下一行。

每一对明文字母 p_1，p_2 分别替代成 c_1，c_2 的方法如下：

① 如果 p_1，p_2 同行，则 c_1，c_2 为紧靠 p_1，p_2 右端的字母。

② 如果 p_1，p_2 同列，则 c_1，c_2 为紧靠 p_1，p_2 下端的字母。

③ 如果 p_1，p_2 在不同行不同列，则确定了两个角，于是剩下的两个角为 c_1，c_2，按照同行的原则对应。

④ 如果 p_1，p_2 相同，则插入事先约定好的字母，并用上述方法处理。

⑤ 如果明文字母数为奇数，则在明文末尾添加一个事先约定好的字母填充其为偶数。

解密时，则同样将密文分为 2 个字母一组，用矩阵解密，只不过相应地将右端换成左端，下端换成上端。

思考 2.3：如果密钥为“hello”，如何用 Playfair 密码加密“university”。

先构造字母矩阵如下：

$$\begin{pmatrix} h & e & l & o & a \\ b & c & d & f & g \\ i/j & k & m & n & p \\ q & r & s & t & u \\ v & w & x & y & z \end{pmatrix}$$

然后明文分组为 un，iv，er，si，ty。加密结果为 tp，qh，cw，qm，of。

（2）Vigenere 密码

维吉尼亚密码（Vigenere Cipher）于 1858 年由法国密码学家 B. D. Vigenere 提出。

定义 2.5 设 m 为某个固定的正整数，P，C，K 分别为明文空间、密文空间、密钥空间，且 $P=C=K=(Z_{26})^m$，对一个密钥 $k=(k_1,k_2,\cdots,k_m)$，定义：

$$e_k(x_1,x_2,\cdots,x_m)=(x_1+k_1,x_2+k_2,\cdots,x_m+k_m)$$

$$d_k(y_1,y_2,\cdots,y_m)=(y_1-k_1,y_2-k_2,\cdots,y_m-k_m)$$

这里 $(x_1,x_2,\cdots,x_m)$ 为一个明文分组中的 m 个字母。所有运算在 Z_{26} 中进行。密钥长度为 m，故密钥空间为 26^m。明文是按照长度为 m 的分组进行加密的。

Vigenere 密码是典型的多表代换，加密中一个字母可被映射到 m 个可能的字母之一（假定密钥包括 m 个不同的字母），所以分析起来比单表代换更困难。

思考 2.4：设 $m=5$，密钥字为“hello”，如何加密“university”。

明文分组为 unive，rsity，密文转化为 Z_{26} 为 20，13，8，21，4 和 17，18，8，19，24。密钥字实际为 $k=(7,4,11,11,14)$，Z_{26} 表示的密文为 1，17，24，6，18 和 24，22，19，4，12。密文字母为 brygs，ywtem。

(3) Vernam 密码

Vernam 密码由美国 AT&T 公司的 G. Vernam 于 1917 年为电报通信设计的非常简单方便的密码。它奠定了序列密码的基础，提出后一直被认为是不可破译的，直到 1949 年才由 Shannon 给予了理论证明(详见第 3.3 节)。

定义 2.6 设加密的明文为 $p=p_1p_2\cdots p_i\cdots$，密钥为 $k=k_1k_2\cdots k_i\cdots$，其中 $p_i,k_i\in GF(2)$，$i\geqslant 1$，则密文 $c=c_1c_2\cdots c_i\cdots$有

$$c_i=m_i\oplus k_i, i\geqslant 1$$

这里，$\oplus$为模 2 加法。

Vernam 密码无法经受已知明文攻击，这是因为 $k_i=m_i\oplus c_i$，$i\geqslant 1$，只要知道了某些明文密文对，便可以迅速确定相应的密钥。如果同一密钥重复使用，密码分析者可以立即解密密文得到明文。

为了避免密钥本身的重复，一种极端情况是：①密钥是真正的随机序列；②密钥至少和明文一样长；③一个密钥只使用一次。如果这样，密码就是不可破译的，这便是著名的“一次一密”(One Time Pad)。然而“一次一密”在实际上是行不通的，需要经常产生、存储、安全传递大量的很长的密钥，这在实际中是十分困难的。

(4) Hill 密码

希尔密码(Hill Cipher)由数学家 L. Hill 于 1929 年提出。基本思想是把 m 个连续的明文字母代换成 m 个连续的密文字母，这个代换由密钥决定，这个密钥是一个变换矩阵，解密时只需要对密文做一次逆变换即可。

定义 2.7 设 m 是某个固定的正整数，P,C,K 分别为明文空间、密文空间、密钥空间，且 $P=C=(Z_{26})^m$，设 $\boldsymbol{K}=(k_{ij})_{m\times m}$是一个 $m\times m$ 可逆矩阵，即：行列式 $\det(\boldsymbol{K})\neq 0$，且 gcd(26，$\det(\boldsymbol{K})=1$。对任意密钥 $k\in\boldsymbol{K}$，定义：

$$e_k(x)=x\boldsymbol{K}$$
$$d_k(y)=y\boldsymbol{K}^{-1}$$

所有运算均在 Z_{26}中进行。特别地，当 $m=1$ 时，Hill 密码退化成单字母仿射密码。

例 2.3 设 $m=2$，密钥 $\boldsymbol{K}=\begin{pmatrix}11 & 8\\ 3 & 7\end{pmatrix}$，容易计算 $\boldsymbol{K}^{-1}=\begin{pmatrix}7 & 18\\ 23 & 11\end{pmatrix}$，设明文为 hill，相应的明文向量为(7 8)和(11 11)，于是，相应的密文向量分别为

$$(7\quad 8)\begin{pmatrix}11 & 8\\ 3 & 7\end{pmatrix}=(77+24\quad 56+56)=(23\quad 8)$$

$$(11\quad 11)\begin{pmatrix}11 & 8\\ 3 & 7\end{pmatrix}=(121+33\quad 88+77)=(24\quad 9)$$

故密文为 xiyj。

与 Playfair 密码相比，Hill 密码的分组长度可以更长(即大于 2)，由矩阵的维度决定。与 Vigenere 密码相比，Hill 密码更加安全(Hill 密码中某个明文字母对应的密文字母既与加密矩阵相关，也与该分组其他字母相关，而 Vigenere 中，明文字母只与加密密钥相关)。因此，Hill 密码能够较好地抵抗统计分析，抗唯密文攻击(COA)的强度较高，但是，它易受

到已知明文攻击(CPA)。如例2.3中，只要知道两组明文密文对，则可以通过解方程组求出密钥（即设$\boldsymbol{K}=\begin{pmatrix}a & b\\ c & d\end{pmatrix}$，解方程组$7a+8c=23,7b+8d=8,11a+11c=24,11b+11d=9$）。一般地，$m$维密钥需要$m$个明文密文对（每个明文具有$m$个分组）即可求出。

2.3.3 多表代换密码的统计分析*

与单表代换密码相比，多表代换密码虽然能抵御简单的统计分析，但是，如果密码分析者能够确定密钥的长度，则多表代换密码的分析就可转变成为单表代换密码的分析。原因是：可将密文按照密钥的长度（假设长度为m）划分，不妨设为$c[1]=(c_1,c_2,\cdots,c_m)$，$c[2]=(c_{m+1},c_{m+2},\cdots,c_{2m})$，…，$c[t]=(c_{(t-1)m+1},c_{(t-1)m+2},\cdots,c_{tm})$。然后，分别分析$(c_1,c_{m+1},\cdots,c_{(t-1)m+1})$，$(c_2,c_{m+2},\cdots,c_{(t-1)m+2})$，…，即$(c_i,c_{m+i},\cdots,c_{(t-1)m+i})$ $(i=1,\cdots,m)$组成的每一组均为单表代换加密而来。

这里以分析Vigenere密码为例讲解，首先确定密钥长度，然后确定密钥的内容。确定密钥长度的方法主要有Kasiski测试法和重合指数法(Index of Coincidence)。

1. Kasiski测试法

Kasiski测试法于1863年由普鲁士军官F. Kasiski提出，其基本原理是：明文中如果两个相同的明文片段之间的距离是密钥长度的倍数，那么在密文中，这两个明文片段所对应的密文片段一定是相同的（其原因是因为加密片段的密钥相同）。反过来，如果密文中出现两个相同的字母片段，它们所对应的明文字母片段未必相同，但相同的可能性很大。于是，可以通过观察密文中重复出现的密文字母片段来估计密钥长度，即找出相同密文片段的间隔数，然后求最大公因子，可能是密钥的长度。

例如，给定一个密文包含下列重复出现的片段，重复片段间的距离标在括号中：QAR(150)，RAT(42)，FET(10)，ROPY(81)，CDR(57)。由于3是150,42,10,81,57因子分解中出现最多的因子，所以密文的周期最有可能是3。

2. 重合指数法

重合指数法由W. F. Friedman在1918年提出，其论文为《重合指数及其在密码学中的应用》(*The Index of Coincidence and Its Applications in Cryptography*)。该文献被认为是1949年以前最有影响的密码学文献。

首先思考一个问题：如果一个文本是来自26个字母表的随机文本，则每个字母以1/26的概率出现，其中有两个字母相同的概率为$(1/26)^2$，由于共有26个字母，故总概率为$26\times(1/26)^2=1/26\approx0.038$。由于英文文本与随机文本不同，26个字母出现的概率分别为$p_0,p_1,\cdots,p_{25}$（参见表2.1），找到两个字母相同的概率为$p_0^2+p_1^2+\cdots+p_{25}^2\approx0.065$，和随机文本区别很大。下面给出重合指数的定义。

定义2.8 设某种语言由n个字母组成，每个字母i出现的概率为p_i，$1\leqslant i\leqslant n$，重合指数(Index of Coincidence)是指两个随机字母相同的概率，记为$\mathrm{IC}=\sum_{i=1}^{n}p_i^2$。

IC的作用主要是：①在单表代换情况下，明文和密文的IC是相同的（对英文而言，均为

0.065)，而在多表代换情况下，密文的 IC 值较小(更像随机文本，极值为 0.038)。于是可用来判断是多表代换加密还是单表代换加密；②通过计算 IC 值，看是否接近 0.065，来分析多表代换加密的密钥长度。

思考 2.5：在有限的密文长度情况下，如何计算 IC 值？

设 $x=x_1x_2\cdots x_n$ 是长度为 n 的密文，其中 a,b,…,z 在 x 中出现的次数分别为 $f_0,f_1,\cdots,f_{25}$，显然，从 x 中任取两个元素共有 $C(n,2)$ 种方法，选取的两个元素同时为第 i 个字母的情况共有 $C(f_i,2)$ 种，$0\leqslant i\leqslant 25$，故 x 的 IC 为

$$\mathrm{IC}=\frac{\sum_{i=0}^{25} f_i(f_i-1)}{n(n-1)}$$

这样，很自然地得到估计多表代换密钥长度的方法。假设密钥长度为 $m=2,3,4,\cdots$，将密文分成长度为 m 的多个分组，每个分组中的第 1 个字母(或第 i 个字母，$1\leqslant i\leqslant m$)组成一个密文段 x，计算其 IC，若接近 0.065，说明 m 是正确的，若接近 0.038，则 m 不正确。

例如表 2.2 给出密钥长度 $m=1\sim5$ 时，计算的 IC 值。

表 2.2 密钥长度 $m=1\sim5$ 时的 IC 值

密钥长度 m	IC(串 1)	IC(串 2)	IC(串 3)	IC(串 4)	IC(串 5)	平均 IC
1	0.043					0.043
2	0.046	0.041				0.044
3	0.044	0.051	0.048			0.048
4	0.043	0.041	0.046	0.041		0.043
5	0.062	0.067	0.067	0.061	0.071	0.066

当 $m=1$ 时，整个密文视为一个串，IC=0.045 表明是多表代换加密。$m=2$ 时，有 2 个串，分别为每个分组的首字母和尾字母。$m=3$ 时，有 3 个串，分别为每个分组的首字母、中间字母和尾字母。依此类推，$m=5$ 时，重合指数最接近 0.065。

密钥长度确定后，下一个任务是确定密钥的具体内容，不妨设密钥为$(k_1,k_2,\cdots,k_m)$。

使用前面的表示方法，密文中的$(c_1,c_{m+1},\cdots,c_{(t-1)m+1})$，$(c_2,c_{m+2},\cdots,c_{(t-1)m+2})$，等等，即$(c_i,c_{m+i},\cdots,c_{(t-1)m+i})(1\leqslant i\leqslant m)$组成的每一组均为单表代换加密。仔细观察，这个单表代换就是“移位密码”。$(c_1,c_{m+1},\cdots,c_{(t-1)m+1})$其实就是密钥为 k_1 的“移位密码”加密而来，$(c_2,c_{m+2},\cdots,c_{(t-1)m+2})$就是密钥为 k_2 的“移位密码”加密而来。依此类推，$(c_m,c_{2m},\cdots,c_{tm})$的密钥为 k_m 的“移位密码”加密而来。于是，可以通过密文串$(c_i,c_{m+i},\cdots,c_{(t-1)m+i})(1\leqslant i\leqslant m)$确定 k_i。

思考 2.6：如何确定“移位密码”的密钥呢？

这个问题与求“移位密码”的密钥的唯密文攻击相同。密钥可以视为一种“滑动偏移值”。还是依靠重合指数来判断：求密文串〔不妨设$(c_1,c_{m+1},\cdots,c_{(t-1)m+1})$〕中字母 a,b,…,z 的出现的次数，分别为 $f_0,f_1,\cdots,f_{25}$。令 $n'=n/m$ 表示该串的长度。于是，26 个字母在密文中出现的概率依次为 $f_0/n',f_1/n',\cdots,f_{25}/n'$。由于每个密文字母是明文字母“滑动”$k_1$ 后而得，例如明文字母 a 对应的密文字母为 $a+k_1$，故明文的 IC 值的期望应该为

$$\mathrm{IC}=\sum_{i=1}^{25}\frac{p_i f_{((i+k_1)\bmod 26)}}{n'}$$

这个值应该接近0.065。于是通过 k_1 遍历0～25依次计算，找到使得IC最接近0.065的那个 k_1，从而确定 k_1。其他密钥的确定方法一样，只是分析的密文串不同。一般地，k_i 从密文串$(c_i, c_{m+i}, \cdots, c_{(t-1)m+i})(1\leqslant i\leqslant m)$中分析并确定。

表2.3给出重合指数测试得到的数据示意表，偏移 $k=0\sim25$ 时，计算的IC值，为节省篇幅，部分数据略去。从最接近0.065的情况可知密钥为(2,7,4,1,24)。

表2.3　重合指数测试数据示意表

密钥 k	IC(串1)	IC(串2)	IC(串3)	IC(串4)	IC(串5)
0	0.036 234	0.046 983	0.051 021	0.041 21	0.032 192
1	0.038 442	0.041 256	0.049 102	0.066 251	0.039 402
2	0.062 028	0.051 258	0.048 312	0.042 316	0.035 518
3	0.041 232	0.041 381	0.046 465	0.044 012	0.037 823
4	0.046 232	0.037 120	0.066 091	0.038 202	0.042 086
5	0.042 624	0.042 375	0.048 212	0.031 532	0.041 025
6	0.044 517	0.049 512	0.047 122	0.032 952	0.033 251
7	0.039 711	0.067 028	0.049 102	0.041 569	0.042 102
…	…	…	…	…	…
23	0.041 354	0.042 822	0.042 624	0.045 652	0.044 024
24	0.042 467	0.044 417	0.044 417	0.043 665	0.069 123
25	0.045 517	0.040 411	0.039 311	0.039 514	0.042 102

当然，如果知道一个明文密文对，则很容易知道偏移值(即密钥)。因此，古典密码体制一般只能承受唯密文攻击，不能承受已知明文攻击。

2.3.4　转轮密码机

古典密码体制实际上可以分为人工加密和机械加密两种。从19世纪20年代开始，人们逐渐发明各种机械加解密设备用来处理数据的加解密运算，最典型的设备是转轮密码机(Rotor Machine)。转轮密码机是由一组布线轮和转轮轴组成的灵巧复杂的机械装置，可以实现长周期的多表代换，且加密和解密的过程由机械自动快速完成。

1918年发明德国发明家Artrhur Scherbius发明了名叫ENIGMA的转轮密码机，意为"谜"，后来被德国因为二战而装备军队使用，又改进了基本设计。另一个著名的转轮密码机是美军的Haglin密码机，由瑞典的Haglin发明，在二战时被盟军广泛使用。二战时日军的"紫密"和"兰密"也是转轮密码机。转轮密码机的使用极大提高了加解密速度，同时抗攻击性能也有很大的提高，在第二次世界大战中有着广泛的应用，是密码学发展史上的一个里程碑。

转轮密码机由一个输入的键盘和一组转轮组成，每个转轮上有26个字母的输入引脚和

26个字母的输出引脚，输入输出关系由内部连线决定。以3转轮为例，从左到右分别为慢轮子、中轮子、快轮子(通过齿轮控制)。按下某一键时，键盘输入的明文电信号从慢轮子进入转轮密码机，轮子之间传递电信号，最后从快轮子输出密文。每次击键后，快轮子就转动一格，这样就改变了中轮子和快轮子之间的对应关系。两次连续按“A”键，得到的密文结果不一样，于是形成多表代换关系。图2.3给出其原理的示意图，图2.4给出一个实例。在首次击“A”键时，输出“E”，输出后快轮子转动一格，导致中轮子和快轮子的接触点变化，再通过内部连线，改变了输出。再次击“A”键，输出为“B”(快轮子与24对应的是18，18对应“B”)。

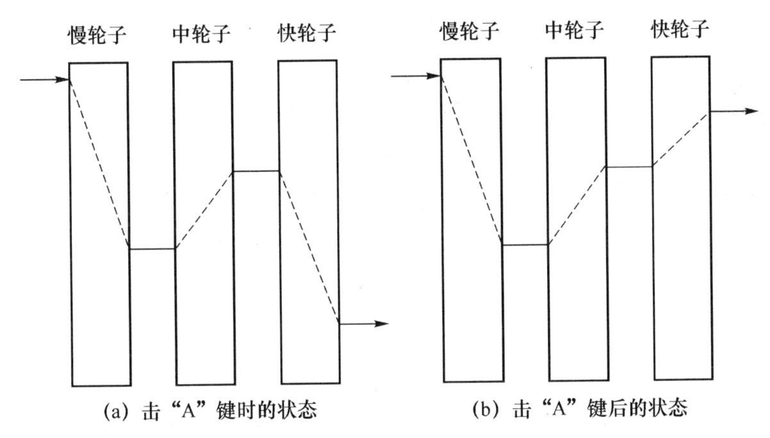

(a) 击“A”键时的状态　　(b) 击“A”键后的状态

图2.3　转轮密码机原理

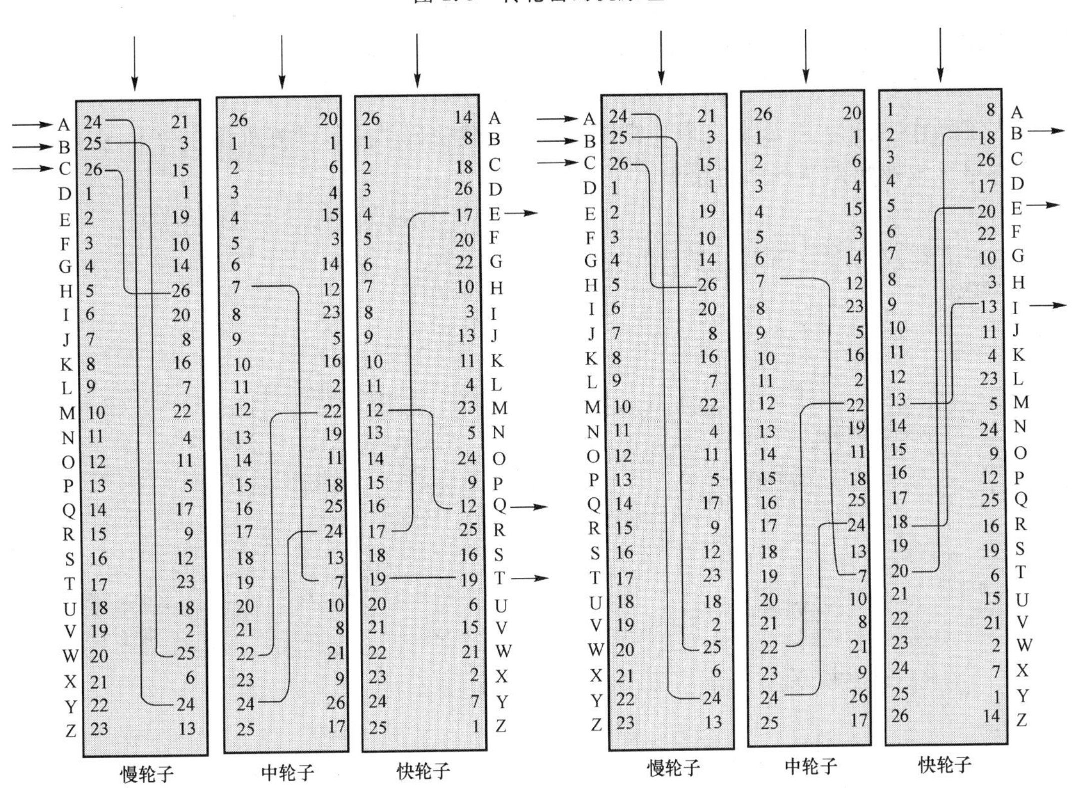

图2.4　转轮密码机的一个实例

下面解释其原理。每个转轮相当于一个置换。多个转轮如果转速相同,则相当于一个转轮,还是一个置换。快轮子转动一圈(26 格),中轮子转动一格;中轮子转动一圈(26 格),慢轮子转动一格。由于多个转轮的转速不一样,转轮之间的对应关系在每次按键后均改变,于是形成多表代换。3 个转轮的密钥空间(周期)为 $26\times26\times26=17\ 576$。一般地,有 m 个转轮的密码机密钥空间(周期)为 26^m。

另外,值得提到的是,由于转轮的旋转改变了字母的置换结果,频率统计的方法攻破 Enigma 行不通,但二战期间阿兰·图灵(Alan Turning)参与了英国政府的破译行动,成功利用 Enigma 使用上的缺陷破译了密码,一定程度上改变了战争的局势。

思考 2.7:轮子的转动其实就是改变代换方式。如果把轮子的转动导致的轮子间映射关系的改变视为代换(Substitution),把轮子内部的连线视为置换(Permutation),则转轮机其实就是后来用到的代换置换网络(SP 网络)的雏形(第 5 章 DES 分组密码的设计原理,第 4 章 Shannon 提出的设计密码的混淆思想和扩散思想)。多个轮子提高了安全性(增大了密钥空间),是后来 Shannon 提出的乘积密码(第 3.5 节介绍)的雏形。

小　　结

本章首先介绍了密码系统的基本概念,然后介绍了置换加密体制,介绍了代换加密体制:包括单表代换密码和多表代换密码。单表代换密码又分为移位密码和仿射密码。多表代换介绍了典型的 4 种:Playfair 密码、Vigenere 密码、Vernam 密码和 Hill 密码。密码分析介绍了针对单表代换的简单统计分析方法和针对多表代换的统计分析方法。古典密码学主要以人工操作字符为主,后期出现了机械操作。现代密码学是以计算机操作为主,主要对象是比特串。本章知识要点总结如下。

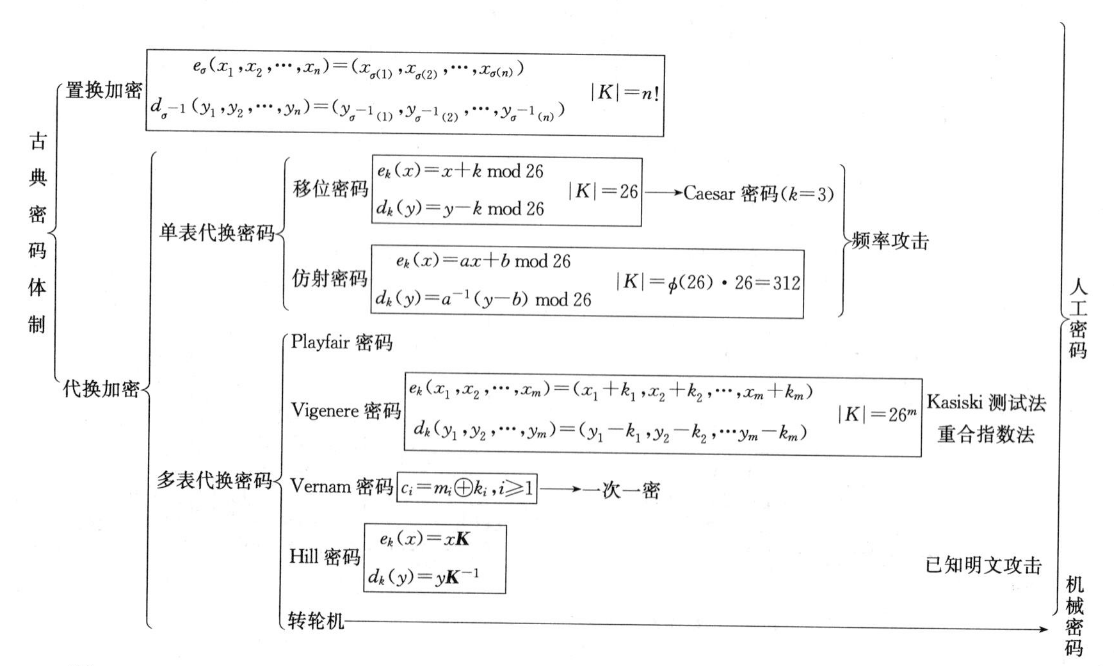

本章的重点是代换加密体制。本章的难点是多表代换加密体制的统计分析攻击，如重合指数法。

扩展阅读建议

关于古典密码学的最详尽的书籍是 David Kahn 于 1996 编写的 *The Codebreakers: The Comprehensive History of Secret Communication from Ancient Times to the Internet*, *Scribner* 出版。另外，作为课外阅读，可学习一下 Hill 加密及其改进。

1. Lester S. Hill, Cryptography in an Algebraic Alphabet, The American Mathematical Monthly, Vol. 36, June-July 1929, pp. 306-312.

2. Lester S. Hill, Concerning Certain Linear Transformation Apparatus of Cryptography, The American Mathematical Monthly, Vol. 38, 1931, pp. 135-154.

3. Jeffrey Overbey, William Traves, and Jerzy Wojdylo, On the Keyspace of the Hill Cipher, Cryptologia, Vol. 29, No. 1, January 2005, pp. 59-72.

4. Shahrokh Saeednia, How to Make the Hill Cipher Secure, Cryptologia, Vol. 24, No. 4, October 2000, pp. 353 - 360.

第3章 信息理论安全

Shannon 于 1948 年确立了现代信息论，于 1949 年发表了《保密系统的通信理论》(*Communication Theory of Secrecy Systems*)一文，用概率统计的观点对信息保密问题作了全面的阐述。其贡献包括：①以概率统计为工具对消息源、密钥源、接收和截获的消息进行数学描述和分析；②用不确定性和唯一解距离度量了密码体制的安全性；③给出了理论安全性的定义和充要条件；④证明了一次一密的完善保密性；⑤给出了实用密码设计的原则(扩散和混淆)；⑥论述了多重密码。使得信息论成为密码编码学和密码分析学的一个重要理论基础，宣告了科学的密码学时代的到来。

本章首先介绍信息论的基本概念，包括信息量、熵、联合熵、条件熵、平均互信息。然后介绍保密系统的通信模型，接着解释完善保密性、冗余度和唯一解举例，最后介绍乘积密码。

3.1 基本信息论概念

3.1.1 信息量和熵

如何度量信息量？Shannon 在其论文《通信的数学理论》中从随机不确定性和概率测度的角度给出了对这个问题的思考。

定义 3.1 给定一个离散集合 $X=\{x_i,i=0.1\cdots,n-1\}$，$x_i$ 出现的概率为 $0\leqslant \Pr(x_i)\leqslant 1$，则事件 x_i 的出现给出的信息量为

$$I(x_i)=-\log_a \Pr(x_i)$$

称为自信息，记为 $I(x_i)$。

很自然地会思考：为什么这就是事件的信息量呢？直观的解释，概率的倒数表示了不确定程度(奇异度)，当 x_i 出现的概率为 1 时，即必然发生，“不确定程度”为 0，故 $I(x_i)$为 0，没有信息量。当 $\Pr(x_i)=0$ 时，随机事件不发生，$I(x_i)$定义为无穷大。当 $\Pr(x_i)$为(0,1)之间的值时，$I(x_i)$非负。

对数的底决定了信息量的单位，如果以 2 为底，信息量的单位为比特(bit)。如果以 e 为底，信息量的单位为奈特(nat)。本书约定以 2 为底。

例如，英语有 26 个字母，假如每个字母在文章中等概率出现的话，每个字母的信息量为

$I(x_i)=-\log_2(1/26)=4.7$。相比之下，常用汉字有 2 500 个，每个字符的信息量为 11.3。

考察了某个事件的信息量，那么自然会关心整个 X 集合中事件出现的信息量的平均值（信息量的期望值）是多少？这被定义为集合 X 的熵（Entropy）。

定义 3.2 所有可能事件的自信息的加权平均值，称为随机变量 X 的信息熵，简称为熵（Entropy），记为 $H(X)$，即

$$H(X)=-\sum_i \Pr(x_i)\log_2 \Pr(x_i)$$

也就是说，熵定义了 X 中出现一个事件平均给出的信息量，或者是事件的平均不确定性（Average Uncertainty）。

例 3.1 设 $X=\{x_0,x_1\}$，$\Pr(x_0)=p$，$\Pr(x_1)=1-p$，则 X 的熵为 $H(X)=-p\log_2 p-(1-p)\log_2(1-p)=H(p)$，如图 3.1 所示。

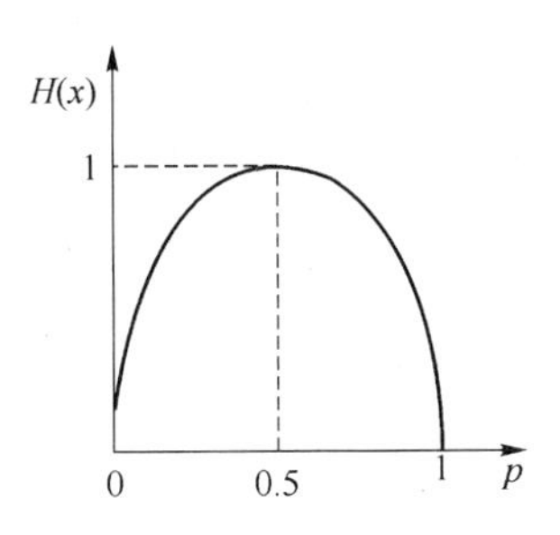

图 3.1 $H(x)-p$ 曲线

可见 $p=0$ 或 1 时，$H(x)=0$，即集合 X 是完全确定的；当 $p=0.5$ 时，$H(X)$ 取得最大值 1。

例 3.2 如果 $X=\{x_0,x_1,x_2\}$，$\Pr(x_0)=0.5$，$\Pr(x_1)=0.25$，$\Pr(x_2)=0.25$。于是 $I(x_0)=\log_2 2=1$ bit，$I(x_1)=I(x_2)=\log_2 4=2$ bit。因此 $H(X)=0.5\times1+0.25\times2+0.25\times2=1.5$ bit。

当概率均匀分布时，熵达到最大，即平均不确定性达到最大。① 下面给予证明。

定理 3.1

$$0\leqslant H(X)\leqslant \log_2 n$$

最大值当且仅当对任意 $1\leqslant i\leqslant n$，都有 $\Pr(x_i)=1/n$。
该定理的证明需要用到 Jensen 不等式。

引理 3.1（Jensen 不等式）设 f 是区间 I 上的一个连续的严格凸函数 $\sum_{i=1}^{n}=1, a_i>0$，$1\leqslant i\leqslant n$，则

$$\sum_{i=1}^{n} a_i f(x_i)\leqslant f\Big(\sum_{i=1}^{n} a_i x_i\Big)$$

其中，$x_i\in I$，$1\leqslant i\leqslant n$ 等号成立时，当且仅当 $x_1=x_2=\cdots=x_n$。

① 熵其实是一个来自统计力学中一个概念。1850 年，德国物理学家鲁道夫·克劳修斯首次提出熵的概念用来表示任何一种能量在空间中分布的均匀程度，能量分布得越均匀，熵就越大。一个体系的能量完全均匀分布时，这个系统的熵就达到最大值。

下面证明定理 3.1。

证明:根据 $H(X)$的定义,有 $H(X)\geqslant 0$。

根据 Jensen 不等式,有

$$H(X) = -\sum_{i=1}^{n}\Pr(x_i)\log_2\Pr(x_i) = \sum_{i=1}^{n}\Pr(x_i)\log_2\Pr(x_i)$$

$$= \sum_{i=1}^{n}\Pr(x_i)\log_2\frac{1}{\Pr(x_i)} \leqslant \log_2\sum_{i=1}^{n}\Pr(x_i)\times\frac{1}{\Pr(x_i)} = \log_2 n$$

等号当且仅当 $\Pr(x_i)=1/n, 1\leqslant i\leqslant n$ 时取得。 ■

Shannon 关于信息的数学理论背后的动机是寻找紧凑表示数据的方式。简言之,就是关心数据压缩问题。例如霍夫曼编码,将概率最小的两个字母编码为 0 和 1,两者的概率和作为新的概率,再选出两个赋值为 0 和 1,依次递归进行。如此编码的平均长度(比特数)是最优的。严格地说,设 L 为 Huffman 编码的平均位数,有 $H(X)\leqslant L<H(X)+1$。可见,熵可视为二进制编码的最小平均编码长度。例如,如果一个随机事件有 2^n 种等可能的结果,则编码需要 n 比特来存储信息。即最多不超过 n 比特来存储该信息。

3.1.2 联合熵、条件熵、平均互信息

有时候需要考虑多个离散变量,或者说是多个概率空间的信息关系,如讨论明文空间,密文空间,密钥空间的相互关系。

定义 3.3 (联合熵)在联合事件集$\{X,Y\}$中,每对联合事件 x_iy_j 的自信息的概率加权平均值定义为联合熵,记为 $H(X,Y)$即

$$H(X,Y) = \sum_{xy}\Pr(x_i,y_j)I(x_i,y_j) = -\sum_{xy}\Pr(x_i,y_j)\log_2\Pr(x_i,y_j)$$

定理 3.2 (联合熵的上界)

$$H(X,Y)\leqslant H(X)+H(Y)$$

等号当且仅当 X 与 Y 相互独立时。

证明:

$$H(X)+H(Y) = -\left[\sum_{i=1}^{n}\Pr(x_i)\log_2\Pr(x_i) + \sum_{j=1}^{m}\Pr(y_j)\log_2\Pr(y_j)\right]$$

$$= -\sum_{i=1}^{n}\sum_{j=1}^{m}\Pr(x_i,y_j)\log_2\Pr(x_i)\Pr(y_j)$$

$$H(X,Y)-(H(X)+H(Y)) = \sum_{i=1}^{n}\sum_{j=1}^{m}\Pr(x_i,y_j)\log_2\frac{1}{\Pr(x_i,y_j)} + \sum_{i=1}^{n}\sum_{j=1}^{m}\Pr(x_i,y_j)\log_2\Pr(x_i)\Pr(y_j)$$

$$= \sum_{i=1}^{n}\sum_{j=1}^{m}\Pr(x_i,y_j)\log_2\frac{\Pr(x_i)\Pr(y_j)}{\Pr(x_i,y_j)}$$

$$\leqslant \log_2\sum_{i=1}^{n}\sum_{j=1}^{m}\Pr(x_i,y_j) = \log_2 1 = 0$$

等号成立时当且仅当任意的 $1\leqslant i\leqslant n, 1\leqslant j\leqslant n$, $\frac{\Pr(x_i)\Pr(y_j)}{\Pr(x_i,y_j)}=c$,$c$ 为一个常数。因为

$\sum_{i=1}^{n}\sum_{j=1}^{m}\Pr(x_i,y_j)=\sum_{i=1}^{n}\sum_{j=1}^{m}\Pr(x_i)\Pr(y_j)=1$，故有 $c=1$，因此，当且仅当 X 与 Y 相互独立时，等号成立。

这说明，(X,Y) 中所含的信息至多是 X 中所含信息加上 Y 中所含的信息。原因是，X 和 Y 的信息可能重叠。

定义 3.4(条件熵)

$$H(X\mid y_j)=-\sum_{i=1}^{n}\Pr(x_i\mid y_j)\log_2\Pr(x_i\mid y_j)$$

称为 X 在 Y 取值 y_i 时的条件熵。

$$H(X\mid Y)=\sum_{j=1}^{m}\Pr(y_j)H(X\mid y_j)=\sum_{j=1}^{m}\sum_{i=1}^{n}\Pr(y_j)\Pr(x_i\mid y_j)\log_2\Pr(x_i\mid y_j)$$

称为 X 关于 Y 的条件熵(conditional entropy)。

可以看到 $H(X\mid Y)=-\sum_{j=1}^{m}\sum_{i=1}^{n}\Pr(x_i,y_j)\log_2\Pr(x_i\mid y_j)$。值得注意的是，这里加权不是条件概率，而是联合概率。

条件熵表明：当观察到 Y 之后，X 还具有不确定性。

下面介绍一个重要的工具：熵的链法则。它将联合熵、条件熵和信息熵之间联系起来。

定理 3.3(熵的链法则)

$$H(X,Y)=H(Y)+H(X|Y)=H(X)+H(Y|X)$$

证明：

$$\begin{aligned}
H(X,Y)&=-\sum_{i=1}^{n}\sum_{j=1}^{m}\Pr(x_i,y_j)\log_2\Pr(x_i,y_j)\\
&=-\sum_{i=1}^{n}\sum_{j=1}^{m}\Pr(x_i,y_j)\log_2\Pr(y_j)\Pr(x_i\mid y_j)\\
&=-\sum_{i=1}^{n}\sum_{j=1}^{m}\Pr(x_i,y_j)\log_2\Pr(y_j)-\sum_{i=1}^{n}\sum_{j=1}^{m}\Pr(x_i,y_j)\log_2\Pr(x_i\mid y_j)\\
&=-\sum_{j=1}^{m}\Pr(y_j)\log_2\Pr(y_j)-\sum_{i=1}^{n}\sum_{j=1}^{m}\Pr(y_j)\Pr(x_i\mid y_j)\log_2\Pr(x_i\mid y_j)\\
&=H(Y)+H(X|Y)
\end{aligned}$$

同理，可证 $H(X,Y)=H(X)+H(Y|X)$。 ■

可见，联合事件 (X,Y) 的不确定性等于事件 X(或 Y)的不确定性加上已知事件 X(或 Y)发生时事件 Y(或 X)的不确定性。

链法则可推广到 n 个事件集的情况：

$$H(X_1,X_2,\cdots,X_n)=H(X_1)+H(X_2|X_1)+\cdots+H(X_n|X_1\cdots X_{n-1})\leqslant nH(X_1)$$

由定理 3.2 和定理 3.3，得到：

$$H(X)+H(Y|X)=H(X,Y)\leqslant H(X)+H(Y)$$

于是 $H(Y|X)\leqslant H(Y)$。当且仅当 X 和 Y 是独立时等式成立。

这说明，限定条件会减少熵。那么减少的这部分熵是多少?

于是,定义减少的部分为平均互信息(Mutual Information),即

$$I(X;Y)=H(X)-H(X|Y)$$

$$I(X;Y)=H(Y)-H(Y|X)$$

$I(X;Y)$可理解为Y提示出的X的信息量,或者X提示出的Y的信息量。

从通信角度来看,互信息$I(X;Y)$是表示当收到Y以后所获得关于信源X的信息量。与互信息相对应,常称$H(X)$为自信息。互信息具有三个基本性质。

① 非负性:$I(X;Y)\geqslant 0$,仅当收到的消息与发送的消息统计独立时,互信息才为0。

② 互信息不大于信源的熵:$I(X;Y)\leqslant H(X)$即接收者从信源中所获得的信息必不大于信源本身的熵。仅当信道无噪声时,两者才相等。

③ 对称性:$I(X;Y)=I(Y;X)$即Y隐含X和X隐含Y的互信息是相等的。

其实,经过简单的推导可知:$I(x_i;y_j)=\log_2\frac{\Pr(x_i|y_j)}{\Pr(x_i)}$,$\Pr(x_i)$是未观察到$y_j$时$x_i$出现的概率,$\Pr(x_i|y_j)$是观察到$y_j$后事件$x_i$出现的后验概率。若$\Pr(x_i|y_j)>\Pr(x_i)$则$I(x_i;y_j)>0$;若$\Pr(x_i|y_j)=\Pr(x_i)$,则$I(x_i;y_j)=0$;$\Pr(x_i|y_j)<\Pr(x_i)$则$I(x_i;y_j)<0$。由$\Pr(x_i,y_j)=\Pr(x_i)\Pr(y_j|x_i)=\Pr(y_j)\Pr(x_i|y_j)$。$X$与$Y$之间的平均互信息为

$$\begin{aligned}I(X;Y) &= \sum_{i,j}\Pr(x_i,y_j)I(x_i,y_j) = \sum_{i,j}\Pr(x_i,y_j)\log_2\frac{\Pr(x_i \mid y_j)}{\Pr(x_i)}\\ &= H(X)-H(X\mid Y) = H(Y)-H(Y\mid X)\end{aligned}$$

结合定理3.3,得到$I(X;Y)=H(X)+H(Y)-H(Y,X)$。因此,熵、条件熵、联合熵、平均互信息的关系可用图3.2表示。

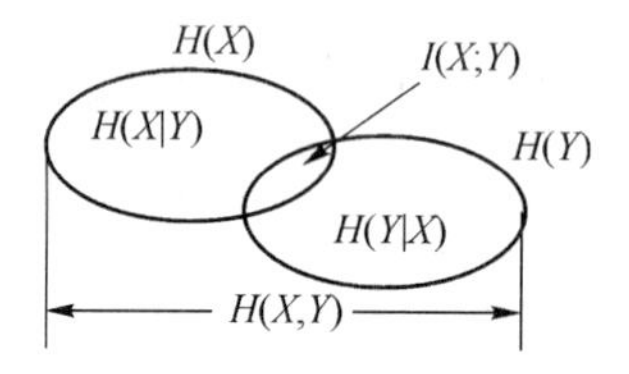

图3.2 各类熵之间的关系图

在通信系统中,X表示系统的输入空间,Y表示系统的输出空间。通常将条件熵$H(X|Y)$称为含糊度(Equivocation,当观察到Y之后,X还具有的不确定性),条件熵$H(Y|X)$称为散布度(Divergence,当观察到X之后,Y还具有的不确定性)。如果系统中的干扰越大,X的散步度就越大,输入与输出之间的互信息量就越小。当$H(Y|X)=0$时,表示信道没有干扰,$I(X;Y)=H(Y)$。当$H(X|Y)=0$,有$I(X;Y)=H(X)$。如果X和Y独立,则有$H(X|Y)=H(X)$,$H(Y|X)=H(Y)$,$I(X;Y)=0$

3.2 保密系统的数学模型

随着通信的发展,1949年Shannon在*Bell Systems Technical Journal*上发表了《保密系统的通信理论》一文,用概率统计的观点研究了信息的传输和保密问题。认为通信系统的设计目的是在信道有干扰的情况下,使接收的信息无差错或差错尽可能小,如图3.3所示。

保密系统的设计目的是使窃听者即使完全准确地接收到了信道上的传输信号也无法恢复原始信息，如图 3.4 所示。古典密码体制中看待加密系统是局部的静态的，Shannon 则用通信的观点看待保密系统。

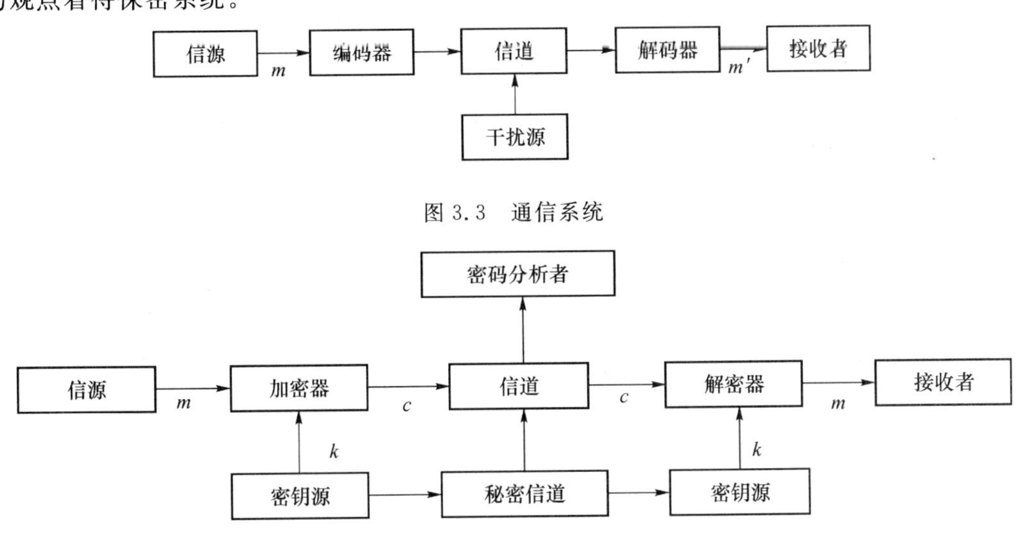

图 3.3　通信系统

图 3.4　保密系统

1. 信源

在保密系统中，信源是信息的发送者。离散信源可以产生字符或字符串。设源字母表为：$X=\{a_i \mid i=0,1,\cdots,q-1\}$，其中 q 是一个正整数，表示信源中字母的个数。字母 a_i 出现的频率记为 $\Pr(a_i)$，$0\leqslant\Pr(a_i)\leqslant1$，$0\leqslant i\leqslant q-1$，且 $\sum_{i=0}^{q-1}\Pr(a_i)=1$。如果只考虑长为 r 的信源，则明文空间为

$$M=\{m=(m_1,m_2,\cdots,m_r)\mid m_i\in X,1\leqslant i\leqslant r\}$$

如果信源是无记忆的，则

$$\Pr(m)=\Pr(m_1,m_2,\cdots,m_r)=\prod_{i=1}^{r}\Pr(m_i)$$

如果信源是有记忆的，则需要考虑明文空间 M 中各元素的概率区别。信源的统计特性对密码体制的设计和分析有重要的影响。

2. 密钥源

密钥源用于产生密钥。密钥通常是离散的。设密钥源字母表为 $B=\{b_i \mid i=0,1,2,\cdots,p-1\}$，其中 p 是一个正整数，表示密钥源字母表中字母的个数。字母 b_i 的出现概率记为 $\Pr(b_i)$，$0\leqslant\Pr(b_i)\leqslant1$，$0\leqslant i\leqslant p-1$，且 $\sum_{i=0}^{p-1}\Pr(b_i)=1$

密钥源通常是无记忆的，并且满足均匀分布。因此 $\Pr(b_i)=\dfrac{1}{p}$，$0\leqslant i\leqslant p-1$。如果只考虑长为 s 的密钥，则密钥空间为

$$K=\{k=(k_1,k_2,\cdots,k_s\mid k_i\in B,1\leqslant i\leqslant s\}$$

一般而言，明文空间和密钥空间是相互独立的。合法的密文接收者知道密钥空间 K 和

所使用的密钥 k。

3. 加密器

加密器用于将明文 $m=(m_1,m_2,\cdots,m_r)$ 在密钥 $k=(k_1,k_2,\cdots,k_s)$ 的控制下变换为密文 $c=(c_1,c_2,\cdots,c_t)$,即

$$(c_1,c_2,\cdots,c_t)=E_k(m_1,m_2,\cdots,m_r)$$

其中,t 是密文的长度。所有可能的密文构成密文空间 C。设密文字母表为 Y,它是密文中出现的所有不同的字符的集合,则密文空间为

$$C=\underbrace{Y\times Y\times\cdots\times Y}_{t}$$

通常密文字母表与明文字母表相同,即 $Y=X$。一般而言,密文的长度与明文的长度也相同,即 $t=r$。

密文空间的统计特性有明文空间的统计特性和密钥空间的统计特性所决定。对任意的密钥 $k\in K$,则使用该密钥得到的密文集合为

$$C_k=\{E_K(m)\in C\mid m\in M\}$$

对于明文空间与密钥空间是相互独立的,所以对任意的 $c\in C$,有

$$\Pr(c)=\sum_{k\in\{k\mid c\in C_k\}}\Pr(k)\Pr(D_k(c)) \tag{3.1}$$

又因为

$$\Pr(c\mid m)=\sum_{k\in\{k\mid m=D_k(c)\}}\Pr(k) \tag{3.2}$$

所以根据 Bayes 公式,可得

$$\Pr(m\mid c)=\frac{\Pr(m)\Pr(c\mid m)}{\Pr(c)}=\frac{\Pr(m)\sum\limits_{k\in\{k\mid m=D_k(c)\}}\Pr(k)}{\sum\limits_{k\in\{k\mid c\in C_k\}}\Pr(k)\Pr(D_k(c))} \tag{3.3}$$

从式(3.1)~式(3.3)可以看出,知道明文空间和密钥空间的概率分布,就可以确定密文空间的概率分布 $\Pr(c)$,密文空间关于明文空间的概率分布 $\Pr(c\mid m)$,以及明文空间关于密文空间的概率分布 $\Pr(m\mid c)$。

为便于理解,可以进行一个直观的类比,如果把 c 视为终点,k 视为路径,m 视为起点,图 3.5 是人为构造的加密示意图,刚对于式(3.1)~式(3.3)的解释如下:

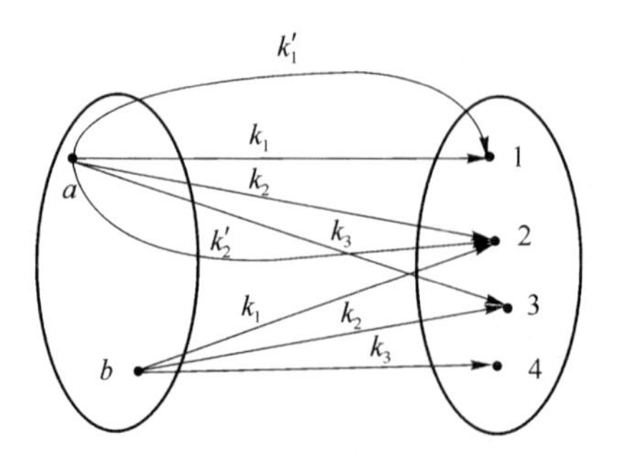

图 3.5 加密示意图

(1) 密文集合有 $C_{k_1}=\{1,2\}$,$C_{k_2}=\{2,3\}$,$C_{k_3}=\{3,4\}$等。

(2) $\Pr(c)$为到达 c 点的概率，计算方法就是对某个连接 c 点的路径 k（即 $k\in\{k|c\in C_k\}$），寻找其起点 $D_k(c)$，该起点的概率为 $\Pr(D_k(c))$，该起点与终点间路径的概率 $\Pr(k)$，两者相乘，如此反复，最后求和。例如：

$$\Pr(c=1)=\Pr(a)\times\Pr(k'_1)+\Pr(a)\times\Pr(k_1)$$

$$\Pr(c=2)=\Pr(a)\times\Pr(k'_2)+\Pr(a)\times\Pr(k_2)+Pr(b)\times\Pr(k_1)$$

(3) $\Pr(c|m)$为从起点 m 出发，到达终点 c 的概率。计算时，首先将起点和终点分别固定为 m 和 c，观察两者之间的路径 k 可能有多个（$k\in\{k|m=D_k(c)\}$），计算这样的路径概率 $\Pr(k)$之和。例如：

$$\Pr(c=1|m=a)=\Pr(k_1)+\Pr(k'_1)$$

$$\Pr(c=2|m=a)=\Pr(k_2)+\Pr(k'_2)$$

(4) $\Pr(m|c)$，需要用到 Bayes 公式。到达 c 点的起点可能有多个，求其中起点为 m 所占的比重。计算方法是：从 m 出发的概率（$\Pr(m)$），经过所有的路径 k，到达 c 点的概率（即 $\Pr(c|m)$），占整个到达 c 点概率的比重。例如：

$$\begin{aligned}\Pr(m=a|c=2)&=\frac{\Pr(m=a)\Pr(c=2|m=a)}{\Pr(c=2)}\\&=\frac{\Pr(m=a)\Pr(c=2|m=a)}{\Pr(m=a)\Pr(c=2|m=a)+\Pr(m=b)\Pr(c=2|m=b)}\\&=\frac{\Pr(a)[\Pr(k'_2)+\Pr(k_2)]}{\Pr(b)\times\Pr(k_2)+\Pr(a)[\Pr(k'_2)+\Pr(k_2)]}\end{aligned}$$

下面给出一个正式的例子。

例 3.3　设有一个密码系统，明文空间 $M=\{a,b\}$，概率分布为 $\Pr(a)=1/4$，$\Pr(b)=3/4$。密钥空间 $K=\{k_1,k_2,k_3\}$，概率分布为 $\Pr(k_1)=1/2$，$\Pr(k_2)=1/4$，$\Pr(k_3)=1/4$。密文空间 $C=\{1,2,3,4\}$。加密变换为

$$E_{k_1}(a)=1,E_{k_1}(b)=2$$

$$E_{k_2}(a)=2,E_{k_2}(b)=3$$

$$E_{k_3}(a)=3,E_{k_3}(b)=4$$

计算 $H(M)$，$H(K)$，$H(C)$，$H(M|C)$，$H(K|C)$。

先绘制一个示意图，如图 3.6 所示。

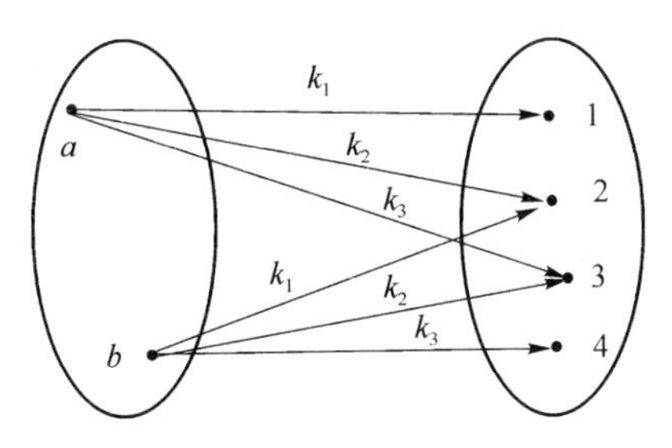

图 3.6　加密示意图

$$H(M) = -\Pr(a)\log_2 \Pr(a) - \Pr(b)\log_2 \Pr(b)$$
$$= -\frac{1}{4}\log_2 \frac{1}{4} - \frac{3}{4}\log_2 \frac{3}{4}$$
$$= -\frac{1}{4}(-2) - \frac{3}{4}(\log_2 3 - 2)$$
$$\approx 0.81$$

$$H(K) = -\Pr(k_1)\log_2 \Pr(k_1) - \Pr(k_2)\log_2 \Pr(k_2) - \Pr(k_3)\log_3 \Pr(k_3)$$
$$= -\frac{1}{2}\log_2 \frac{1}{2} - \frac{1}{4}\log_2 \frac{1}{4} - \frac{1}{4}\log_2 \frac{1}{4}$$
$$= \frac{3}{2}$$

下面求 $H(C)$,需要先计算密文的概密分布：

$$\Pr(1) = \Pr(a)\Pr(k_1) = \frac{1}{4} \times \frac{1}{2} = \frac{1}{8}$$

$$\Pr(2) = \Pr(a)\Pr(k_2) + \Pr(b)\Pr(k_1) = \frac{1}{4} \times \frac{1}{4} + \frac{3}{4} \times \frac{1}{2} = \frac{7}{16}$$

$$\Pr(3) = \Pr(a)\Pr(k_3) + \Pr(b)\Pr(k_2) = \frac{1}{4} \times \frac{1}{4} + \frac{3}{4} \times \frac{1}{4} = \frac{1}{4}$$

$$\Pr(4) = \Pr(b)\Pr(k_3) = \frac{3}{4} \times \frac{1}{4} = \frac{3}{16}$$

于是

$$H(C) = -\frac{1}{8}\log_2 \frac{1}{8} - \frac{7}{16}\log_2 \frac{7}{16} - \frac{1}{4}\log_2 \frac{1}{4} - \frac{3}{16}\log_2 \frac{3}{16} \approx 1.85$$

下面计算 $H(M|C)$,需要首先计算已知密文情况下明文的概率分布。

$$\Pr(1|a) = \Pr(k_1) = \frac{1}{2} \qquad \Pr(1|b) = 0$$

$$\Pr(2|a) = \Pr(k_2) = \frac{1}{4} \qquad \Pr(2|b) = \Pr(k_1) = \frac{1}{2}$$

$$\Pr(3|a) = \Pr(k_3) = \frac{1}{4} \qquad \Pr(3|b) = \Pr(k_2) = \frac{1}{4}$$

$$\Pr(4|a) = 0 \qquad \Pr(4|b) = \Pr(k_3) = \frac{1}{4}$$

由 Bayes 公式 $\Pr(x|y) = \frac{\Pr(x)\Pr(y|x)}{\Pr(y)}$,可计算得到

$$\Pr(a|1) = \frac{\Pr(a)\Pr(1|a)}{\Pr(1)} = \frac{\frac{1}{4} \times \frac{1}{2}}{\frac{1}{8}} = 1$$

同样可计算出 $\Pr(b|1) = 0$,$\Pr(a|2) = 1/7$,$\Pr(b|2) = 6/7$,$\Pr(a|3) = 1/4$,$\Pr(b|3) = 3/4$,$\Pr(a|4) = 0$,$\Pr(b|4) = 1$。

于是

$$H(M|C) = \Pr(1)H(M|1) + \Pr(2)H(M|2) + \Pr(3)H(M|3) + \Pr(4)H(M|4)$$
$$= -1/8(1 \times \log_2 1 + 0 \times \log_2 0) - 7/16\left(\frac{1}{7}\log_2 \frac{1}{7} + \frac{6}{7} \times \log_2 \frac{6}{7}\right) -$$

$$1/4\left(\frac{1}{4}\times\log_2\frac{1}{4}+\frac{3}{4}\times\log_2\frac{3}{4}\right)-3/16(0\times\log_2 0+1\times\log_2 1)$$
$$\approx 0.46$$

思考 3.1:如何计算 $H(K|C)$。

首先计算

$$\Pr(1|k_1)=\Pr(a)=1/4,\quad \Pr(1|k_2)=0,\quad \Pr(1|k_3)=0$$
$$\Pr(2|k_1)=\Pr(b)=3/4,\quad \Pr(2|k_2)=\Pr(a)=1/4,\quad \Pr(2|k_3)=0$$
$$\Pr(3|k_1)=0,\quad \Pr(3|k_2)=\Pr(b)=3/4,\quad \Pr(3|k_3)=\Pr(a)=1/4$$
$$\Pr(4|k_1)=0,\quad \Pr(4|k_2)=0,\quad \Pr(4|k_3)=\Pr(b)=3/4$$

由 Bayes 公式可计算出

$$\Pr(k_1|1)=1,\quad \Pr(k_2|1)=0,\quad \Pr(k_3|1)=0$$
$$\Pr(k_1|2)=6/7,\quad \Pr(k_2|2)=1/7,\quad \Pr(k_3|2)=0$$
$$\Pr(k_1|3)=0,\quad \Pr(k_2|3)=3/4,\quad \Pr(k_3|3)=1/4$$
$$\Pr(k_1|4)=0,\quad \Pr(k_2|4)=0,\quad \Pr(k_3|4)=1$$

于是

$$\begin{aligned}H(K|C)&=\Pr(1)H(K|1)+\Pr(2)H(K|2)+\Pr(3)H(K|3)+\Pr(4)H(K|4)\\&=-1/8(1\times\log_2 1+0\times\log_2 0+0\times\log_2 0)-\\&\quad 7/16\left(6/7\times\log_2\frac{6}{7}+1/7\times\log_2\frac{1}{7}+0\times\log_2 0\right)-\\&\quad 1/4\left(0\times\log_2 0+3/4\times\log_2\frac{3}{4}+1/4\times\log_2\frac{1}{4}\right)-\\&\quad 3/16(0\times\log_2 0+0\times\log_2 0+1\times\log_2 1)\\&\approx 0.46\end{aligned}$$

另外,保密系统的研究中,通常假定信道是无干扰的,因此合法的密文接收者能够利用解密变换和密钥从密文恢复明文,即 $m=D_k(c)=D_k[E_k(m)]$。假定敌手可以从信道截获密文,敌手知道所用的密码体制,知道明文空间和密钥空间的统计特性,密码体制的安全性完全取决于选用的密钥的安全性。

3.3 完善保密性

下面利用 3.1 节学习的熵的概念来讨论保密系统的安全性。

保密系统中,信源是消息的发送者。密码设计者的努力方向是在设计密码体制时,要尽可能地使破译者从密文中少获得明文的信息。根据上节各种熵之间的关系,结合密码系统 $F=(P,C,K,E,D)$,P 为明文空间,C 为密文空间,K 为密钥空间,E,D 分别为加密和解密函数。已知密文条件下的明文含糊度 $H(P|C)$,已知密文条件下的密钥含糊度 $H(K|C)$,即表明密钥未被密文泄露的信息。

1. 已知密文条件下的密钥含糊度

定理 3.4 设 $F=(P,C,K,E,D)$为一个保密系统,则

$$H(K|C)=H(K)+H(P)-H(C)$$

证明:由熵的链法则有

$$H(K,P,C)=H(C|K,P)+H(K,P)=H(P|K,C)+H(K,C)$$

由于密钥和明文唯一确定密文,密钥和密文唯一确定明文,密钥和明文统计独立,所以 $H(C|K,P)=H(P|K,C)=0, H(K,P)=H(K)+H(P)$。

从而

$$H(K)+H(P)=H(K,C)$$

又因为

$$H(K,C)=H(C)+H(K|C)$$

故

$$H(K|C)=H(K)+H(P)-H(C)$$

2. 完善保密的定义(已知密文条件下的明文含糊度)

明文空间与密文空间的互信息为 $I(P;C)=H(P)-H(P|C)$,反映了密文空间所包含的明文空间的信息。因此 $I(P;C)$ 最小化是密码系统的一个重要设计目标。Shannon 定义了在攻击者具备无限计算资源下,在唯密文攻击下的安全性为完善保密性(Perfect Secrecy),并用他创立的信息论中的熵和平均互信息的概念刻画了完善保密性,进而证明了一次一密具有完善保密性。

定义 3.5 设 $F=(P,C,K,E,D)$ 为一个保密系统,如果 $H(P|C)=H(P)$ 或者 $I(P,C)=0$,则 F 是完善保密的(又叫作无条件保密,信息理论安全)。

直观地说,从定义可知密文空间不包含明文空间的信息。观察到密文条件下明文的含糊度和明文本身的含糊度是一样的,即看到密文和没有看到密文对明文的含糊度来说效果是一样的。

通过概率来表述定义则可能更加直观。

定义 3.6 明文空间为 P 的加密方案是完善保密加密,若对 P 上任意的概率分布,任何明文 $p\in P$、任何密文 $c\in C$ 且 $\Pr(C=c)>0$,有

$$\Pr(P=p|C=c)=\Pr(\mathrm{P}=p)$$

看到密文,猜测是某个明文的概率〔$\Pr(P=p|C=c)$〕和没有看到密文,明文本身的概率〔$\Pr(P=p)$〕是一样的。即看到密文并不能帮助对明文的猜测,这再一次表述了密文空间不包含明文空间的信息。

从另一角度来看,$\Pr(P=p|C=c)$ 是一个使用 Bayes 公式求解的条件概率,$\Pr(P=p|C=c)=\dfrac{\Pr(P=p)\Pr(C=c|P=p)}{\Pr(c)}=\Pr(P=p)$,于是说明 $\Pr(C=c)=\Pr(C=c|P=p)$。

3. 完善保密对密钥空间大小的要求

定理 3.5 $I(P;C)\geqslant H(P)-H(K)$。

证明:因为

$$H(P|C,K)=0$$

$$\begin{aligned}H(P|C)&\leqslant H(P|C)+H(K|P,C)=H(P,K|C)\\&=H(K|C)+H(P|C,K)=H(K|C)\leqslant H(K)\end{aligned}$$

这样,$H(P)-H(P|C)\geqslant H(P)-H(K)$,即 $I(P;C)\geqslant H(P)-H(K)$。

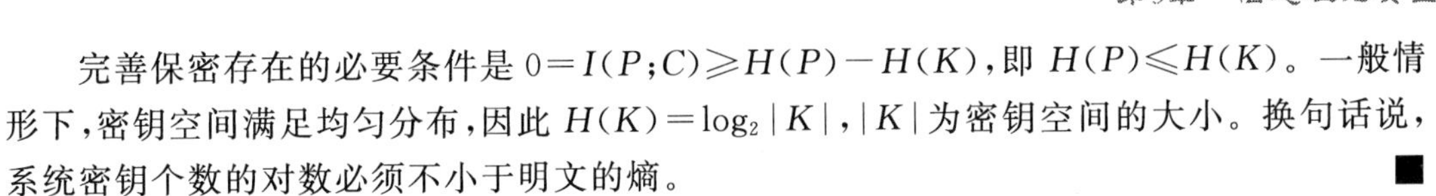

完善保密存在的必要条件是 $0=I(P;C)\geqslant H(P)-H(K)$，即 $H(P)\leqslant H(K)$。一般情形下，密钥空间满足均匀分布，因此 $H(K)=\log_2|K|$，$|K|$ 为密钥空间的大小。换句话说，系统密钥个数的对数必须不小于明文的熵。■

4.　次一密的完善保密性的证明

思考 3.2：如何证明一次一密具有完善保密性？

定理 3.6　一次一密具有完善保密性。

证明方法 1：假设加密长度为 L 的明文，有 26^L 个等可能的密钥，故 $H(K)=L\log_2 26$。因为对每个明文 $p_i\in P$ 和密文 $c_i\in C$，都有唯一一个密钥 $k_i\in K$，即

$$\Pr(C=c_i|P=p_i)=\frac{1}{26^L}$$

于是，$H(C|P)=L\log_2 26$。有 26^L 个等可能的密文，即 $\Pr(C=c_i)=1/26^L$，于是 $H(C)=L\log_2 26$。于是，$I(P,C)=H(C)-H(C|P)=0$，得证。

一个一般性的证明如下：因为 P,K,C 中已知其中两个可确定第三个，且 P,K 独立。

$$H(P,K,C)=H(P,C)=H(P|C)+H(C)$$

$$H(P,K,C)=H(P,K)=H(P)+H(K)$$

联立以上两式，利用 $H(C)=H(K)$，得 $H(P|C)=H(P)$。■

证明方法 2：利用概率表述的方法证明。$\Pr(C=c)=\Pr(C=c|P=p)$。在"一次一密"中，因为对每个明文 $p_i\in P$ 和密文 $c_i\in C$，都有唯一一个密钥 $k_i\in K$，即

$$\Pr(C=c_i|P=p_i)=\frac{1}{26^L}$$

$$\Pr(C=c_i)=\sum_{1}^{26^L}\Pr(C=C_i\mid P=p_i)\Pr(P=p_i)=26^L\times(1/26^L\times 1/26^L)=1/26^L$$

$\Pr(C=c_i|P=p_i)=1/26^L$。由 p_i,c_i 的任意性，有 $\Pr(C=c)=\Pr(C=c|P=p)$。■

5. 完善保密的充分必要条件

定理 3.7　设 $F=(P,C,K,E,D)$ 是一个密码体制，且 $|M|=|C|=|K|$，则密码体制 F 具有完善保密性当且仅当密钥的选取满足均匀分布，并且对任意 $x\in P$ 和任意 $y\in C$，都存在唯一的密钥 $k\in K$，使得 $E_k(x)=y$。

证明：(1) 首先证明必要性。假设 F 具有完善保密性。固定一个 $x\in P$，对任意 $y\in C$，至少存在一个密钥 $k\in K$，使得 $E_k(x)=y$。因此，

$$|C|=|\{E_k(x)|k\in K\}|\leqslant|K|$$

因为假设 $|C|=|K|$，所以一定有

$$|\{E_k(x)|k\in K\}|=|K|$$

也就是说，不存在两个密钥 $k_1\in K,k_2\in K$，使得 $E_{k_1}(x)=E_{k_2}(x)$，因此，对任意 $x\in P$ 和任意 $y\in C$，存在唯一的密钥 $k\in K$，使得 $E_k(x)=y$。

令 $n=|K|$，$P=\{x_1,x_2,\cdots,x_n\}$，固定一个 $y\in C$，令 k_i 是满足 $E_{k_i}(x_i)=y$ 的密钥，$1\leqslant i\leqslant n$，由 Bayes 定理知：

$$\Pr(x_i|y)=\frac{\Pr(y|x_i)\Pr(x_i)}{\Pr(y)}=\frac{\Pr(k_i)\Pr(x_i)}{\Pr(y)}$$

因为 F 具有完善保密性，故 $\Pr(x_i|y)=\Pr(x_i)$。带入上式，有 $\Pr(k_i)=\Pr(y)$，$i\leqslant i\leqslant n$。说明密钥的选取是等概率的，因此，一定有

$$\Pr(k_i)=1/|K|,1\leqslant i\leqslant n$$

(2) 然后证明充分性。注意到明文与密文是相互独立的,因此,对任意 $y\in C$,

$$\Pr(y)=\sum_{k\in K}\Pr(k)\Pr(D_k(y))$$

$$=\frac{1}{n}\sum_{k\in K}\Pr(D_k(y))$$

这里 n 是不同的密钥的个数,因为$\{D_{k_1}(y),D_{k_2}(y),\cdots,D_{k_n}(y)\}$ 是 $P=\{x_1,x_2,\cdots,x_n\}$ 的一个重新排列,故 $\sum_{k\in K}\Pr(D_k(y))=\sum_{i=1}^{n}\Pr(x_i)=1$。因此,对任意 $y\in C$,$\Pr(y)=1/n$。另外,对任意 $x\in P$,$y\in C$,令 $k\in K$ 是满足 $E_k(x)=y$ 的唯一密钥,则 $\Pr(y\mid x)=\Pr(k)=1/n$。于是,对任意 $x\in P$,$y\in C$,有 $\Pr(y\mid x)=\Pr(y)$,根据 Bayes 定理,可得,$\Pr(x\mid y)=\Pr(x)$。因此,密码体制 F 是完善保密。 ■

一次一密具有完善保密性,但该体制中真随机密钥字母在实现中很困难,而且该体制所需密钥数量同明文数量一样,即随着明文的增长,密钥也同步增长,从而对密钥的存储、传输和管理带来很大的难度。此外,接收方和发送方的同步也很难解决。总之,一次一密体制的成本很高,较难实现,不适合于广泛使用。不过,在外交和军事领域,一次一密体制仍然有着重要的用途。

3.4 冗余度、唯一解距离*

本节讨论敌手截取的密文长度与密码体制安全性之间的关系。

1. 唯一解距离的概念

直觉告诉我们,密码分析者获得的密文越长(多),其成功解密的机会越大。图 3.7 显示了密文长度与相关熵之间的变化关系示意图。

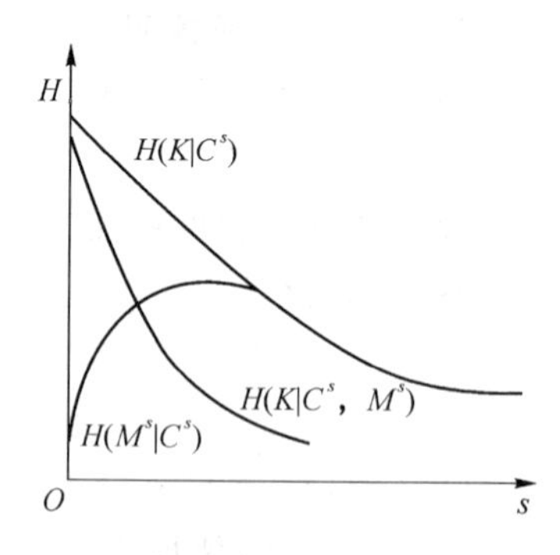

图 3.7 密文长度与密钥含糊度、明文含糊度,密钥显现含糊度之间的关系

对该图的解释如下:

(1) $H(K|C^s)$表示密钥含糊度。体现了密码体制抗唯密文攻击的能力,敌手目标为完全攻破,即密钥发现(Key Recovery)。图中显示随着密文数量 s 的增多,密钥含糊度下降。

(2) $H(K|C^s,M^s)$表示密钥显现含糊度(Key Appearance Equivocation),因为拥有了明文和相应的密文,故密钥含糊度下降得更快。它体现了已知明文攻击的能力。

(3) $H(M^s|C^s)$表示明文含糊度。体现了密码体制抗唯密文攻击的能力,敌手目标为部

分攻破。

那么,究竟需要多长的密文,理论上才有破译的可能性。也就是说,s 至少为多少,才可以唯一地确定密钥(密钥含糊度为 0)。Shannon 的目的是研究唯密文破译的理论问题,即讨论破译一种密码体制时分析者必须处理的密文量的下限。他从研究 $H(K|C^s)$ 出发研究这个问题。由条件熵的性质,有 $H(K|C^{s+1}) \leqslant H(K|C^s)$,即随着 s 的增加,密钥含糊度是非增的。若 $H(K|C^s) \to 0$,就可唯一确定密钥,从而实现破译。对于给定的密码系统,称

$$s_0 = \min\{s \in N \mid H(K|C^s) \approx 0\}$$

为唯密文攻击下的唯一解距离(Unicity Distance,UD)。当截获的密文数量小于 s_0,就存在多种可能的密钥,这些可能的密钥也称为伪密钥(Spurious Keys)。例如,单表加密中密文为"WNAJW",通过穷举攻击,可以得到两个"有意义的"明文:"river"和"arena",分别对应密钥 $k=5$ 和 $k=22$,这两个密钥中,只有一个是正确的,另一个就是伪密钥。

之所以能从密文获取密钥的信息,实质上利用了明文字符序列的非均匀分布特性。下面介绍冗余度的概念。

2. 冗余度的概念

定义 3.7 设 L 是一个自然语言,其熵 $H(L)$ 定义为

$$H(L) = \lim_{n \to \infty} \frac{H(X^n)}{n}$$

其中,X 表示语言 L 的字母集,X^n 表示所有明文 n 个字母构成的字符串。例如,对于英文字母

$$H_1 = H(X_1) = 4.15 \text{ 比特/字母}$$
$$H_2 = H(X_1X_2)/2 = 3.62 \text{ 比特/字母}$$
$$H_3 = H(X_1X_2X_3)/3 = 3.22 \text{ 比特/字母}$$
$$H(L) = H_\infty = \lim_{L \to \infty} H(X_1X_2\cdots X_L)/L = 1.5 \text{ 比特/字母}$$

定义 3.8 语言 L 的冗余度(Redundency)定义为

$$R_L = 1 - \frac{H(L)}{\log_2 |X|}$$

其中,$H(L)$表示自然语言 L 的熵,$\log_2 |X| = -\log_2 \dfrac{1}{|X|}$ 表示随机语言的熵。换句话说,$H(L)$表示语言 L 的每个字母的平均信息量(以比特为单位),$\log_2 |X|$ 即随机语言的每个字母的平均信息量(以比特为单位)。R_L 度量了"多余字母"的比例。

$R_L \log_2 |X| = \log_2 |X| - H(L)$ 表示每个字母的平均冗余信息量(以比特为单位)。

例如,英语的 $H(L)=1.5$ bit,随机语言 $\log_2 |X| = \log_2 26 = 4.7$,于是 $R_L = 1-1.5/4.7=0.68$,表示有 68%是冗余的。这并不是说任意的英文文本每 4 个字母移去 3 个还可以解读它,而是说可以找到一个对英语字母分组的编码,将其文本压缩到原来的约 1/4。$R_L \log_2 |X| = 0.68 \times \log_2 26 = 3.2$。每个字母平均冗余信息量为 3.2 bit。

3. 密钥含糊度的下界

密钥含糊度的上界为 $H(K)$,对每个密文而言,每个密钥的可能性是相等的,这个最大值就会达到,即达到所用密钥的最大不确定性。那么,密钥含糊度是否有下界。下面的定理

回答了这个问题。

定理 3.8 密钥含糊度有下列下界

$$H(K|C^s) \geqslant H(K) - sR_L\log_2|X|$$

其中，s 表示接收到的密文序列长度，R_L 表示明文语言的冗余度，$|X|$ 表示明文和密文空间中符号或字母的数目。

证明：由于明文和密文是一对一的关系，于是有 $H(K,C^s)=H(K,P^s)$，另外密钥独立于明文，于是

$$H(K|C^s)=H(K,C^s)-H(C^s)=H(K,P^s)-H(C^s)=H(K)+H(P^s)-H(C^s)$$

假定明文空间和密文空间的字符数目均为$|X|$，则长为 s 密文的可能的总数目为$|X|^s$。由定理 3.1，有 $H(C^s)\leqslant s\log_2|X|$，故 $H(K|C^s)\geqslant H(K)+H(P^s)-s\log_2|X|$。因为，$R_L=1-\dfrac{H}{\log_2|X|}$，$H_L=\lim\limits_{n\to\infty}\dfrac{H(X^n)}{n}$，故当 s 充分大时，$\dfrac{H(P^s)}{s}\approx H_L=-R_L\log_2|X|+\log_2|X|$，于是有 $H(P^s)=-sR_L\log_2|X|+s\log_2|X|$，即明文的冗余度。因此，$H(K|C^s)\geqslant H(K)-sR_L\log_2|X|$，得证。

■

上述定理表明：随着明文冗余度 R_L 的增加，平均密钥含糊度将减少，因此所用密钥的密钥不确定性将减少。换句话说，冗余使得找到密钥更容易。因此，为了增加明文的信息量，可以采用信源编码。例如 Huffman 编码。从另一个角度来说，只要 $H(K)>sR_L\log_2|X|$，则密钥含糊度就不会为零，密钥就不能唯一地确定。

4. 唯一解距离的确定方法

很自然地会问一个问题，什么时候密钥含糊度为零？

定义 3.9 一个密码体制的唯一解距离，就是密码分析者在时间足够的情况下，能够唯一计算出正确密钥所需的密文的平均长度。显然，该值即为

$$\frac{H(K)}{R_L\log_2|X|}$$

其实从图 3.8 中的 $H(K|C^s)-s$ 图形可以很清楚地看到这一点。

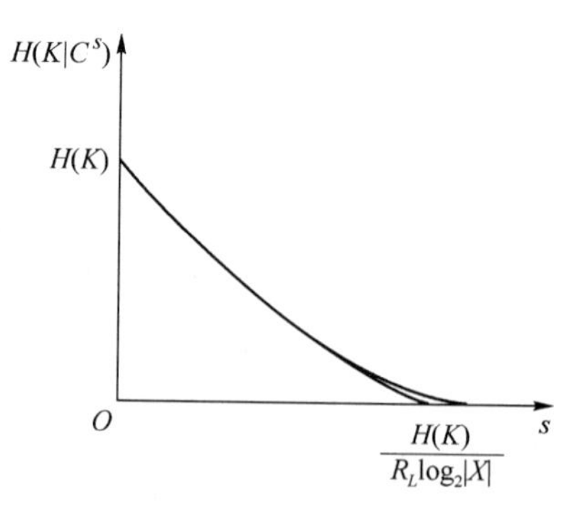

图 3.8 $H(K|C^s)-s$ 图形

一个直观的理解是：由于 $R_L\log_2|X|$ 表示每个字母的平均冗余信息量（以 bit 为单位），$H(K)$ 表示密钥信息量，故需要的密文数量为 $\frac{H(K)}{R_L\log_2|X|}$。它可以进一步表示为 $\frac{\log_2|K|}{R_L\log_2|X|}$。该值的形式很工整，因而容易理解：密钥信息量（以 bit 为单位）除以每个字母的平均冗余信息量（以 bit 为单位）。

该值也可以表示为如下形式：

$$\frac{H(K)}{R_L\log_2|X|}=\frac{H(K)}{\log_2|X|-(1-R_L)\log_2|X|}=\frac{H(K)}{\log_2|X|-H(L)}=\frac{H(K)}{\log_2|X|-H(P)}$$

从该表达式得到的解释很容易理解：随机语言每字母所含的信息量减去实际语言每字母所含信息量，被密钥信息熵除，即为破译所需要的密文数量。

例 3.4 讨论仿射密码，多表代换密码以及 Z_p 上的单表代换三种情况下的 UD。

对于仿射密码，有 312 个密钥，$H(K)=\log_2 312\approx 8.26$ bit，$\log_2|X|\approx 4.7$ bit，英语的 $H(P)=H_L=1.4$ bit，于是唯一解距离为 UD$=8.26/(4.7-1.4)=2.5$。

对于周期为 d 的多表代换密码如 Vigenere，有 $H(K)=\log_2(26^d)=d\log_2 26$，UD$=(d\log_2 26)/(R_L\log_2 26)=4.7d/3.2=1.5d$。

对于 Z_p 上的单表代换，有 $H(K)=\log_2(26!)=88.4$，UD$=88.4/(R_L\log_2 26)=88.4/3.2=27.6$。

可见，在 $R_L\log_2 26$ 固定的情况下，唯一解距离取决于密钥空间的大小。

唯一解距离给出了一个理论保密性的判定条件。理论保密性是假定敌手在无限的时间、计算资源等条件下唯密文攻击时密码系统的安全性。而实际保密性则对敌手具有的时间和计算资源具有一定的假设，只要破译需要的工作量超过这一能力假设，则认为是具有实际保密性。

3.5 乘积密码体制

Shannon 的另外一个贡献在于提出了设计密码的一些思想，如扩散和混淆，在 5.1 节介绍。这里介绍乘积密码体制（Multiplicative Cipher）。即简单解释是回答这个问题，如果多个密码体制合并使用，形成“积”，是否可以加强密码体制的安全性。

设 $S_1=(P_1,C_1,K_1,E_1,D_1)$ 和 $S_2=(P_2,C_2,K_2,E_2,D_2)$ 是两个密码体制，S_1，S_2 定义了乘积密码体制：$(P_1\times P_2,C_1\times C_2,K_1\times K_2,E_1\times E_2,D_1\times D_2)$，记为 $S_1\times S_2$。在实际应用中，明文空间和密文空间通常都是相同的，即 $P_1=P_2=C_1=C_2$，于是乘积密码体制 $S_1\times S_2$ 可以简化为 $(P,P,K_1\times K_2,E,D)$，其中 $E=E_1\times E_2$，$D=D_1\times D_2$。

对任意的 $x\in P$，$k=(k_1,k_2)\in K_1\times K_2$，加密变换为 $E_k(x)=E_{k_2}(E_{k_1}(x))$。对任意的 $y\in C$，$k=(k_1,k_2)\in K_1\times K_2$，解密变换为 $D_k(y)=D_{k_1}(D_{k_2}(y))$。显然，$D_k(E_k(x))=D_k(E_{k_2}(E_{k_1}(x))=D_{k_1}(D_{k_2}(E_{k_2}(E_{k_1}(x))))=D_{k_1}(E_{k_1}(x))=x$。

思考 3.3 Affine 密码是否可视为哪两种古典密码体制的乘积密码?

可视为 Shift 和 Hill($n=1$)的乘积密码。

对于乘积密码体制中密钥空间的概率分布,假设 K_1 中选取的密钥和 K_2 中密钥的选取是相互独立的。因此,对任意的密钥 $k=(k_1,k_2)\in K_1\times K_2$,有 $p(k_1,k_2)=p(k_1)p(k_2)$。

如果 $S_1\times S_2=S_2\times S_1$,则称密码体制 S_1,S_2 是可交换的。注意,并不是所有的密码体制都是可交换的。

显然,密码体制的乘积运算满足结合律,即对任意具有相同明文和密文空间的密码体制 S_1,S_2,S_3,都有

$$(S_1\times S_2)\times S_3=S_1\times(S_2\times S_3)$$

设 S 是一个明文和密文空间相同的密码体制,定义:

$$S^n\overset{\text{def}}{=}S_1\times S_2\times\cdots\times S_n$$

称为迭代密码体制。如果 $S^2=S$,则称 S 是幂等的密码体制。

思考 3.4:在第 2 章中介绍的古典密码体制中,有哪些是等幂的密码体制?

置换密码,移位密码,仿射密码,Vigenere 密码,Hill 密码,Vernam 密码等。

如果 S 是一个幂等的密码体制,则没有必要使用迭代体制 S^2,因为 S^2 使用更多的密钥但其安全强度与 S 一样。

如果 S 不是一个幂等的密码体制,则迭代密码体制 $S^n(n>1)$的安全强度会比 S 高。这种通过对一个密码体制进行迭代来提高密码体制安全强度的思想被广泛应用于分组密码体制的设计中(如 DES,参见 5.1 节)。因此,乘积密码的实现在现代密码体制的设计中具有重要的意义。

思考 3.5:如果 S_1,S_2 都是幂等的,且是可交换的,则 $S_1\times S_2$ 也是幂等的。

$$\begin{aligned}(S_1\times S_2)^2&=(S_1\times S_2)\times(S_1\times S_2)\\&=(S_1\times S_2)\times(S_2\times S_1)\\&=S_1\times(S_2\times S_2)\times S_1\\&=S_1\times S_2\times S_1\\&=S_1\times S_1\times S_2\\&=S_1\times S_2\end{aligned}$$

小　　结

本章首先介绍信息论的基本知识点:信息量(自信息),熵,联合熵,条件熵,平均互信息以及这些概念之间的关系。然后利用这些信息论知识介绍了保密系统的数学模型,完善保密性。证明了一次一密的完善保密性,给出了完善保密性的充要条件。然后探讨了密文数量与密钥含糊度之间的关系,给出了冗余度,唯一解距离的概念。最后讨论来通过密码系统的复用或者多个密码系统的联合来设计密码系统的思想,即乘积密码体制。本章内容总结如下。

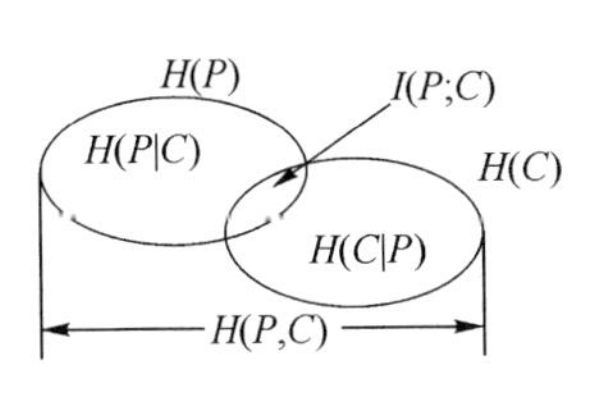

$H(P)$	明文不确定性（熵）
$H(C)$	密文不确定性（熵）
$H(P\|C)$	拥有C后，明文还具有的不确定性（含糊度）
$H(C\|P)$	拥有P后，密文还具有的不确定性（散布度）
$I(P;C)$	P透露C（或C透露P）的信息（平均互信息）
$H(P,C)$	P和C的整体不确定性（联合熵）

$$\begin{cases} \text{明文剩余熵}H(P|C)=H(P) \xrightarrow{\text{不变}} \text{完善保密} \\ \text{密钥剩余熵}H(K|C^s)\geqslant H(K)-sR_L\log_2|X| \xrightarrow{\text{等于0}} s=\dfrac{H(K)}{R_L\log_2|X|}\ \text{唯一解距离} \end{cases}$$

本章的重点在于：各个信息论基本概念间的关系，完善保密性，乘积密码体制。难点是：唯一解距离。

扩展阅读建议

Shannon 的两篇经典论文值得在课外精读。

1. Claude Shannon. A Mathematical Theory of Communication. Bell System Technical Journal，1948，27：379-423，623-656.

2. Claude Shannon. Communication Theory of Secrecy Systems. Bell System Technical Journal，1949，28(4)，656-715.

第4章 序列密码

序列密码(Stream Cipher)又称为流密码,是对称加密体制的一种。流密码对明文消息加密时,每次加密的单元要短一些,例如,序列密码每次可以是加密1个比特,分组加密的加密单元(如DES)为64 bit。这一点与分组加密每次加密一个“分组”区分开来。除此以外,分组密码中所有的加密单元(明文分组)都是用完全相同的加密函数和密钥来加密的,而流密码中所有的加密单元(如一个比特)都是用相同的加密函数和不同的密钥来加密的。

相对分组密码而言,流密码的特点是:①在硬件实现上,速度一般比分组密码快,且不需要很复杂的硬件电路;②在某些情况下,如电信上的应用,当缓冲不足或必须对收到的字符进行逐一处理时,流密码显得更加必要和恰当;③流密码有较理想的数学分析工具,如频谱理论和技术、代数方法等。

序列密码由于具有坚实的数学基础和丰富的理论成果,因而广泛应用于军事、外交等国家重要部门的保密通信。Vernam密码为流密码奠定了基础,“一次一密”的完善保密性证明导致了流密码的兴起。

本章首先介绍序列密码的基本原理,然后介绍密钥流生成器,最后介绍其他生成伪随机序列的方法。

4.1 序列密码的基本原理

在序列密码中,明文按一定长度分组后被表示成一个序列,称为明文流,序列中的一项称为“明文字”。加密时,先由主密钥产生一个密钥流序列,该序列的每一项和明文字具有相同的比特长度,称为一个“密钥字”。然后依次把明文流和密钥流中的对应项输入加密函数,产生相应的“密文字”,由密文字构成密文流输出。令

明文流为 $M=m_1m_2\cdots m_i\cdots$

密钥流为 $K=k_1k_2\cdots k_i\cdots$

加密算法为 $C=c_1c_2\cdots c_i\cdots=E_{k_1}(m_1)E_{k_2}(m_2)\cdots E_{k_i}(m_i)\cdots$

解密算法为 $M=m_1m_2\cdots m_i\cdots=D_{k_1}(c_1)D_{k_2}(c_2)\cdots D_{k_i}(c_i)\cdots$

序列密码进行保密通信的原理如图4.1所示。

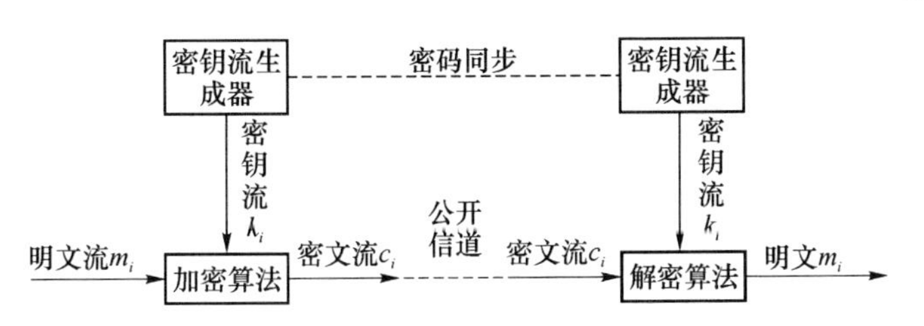

图 4.1 序列密码保密通信原理图

4.1.1 序列密码的核心问题

第 3 章给出了“一次一密”具有无条件安全性的证明，从安全性来说是理想的，但是，从实现效率来说，“一次一密”的一个明显的缺点就是它要求密钥与明文具有相同的长度。这增加了密钥分配、密钥生成、密钥管理的难度，这一缺陷极大地限制了它在实际中的应用。

使用完全随机的密钥流序列代价太大，一个自然的想法是使用伪随机(Pseudo-random)序列作为密钥流序列。从直观上讲，伪随机性(Pseudorandomness)就是不是真正随机，但是很难将其和真正随机区分开来。

伪随机序列由伪随机生成器(Pseudo-Random Generator，PRG，在加密场景中也称为密钥流生成器)生成，PRG 以一定长度的比特串(称为种子密钥，seed)作为输入，可输出任意长的伪随机序列(也称为密钥流)。这样，保密通信双方只要使用相同的 PRG，则只要传送种子即可。因此，基于 PRG 的序列密码克服了“一次一密”密钥产生和传送困难的缺点，从而较为实用。虽然不具有无条件安全性，但增加了实用性，只要算法设计合理，其安全性可以满足实际应用的需要。

很自然地可以想到，序列密码的设计重点是密钥流生成器，其核心问题是如何衡量伪随机性和有效地生成伪随机序列。

4.1.2 序列密码的一般模型

序列密码一般模型的关键是密钥流生成器。随机序列的产生由种子密钥 k 和第 i 个时刻密钥流生成器的内部状态 σ_i 确定。即

$$z_i=f(k,\sigma_i),\quad i=0,1,\cdots$$

其中，f 是密钥流产生函数。

可见，流密码中的加密元件是有记忆的(这一点构成了流密码和分组密码的本质区别)。分组密码(第 5 章介绍)中，加密密钥是时不变的，总是 k。而流密码，加密密钥是时变的。真正加密的是 z_i，z_i 由函数 f，种子密钥 k 和 i 时刻的状态 σ_i 确定。

分组密码和流密码的加密元件的区别如图 4.2 所示。

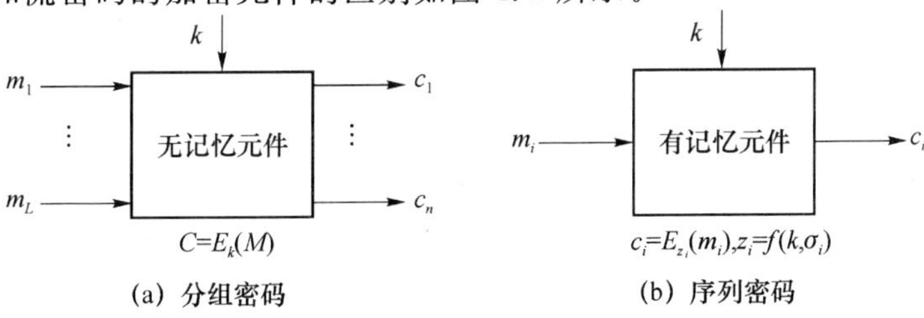

图 4.2 分组密码和序列密码的本质区别(加密元件是否有记忆性)

根据密码流生成器的内部状态 σ_i 是否与之前的密文有关，流密码可进一步分成的两种类型：同步流密码（Synchronous Stream Cipher）和自同步流密码（Self-Synchronous Stream Cipher，又叫异步流密码）。

同步流密码如图 4.3 所示，内部状态与密文无关，所以密钥流与明文字符无关，从而 i 时刻的密文只取决于 i 时刻的明文，与 i 时刻前的明文无关。设 F 是流密码的状态转移函数，有

$$\sigma_{i+1}=F(\sigma_i,k)$$
$$z_i=f(\sigma_i,k)$$

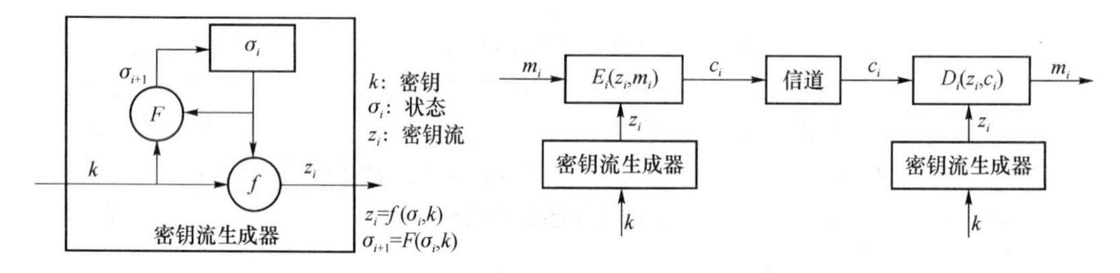

图 4.3　同步流密码系统

例 4.1　二元加法流密码就是一种常见的同步流密码，即明文字符、密钥字以及密文字符均为二元字符，且输出函数 E 为异或函数。二元加法同步流密码模型（Binary Additive Synchronous Stream Cipher）如图 4.4 所示，简称为二元流密码，是目前最为常见的流密码体制，也是一种常见的同步流密码。

$$c_i=m_i\oplus z_i$$

其中，m_i 为明文比特，z_i 为伪随机序列（密钥流），c_i 为密文比特。种子密钥为 k。

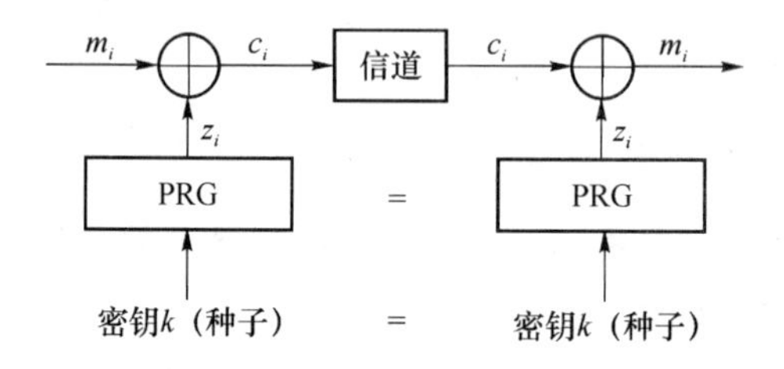

图 4.4　二元加法同步序列密码系统（二元流密码）

图 4.4 与图 2.1 相比，多出一个信道，这是因为安全需求（密码设计的动机）是通信的保密性，而不仅仅是保密性。"一次一密"密码是二元流密码的原型。事实上，如果 $z_i=k_i$（即密钥作为密钥流），则二元流密码退化为"一次一密"。

同步流密码的特点如下。

(1) 同步要求。在同步密码中，消息的发送者和接收者必须同步才能做到正确地加密和解密，即双方使用相同的密钥，并用其对同一状态进行操作。一旦由于密文字符在传递过程中被插入或删除而破坏了这种同步性，那么解密工作将失败。这时只有借助其他方式重建同步，解密才能继续进行。重置同步的技术包括：重新初始化，在密文的规则间隔中设置特殊符号，或如果明文包含足够的冗余度，那么就可以尝试密钥流的所有可能偏移。

(2) 无错误传播。密文字符在传输过程中被修改（但未必删除）并不影响其他的密文字符解密。

(3) 主动攻击。作为性质(1)的结果,一个主动攻击者对密文字符进行的插入、删除或重复都会立即破坏系统的同步性,从而可能被解密器检测出来。作为性质(2)的结果,主动攻击者可能有选择地对密文字符进行改动,并准确地知道这些改动对明文的影响。因此,必须采用附加技术为数据提供数据源认证,并保证数据的完整性。

自同步流密码如图 4.5 所示,内部状态 σ_i 与密文有关,因此密钥流与明文字符有关,使得 i 时刻的密文不仅仅取决于 i 时刻的明文,而且与 i 时刻之前的 l 个明文字符有关。设 F 是自同步流密码的状态转移函数,有

$$\sigma_{i+1}=F(\sigma_i,c_i,c_{i-1},\cdots,c_{i-l},k)$$
$$z_i=f(\sigma_i,k)$$

或者

$$\sigma_{i+1}=F(\sigma_i,m_i,m_{i-1},\cdots,m_{i-l},k)$$
$$z_i=f(\sigma_i,k)$$

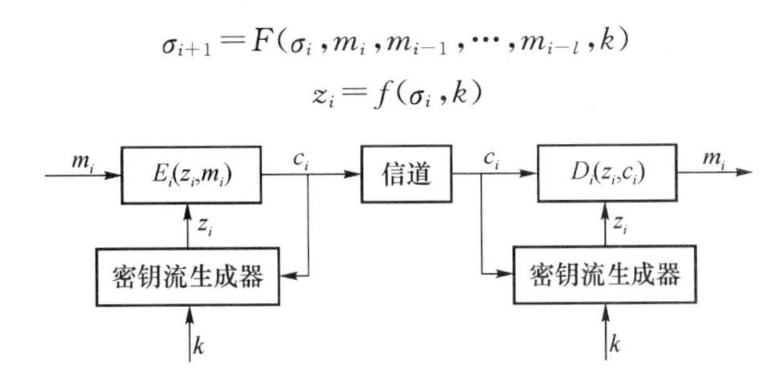

图 4.5 自同步流密码系统

自同步密码的特点如下。

(1) 自同步。由于对当前密文字的解密仅仅依赖于固定个数的以前的密文字,因此,当密文字被插入或者删除时,密码的自同步性就会体现出来。这种密码在同步性遭到破坏时,可以自动地重建正确的解密,而且仅有固定数量的明文字不可恢复。

(2) 有限的错误传播。假设一个自同步流密码系统的状态依赖于 t 个以前的密文字。在传输过程中,当一个单独的密文字被改动(或被插入、删除)时,至多有 t 个随后的密文字解密出错,然后恢复正确解密。

(3) 主动攻击。从性质(2)看出,主动攻击对密文字的任何改动都会引发一些密文字的解密出错。因此,与同步流密码相比,自同步流密码具有更高的被(解密器)检测出来的可能性。作为性质(1)的结果,这种密码在检测主动攻击者发起的对"密文字"的插入、删除、重复等攻击时,就更加困难,必须采用一些附加的技术来提供消息源鉴别和消息完整性。

(4) 明文统计扩散。每个明文字都会影响其后的整个密文,即明文的统计学特征被扩散到了密文中。因此,自同步流密码在抵抗利用明文冗余度而发起的攻击方面要强于同步流密码。

思考 4.1:比较同步流密码和自同步流密码的优缺点。

同步流密码中,密(明)文字符是独立的,一个错误传输只会影响一个字符,不会影响后面的字符。它的优点是容易检测插入、删除、重放等主动攻击,且没有差错传播。但是,一旦接收端和发送端的种子密钥和内部状态不同步,解密就会失败,两者必须借助外界手段才能重新建立同步。

自同步流密码中,密(明)文字符参与了密钥流的生成,一个错误传输将影响后面 l 个字符。与同步密钥流相比,其优点是即使接收端和发送端不同步,只要接收端能连续接收到 l

个密文字符,就能重新建立同步。因此,自同步流密码具有有限的差错传播,且能把明文每个字符扩散在密文多个字符中,强化了抗统计分析的能力。

4.1.3 伪随机序列的要求*

前面提到序列密码的核心问题首先是如何衡量伪随机性,知道了伪随机性序列的衡量方法,才便于设计有效密钥流的方案。那么什么样的序列称得上是伪随机序列,具有类似真正随机序列的统计特性,且又易于产生、复制和控制。下面先熟悉几个概念,然后给出序列随机性的度量标准:Golomb 随机性假设。

定义 4.1 序列$\{a_i\}$称为周期序列,若存在正整数 T,使得

$$a_{i+T}=a_i, i=0,1,2,\cdots$$

满足该式的最小正整数 T 称为序列$\{a_i\}$的周期。若存在 n_0,使得 $a_{n_0}, a_{n_0+1}, \cdots$是周期序列,则称$\{a_i\}$是终归周期的(Eventually Periodic)。

定义 4.2 序列$\{a_i\}$的一个周期中,若

$$a_{t-1}\neq a_t=a_{t+1}=\cdots=a_{t+l-1}\neq a_{t+1}$$

则称$(a_t, a_{t+1}, \cdots, a_{t+l-1})$为序列的一个长为 1 的游程。

易知,对于 0-1 序列,游程形如“00”、“111”。

定义 4.3 GF(2)上周期为 T 的序列$\{a_i\}$的自相关函数定义如下:

$$R_a(\tau)=\frac{1}{T}\sum_{k=0}^{T-1}(-1)^{a_k}(-1)^{a_{k+\tau}}, 0\leqslant\tau\leqslant T-1$$

周期序列的自相关函数表示序列$\{a_i\}$与$\{a_{i+\tau}\}$在一个周期内对应位相同的位数与对应位相异的位数之差的一个参数,因而是序列随机性的一个指标。对独立均匀分布的二元随机序列$\{X_i\}$,它的自相关函数$\{R_x(\tau)\}$的期望是:当 $\tau\neq 0$ 时,$E[R_x(\tau)]=0$,否则为 1。

易知,如果 a_k 和 $a_{k+\tau}$相同时,求和项为 1;异号时,求和项为-1。

为度量周期序列的随机性,Golomb 对序列的随机性提出三条假设。

(1) 在序列的一个周期内,0 与 1 的个数相差至多为 1(周期为偶数,0 和 1 各占一半,周期为奇数时,个数相差 1)。

(2) 在序列的一个周期内,长为 1 的游程数占总游程数的 1/2,长为 2 的游程数占总游程数的 $1/2^2$,长为 i 的游程数占总游程数的 $1/2^i$,…,且等长的游程中,0,1 游程各占一半。

(3) 自相关函数为双值,即两种可能的值。

满足上述三个条件的序列称为伪随机序列。条件(1)说明序列中 0 与 1 出现的概率相同。条件(2)说明在已知位置 n 前面若干位置上的值的条件下,位置 n 上出现 0 或者 1 的概率是相同的。条件(3)表明无法从$\{a_i\}$和$\{a_{i+\tau}\}$的比较中,得到关于$\{a_i\}$的实质性信息(如周期)。

序列密码要求密钥流除了满足伪随机序列的要求外(Golomb 的 3 个准则),还有更高的要求。

(1) 极大的周期。因为真随机序列是非周期的,任何算法产生的序列都是周期的或者终归周期,因此,应要求密钥流有尽可能大的周期。假设密码机数据率高达 10^8 bit/s,如果 10 年内序列$\{a_i\}$不重复周期,则要求$\{a_i\}$的周期不少于 $10^8\times 3\ 600\times 24\times 365\times 10=3\times 10^{16}$,或者 2^{55}。

(2) 不可预测性(unpredicatability)。不可预测性决定了流密码的强度,是流密码理论的核心。线性复杂度是序列不可预测性的重要指标,除此之外,其他重要指标还有非线性度、相关免疫性等。高线性复杂度即从部分密钥序列推出整个密钥序列是困难的。

4.2 密钥流生成器

4.2.1 密钥流生成器的架构

上节讨论了序列密码对密钥流的安全性要求。通常安全性要求越高,设计越复杂,因此在设计密钥流生成器时,既要考虑安全性,也要考虑实用性:①密钥 K 容易分配、保管、更换;②易于实现,快速。

首先复习一下有限状态自动机理论,使用该理论指导设计密钥流生成器。

有限状态自动机是具有离散输入和输出(输入集和输出集)的一种数学模型,由以下 3 个部分组成。

(1) 有限状态集

$$S=\{s_i \mid i=1,2,\cdots,l\}$$

(2) 有限输入字符集

$$A=\{A_j \mid j=1,2,\cdots,m\}$$

有限输出字符集

$$B=\{B_k \mid k=1,2,\cdots,n\}$$

(3) 转移函数

$$B_k=f_1(s_i,A_j),s_h=f_2(s_i,A_j)$$

即在状态为 s_i,输入为 A_j 时,状态转换为 s_h,并输出一个字符 B_k。

例 4.2 $S=\{s_1,s_2,s_3\}$,$A=\{A_1,A_2,A_3\}$,$B=\{B_1,B_2,B_3\}$,转移函数由表 4.1 给出。

表 4.1 转移函数 f_1,f_2

f_1	A_1	A_2	A_3
s_1	B_1	B_3	B_2
s_2	B_2	B_1	B_3
s_3	B_3	B_2	B_1
f_2	A_1	A_2	A_3
s_1	s_2	s_1	s_3
s_2	s_3	s_2	s_1
s_3	s_1	s_3	s_2

有限状态自动机可用有向图表示,称为状态转移图。顶点表示状态,有向弧表示输入输出字符。有限状态自动机的状态转移图如图 4.6 所示。

若输入序列是:$A_1A_2A_1A_1A_1$,初始状态为 s_1,则输出序列为 $B_1B_1B_2B_3B_1$。

以同步流密码的密钥流生成器为例。将其视为一个参数为 k 的有限状态自动机进行分析,有一个输出符号集 Z、一个状态集 Σ、两个状态转移函数 ϕ 和 ψ 以及一个初始状态 σ_0 组成,如图 4.7 所示。

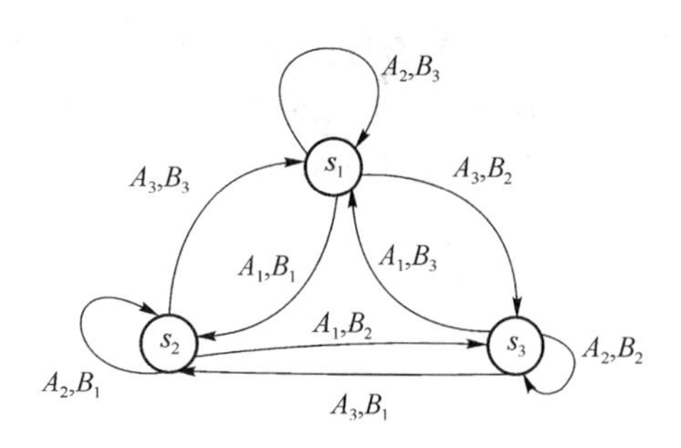

图 4.6　有限状态自动机的状态转移图

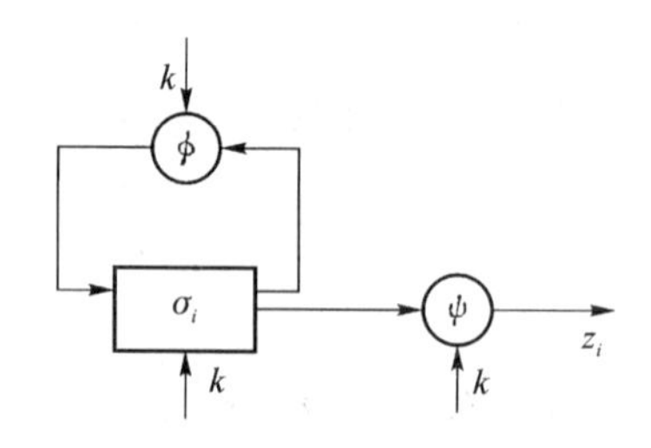

图 4.7　密钥流生成器的有限状态自动机

其中，状态转移函数为 $\phi: \sigma_i \to \sigma_{i+1}, \psi: \sigma_i \to z_i$。于是密钥流生成器设计的重点就是找出适当的状态转移函数 ϕ 和 ψ，使得输出序列 z 满足安全条件和实用条件。

由于非线性 ϕ 的有限状态自动机理论很不完善，相应的密钥流产生器的分析受到限制。相反地，当采用线性的 ϕ 和非线性的 ψ 时，能够进行深入地分析，并可以得到好的生成器。通常线性部分称为驱动子系统，非线性部分称为非线性组合子系统。驱动子系统控制生成器的状态转移，并为非线性组合部分提供统计性能良好的序列；非线性组合部分利用这些序列组合出满足要求的密钥流序列。

常见的产生密钥流的方法有线性反馈移位寄存器 LFSR、非线性反馈移位寄存器、有限自动机等方法，以及近年来提出的混沌密码技术。目前最流行和实用的密钥流产生器如图 4.8 所示，其驱动部分是一个或者多个线性反馈移位寄存器(Linear Feedback Shift Register，LFSR)。线性反馈移位寄存器结构简单，非常适合硬件实现，运行速度快，同时可以产生大周期序列和良好统计性质的序列。下一节将详细介绍。

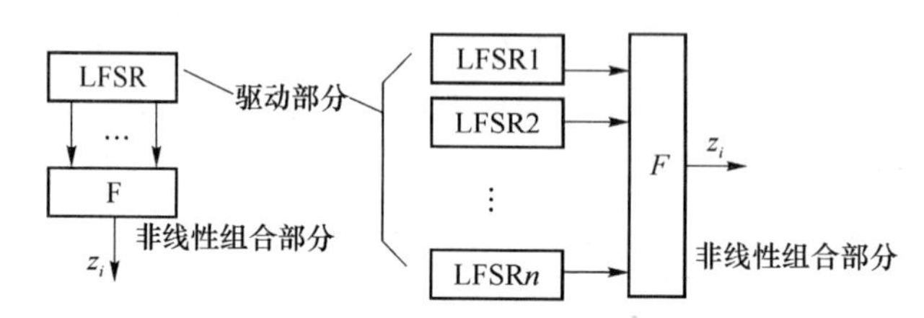

图 4.8　常见的两种密钥流生成器

4.2.2　线性反馈移位寄存器

线性反馈移位寄存器是序列密码中密钥流生成器的一个重要组成部分，简言之，一个线性反馈移位寄存器由两个部分组成：移位寄存器(Shift Register)和反馈函数(Feedback Function)。移位寄存器是位序列，具有 n 位长的移位寄存器成为 n 位移位寄存器。每次输出一位，然后寄存器中的所有位都右移一位。新的最左端的位根据寄存器中其他位计算得到，寄存器输出的一位通常是最低有效位。通常反馈函数是寄存器中某些位的简单异或，这些位叫抽头序列(Tap Sequence)，有时也叫 Fibonacci 配置。

下面更一般性地介绍线性反馈移位寄存器的基本性质和基本结论。

1. 反馈移位寄存器

反馈移位寄存器(FSR)是一种由时钟控制的若干串联的寄存器组成，寄存器的个数称为 LSFR 的级数。在时钟控制下，寄存器中存储的信息依次由上一级向下一级传递，而寄存器中全部信息经过某种运算后，反馈回来作为第一级寄存器的输入。

如图 4.9 所示为一个 n 级 FSR 模型。

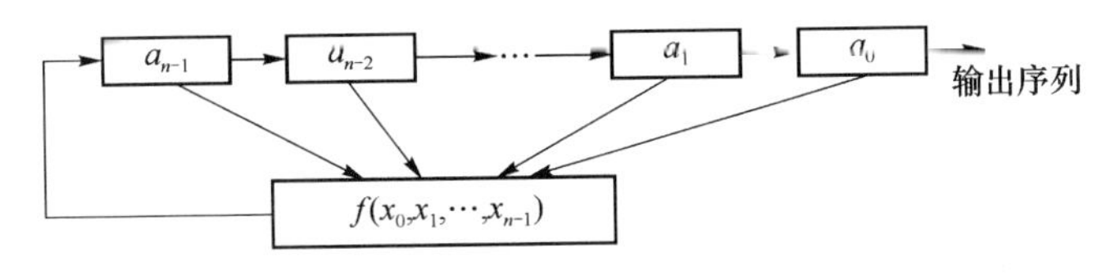

图 4.9 FSR 模型

从左到右，寄存器依次称为第一级、第二级、…、第 n 级，其中存放的信息分别为 a_{n-1}，a_{n-2}，…，a_0，记为 $(a_0, a_1, \cdots, a_{n-1})$，称为移位寄存器的状态。开始工作前具有的状态称为初始状态。当第一个时钟脉冲到达时，上一级寄存器中的信息右移至下一级寄存器中，而最后一个寄存器中的信息 a_0 移出寄存器作为输出，同时，寄存器中全部信息 $a_{n-1}, a_{n-2}, \cdots, a_0$ 作为 n 个自变量，经过函数 f 运算后得到新信息，记为 a_n，反馈进入第一级寄存器。从而寄存器状态变为 $(a_1, a_2, \cdots, a_n)$。依此类推，随着时钟脉冲的变化，FSR 将输出序列 $a=(a_0, a_1, \cdots)$，序列 a 被称为移位寄存器序列，它满足以下递推公式：

$$a_{n+k}=f(a_{n+k-1}, a_{n+k-2}, \cdots, a_k), k=0,1,\cdots$$

其中，f 称为 FSR 的反馈函数。如果反馈函数 f 是一个 n 元线性函数，即

$$f(x_1, x_2, \cdots, x_n)=c_1x_1+c_2x_2+\cdots+c_nx_n, c_i\in\{0,1\}$$

则序列 a 被称为线性反馈移位寄存器序列，否则被称为非线性反馈移位寄存器（Non-Linear Feedback Shift Register，NLFSR）序列。

2. 特征多项式

显然，反馈函数确定了生成的序列，于是，研究的重点转移到反馈函数的性质。

LFSR 序列 $a=(a_0, a_1, a_2, \cdots)$ 满足：

$$a_{n+k}=c_1a_{n+k-1}+\cdots+c_{n-1}a_{k+1}+c_na_k, k=0,1,\cdots$$

由于是二元域，可以移项写为

$$a_{n+k}+c_1a_{n+k-1}+\cdots+c_{n-1}a_{k+1}+c_na_k=0, k=0,1,\cdots$$

为了方便，可用一元 n 次多项式

$$f(x)=1+c_1x_1+\cdots+c_nx^n$$

来表示反馈函数，$f(x)$ 称为 LFSR 序列 a 的特征多项式（Characteristic Polynomial），顾名思义，当给定特征多项式和初始态后，LFSR 的整个输出序列就完全确定了。固定特征多项式时，不同的初始态确定不同的序列。由于有 2^n 种初始态，故最多有 2^n 个序列。

为了直观地表示反馈函数，可以使用 LSFR 电路图，如图 4.10 所示。其中，开关线路 c_i 称为相应寄存器的抽头，当 $c_i=1$ 时，开关 c_i 合上；否则断开。反馈信息就是对各抽头信息进行运算得到。如果 $c_n=0$，则第 n 级寄存器即 a_0 对输出没有影响，这等价于降低了寄存器的级数。为了保持是"n 级"LSFR，总是要求 $c_n=1$。

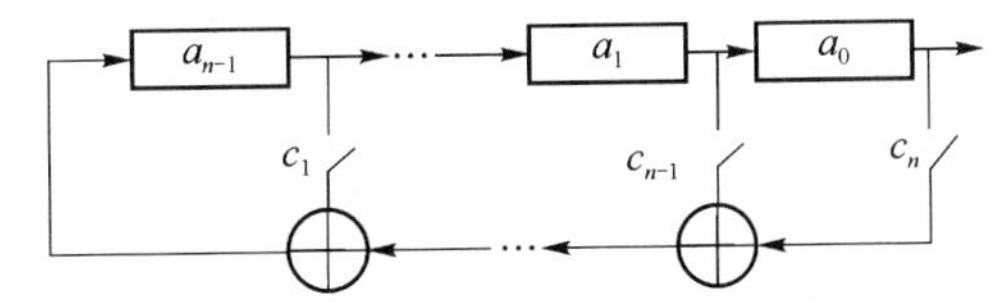

图 4.10 LFSR 的电路图表示法

例 4.3 3级LFSR的特征多项式为 $f(x)=1+x^2+x^3$，初始态为(0,0,1)。求输出序列及其周期。

画出3级LFSR示意图，如图4.11所示。

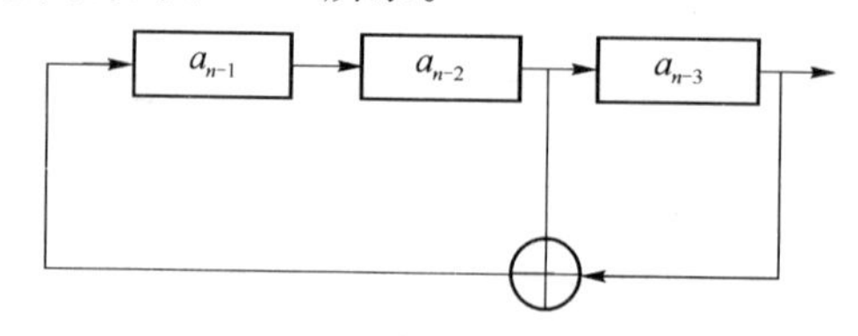

图4.11 3级LFSR示意图

输出序列 $a=(a_0,a_1,a_2,\cdots)$ 满足递推关系式 $a_n=a_{n-2}+a_{n-3}$，$n=3,4,\cdots$，根据递推关系，求出输出序列为0010111，周期为7。

思考4.2：

(1) 为什么需要假定 c_i，$1\leqslant i\leqslant n$ 中至少有一个不为0？

如果 c_i 全为0，则无抽头，没有反馈，必然在 n 个脉冲后状态变为0，且这个状态必将一直持续下去。

(2) 为什么LFSR序列会有周期？

n 级LFSR的状态数最多为 2^n，因此，从初始态到第 2^n+1 个状态中，必有两个状态相同。由于LFSR由当前状态和特征多项式决定，故两个相同的状态必导致它们后续的状态相同。故生成周期序列。周期为两个相同状态间的状态数加1。

(3) n 级LFSR序列的最大周期是多少？

n 级LFSR序列的总状态数为 2^n。如果初始态为全0，则其状态恒为0。如果初始态非0，则其后继状态不会为0(思考一下为什么)。于是0状态不会计算在内，故最大周期为 2^n-1。

周期为 2^n-1 的 n 级LFSR序列称为最大长度(Maximal Length)序列，简称 m 序列。下面这个定理说明了如何找到 m 序列。

定理4.1：序列 a 是周期为 2^n-1 的 m 序列的充要条件是其特征多项式 $f(x)$ 为 n 阶本原多项式。定理的证明留作练习。

m 序列是否满足Golomb的3个伪随机性质。回答是肯定的，容易验证，留作练习。

4.2.3 非线性序列生成器*

密钥流生成器分为驱动和非线性组合两个部分，前面介绍了LFSR部分，该方面的理论非常成熟，人们已经得到了具有良好伪随机特性的序列，如 m 序列等。因此，非线性组合的设计就成为密钥流生成器设计的关键问题。

1. 非线性准则

一般地，非线性组合部分可以由布尔函数表示，于是对非线性组合部分的研究可以归结为对布尔函数的研究。随着对非线性布尔函数研究的深入，提出了许多非线性设计的准则：代数次数、非线性度、相关免疫性、退化性、雪崩准则、扩散准则等。

(1) 代数次数要尽可能大

n 元布尔函数 $f(x)$ 是从 Z_2^n 到 Z_2 的一个映射，它可以由如下多项式表示：

$$f(x_1,x_2,\cdots,x_n)=a_0+a_1x_1+a_2x_2+\cdots+a_nx_n+a_{1,2}x_1x_2+\cdots+a_{n-1}x_{n-1}x_n+a_{1,2,3}x_1x_2x_3+\cdots+a_{1,2,\cdots,n}x_1x_2\cdots x_n$$

其中，所有的系数都是 0 或者 1。该多项式也称为布尔函数 $f(x)$ 的代数标准型。每项中变量的个数称为该项的次数。布尔函数 $f(x)$ 的代数次数定义为 $f(x)$ 的代数标准型中具有非零系数的乘积项的最大次数。

当 $f(x)$ 的代数次数为 1 时，$f(x)$ 为线性布尔函数，当 $f(x)$ 的代数次数大于 1 时，$f(x)$ 称为非线性布尔函数。显然，非线性组合部分的布尔函数应该具有尽可能大的代数次数。

(2) 非线性度要尽可能大

设 L 是 Z_2^n 上所有线性函数的集合，即 $L=\{u\cdot x+v\,|\,u\in Z_2^n, v\in Z_2\}$，则布尔函数 $f(x)$ 的非线性度定义为

$$N_f=\min_{l(x)\in L} d_{\mathrm{H}}(f(x),l(x))$$

其中，$d_{\mathrm{H}}(f(x),l(x))$ 是函数 $f(x)$ 和 $l(x)$ 的海明距离，$u\cdot x$ 是点积运算。

非线性度用海明距离度量布尔函数和线性函数的相似程度，它是刻画密码系统抵抗线性攻击的一个重要指标。

(3) 避免退化

设 $f(x)$ 是一个 n 元布尔函数，如果存在 Z_2 上一个 $k\times n(k<n)$ 的矩阵 $\boldsymbol{D}$，使得 $f(x)=g(\boldsymbol{D}x)=g(y)$，则称 $f(x)$ 是退化的。

布尔函数 $f(x)$ 经过自变量的线性变换后简化为 k 元布尔函数 $g(x)$，降低了安全性。

(4) 具备 m 阶相关免疫性

设 $f(x_1,x_2,\cdots,x_n)$ 是 n 个彼此独立、对称的二元随机变量的布尔函数，称其为 m 阶相关免疫，当且仅当任意 $f=f(x_1,x_2,\cdots,x_n)$ 与 $x_1,x_2,\cdots,x_n$ 中的任意 m 个随机变量$(x_{i_1},x_{i_2},\cdots,x_{i_m})$统计无关，即对任意$(a_1,a_2,\cdots,a_m)\in Z_2^m$ 和 $a\in Z_2$，$f(x_1,x_2,\cdots,x_n)$ 满足 $p(f=a,x_{i_1}=a,x_{i_2}=a_2,\cdots,x_{i_m}=a_m)=\dfrac{1}{2^m}p(f=a)$

相关免疫性是为防止攻击者对密码系统进行相关攻击而提出的指标。可用 Walsh 变换刻画相关免疫性。

(5) 满足严格雪崩准则

如果对于任意 $w_H(e)=1$ 的 $e=(e_1,e_2,\cdots,e_n)\in Z_2^n$，$f(x)+f(x+e)$ 是平衡函数，则称 n 元布尔函数 $f(x)$ 满足严格雪崩准则。这里 $w_H(\cdot)$ 是海明重量。

(6) 满足 m 次扩散准则

设 $1\leqslant m\leqslant n-2$，如果任意 $1\leqslant w_H(e)\leqslant m$ 的 $e=(e_1,e_2,\cdots,e_n)\in Z_2^n$，$f(x)+f(x+e)$ 是平衡函数，则称 n 元布尔函数 $f(x)$ 满足 m 次扩散准则。

2. 非线性组合方式

主要有 3 种方式：非线性组合方式、非线性滤波生成器和钟控方式。

非线性组合方式将 n 个 LFSR 的输出作为一个非线性函数的输入，最后输出结果。非线性组合生成器如图 4.12 所示。

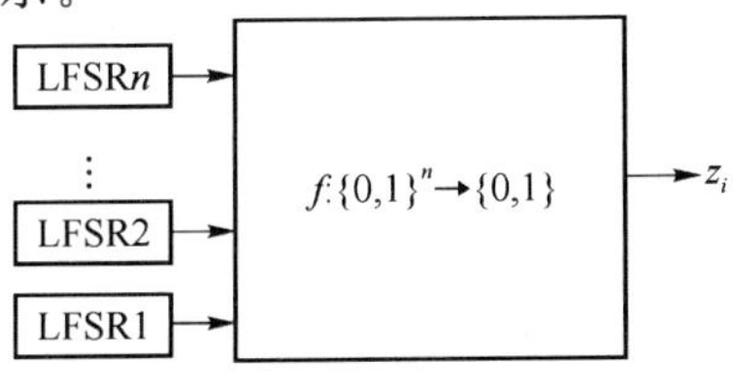

图 4.12 非线性组合生成器

非线性滤波生成器(Filter Generator,FG)又称为前馈生成器,将一个 LFSR 的各位通过一个非线性函数的组合输出。非线性滤波生成器如图 4.13 所示。

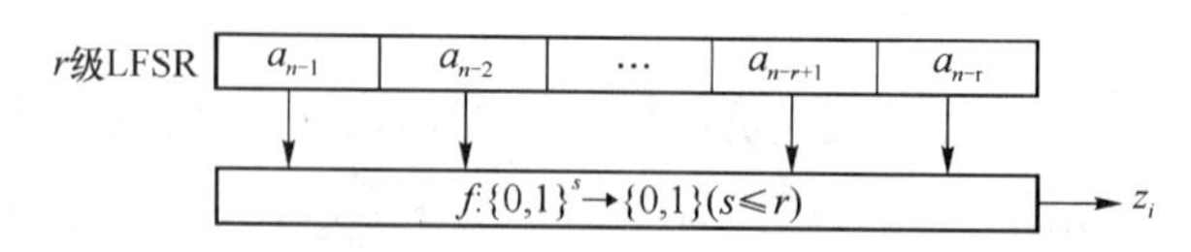

图 4.13 非线性滤波生成器

钟控生成器(Clock Control Generator,CCG)的基本原理是一些 LFSR 在另外一些 LFSR的控制下以不规则的时钟输出。

例如,停-走式钟控生成器(Stop-and-Go Generator)规则是:设控制 LFSR 和种子LFSR 在正常时钟下输出序列分别为$(a_0,a_1,\cdots)$和$(b_0,b_1,\cdots)$,停-走式钟控生成器的生成序列为$(z_0,z_1,\cdots)$,则 $z_i=b_{\sigma(i)}$,其中 $\sigma(i)=\sum\limits_{k<i}a_k$,$\sigma(0)=0$。

4.2.4 案例学习:A5 算法

A5 算法是欧洲移动通信系统 GSM 采用的流密码算法,用于加密从手机到基站间的语音通信。GSM 每会话帧长 228 bit,A5 算法的密钥长 64 bit,每次产生 228 bit 的会话密钥。A5 有两个版本:A5/1 和 A5/2,前者安全性更高,根据相关法规用于欧洲内部,后者用于其他地区。

A5 算法由 3 个长度分别为 19、22、23 的 LFSR 组合而成钟控密钥流生成器。LFSR1 的抽头是 13/16/17/18,特征多项式为 $f(x)=1+x^{14}+x^{17}+x^{18}+x^{19}$,LFSR2 的抽头为 12/16/20/21,特征多项式为 $f(x)=1+x^{13}+x^{17}+x^{21}+x^{22}$,LFSR3 的抽头为 17/18/21/22,特征多项式为 $f(x)=1+x^{18}+x^{19}+x^{22}+x^{23}$。A5/1 的 LFSR 时钟信号由钟控函数 $g(x,y,z)=xy+xz+yz$ 的值决定,其中 x,y,z 分别为 LFSR1/LFSR2/LFSR3 的第 9/11/11个寄存器的值。当 x 和 $g(x,y,z)$的值相等时,LFSR1 移位,否则重复输出前一位。LFSR2 和 LFSR3 的移位过程与 LFSR1 类似。A5 算法如图 4.14 所示。

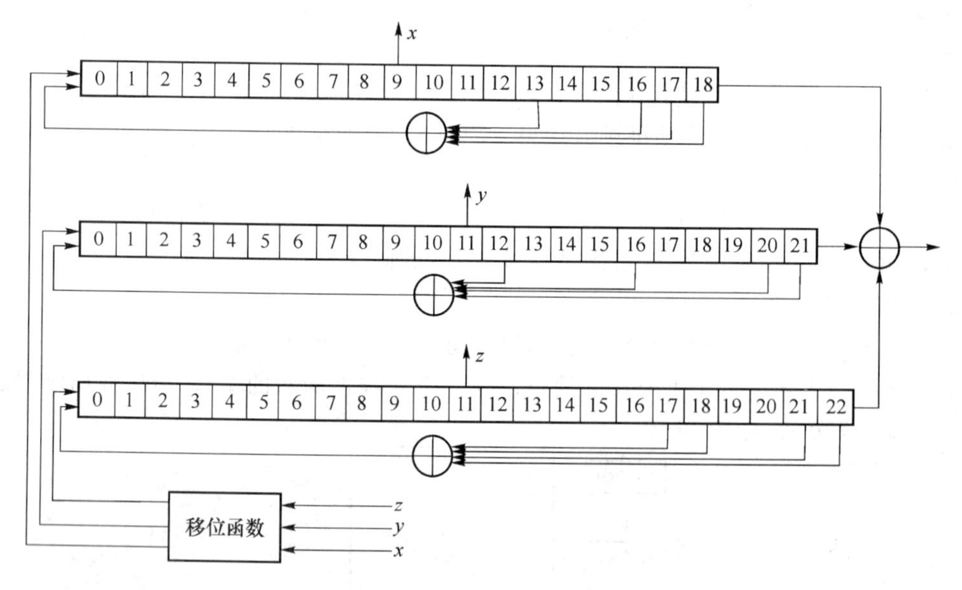

图 4.14 A5 算法

A5 算法工作过程如下：

(1) 将 64 bit 密钥输入 LFSR；

(2) 将 22 bit 帧数与 LFSR 反馈值模 2 加，再输入 LFSR；

(3) LFSR 开始停-走钟控；

(4) 舍去产生的 100 bit 输出；

(5) 产生 114 bit 作为密钥流；

(6) 舍去产生的 100 bit 输出；

(7) 产生 114 bit 作为密钥流。

故共产生 228 bit 密钥流。

A5 算法具有良好的统计特性，同时效率较高，但后来研究发现，A5 中钟控机制存在一些细微的设计缺陷，导致密钥流序列周期较短。同时，不同的种子密钥可能产生相同的密钥流，导致密钥冲突。(因此，3G 移动通信中建议的数据加密算法 f8，是基于分组密码 KASUMI 算法构造随机序列的方法。)

4.3 伪随机序列生成器的其他方法*

前面介绍了通过 LFSR 构造伪随机序列生成器。其实，还有如下其他几种构造的方法，如下。

① 通过分组密码的序列化实现，即通过分组密码加密生成随机序列，一般通过分组密码的加密模式进行(详见第 5.4 节分组密码的加密模式)。

② 基于软件实现的快速加密算法，如 RC4、SEAL、SCREAM 等算法，这些算法的设计各有特殊的巧妙之处。

③ 基于计算复杂性的方法，通过模运算构造，典型的方法是 Blum-Blum-Shub 生成器和 RSA 生成器。这类生成器的优点是提供可证明安全性，即将安全性和数学难题相关联，安全性的破坏必然导致公认数学难题的求解。但是，实现时计算量太大，常用于随机数生成器。

④ 基于混沌理论的方法。

4.3.1 基于软件实现的方法(RC4 算法)

基于软件实现的方法主要是 RC4。RC4 由 R. Rivest 于 1987 年提出，(RC4 表示"Rives Cipher 4")，已被广泛应用于 Windows 等软件和安全套接字(SSL)、无线局域网络安全协议(Wired Equivalent Privacy，WEP)等，是目前公开范围内应用最广泛的序列密码。

RC4 以随机置换为基础，具有可变密钥长度，面向字节操作。其整体实现是：先用不大于 256 字节的可变长密钥初始化一个 256 字节的状态数组变量 S，S 的元素记为 $S[0]$，$S[1]$，…，$S[255]$，然后，对 S 中的字节进行适当置换，置换后的 S 始终包含 0～255 所有的 8 bit 数，每次置换后产生 1 字节密钥。具体过程如下。

1. 初始化 S

首先为 S 赋初始值 $S[i]=i(0\leqslant i\leqslant 255)$，并建立 256 字节的临时数组变量 T，再循环重

复用 Keylen 字节的密钥 K 对 T 赋值，直到 T 所有元素被赋值；然后用 T 对 S 进行初始置换，对每个 $S[i]$，有 $T[i]$ 将其置换为 S 中的另一字节。代码如下：

```
for i = 0 to 255
        S[i] = i
        T[i] = K[i mod Keylen]
j = 0
for i = 0 to 255
        j = (j + S[i] + T[i]) mod 256
        Swap(S[i],S[j]) /* 交换两个字节 */
```

2. 随机序列生成(密钥流生成)

初始化完成后，丢弃密钥 K，用 $S[0]$ 到 $S[255]$ 产生密钥序列：根据当前 S 的值，将 $S[i]$ 与 S 中的另一字节 $S[j]$ 置换，置换完成后，有 $S[i]$ 和 $S[j]$ 的值产生 1 字节密钥 K。当全部 256 字节完成置换后，从 $S[0]$ 重复开始，直到产生实际需要长度的密钥为止。代码如下：

```
i,j = 0
While (true)
  i = (i + 1) mod 256
  j = (j + S[i]) mod 256
  Swap(S[i],S[j])
  t = (S[i] + S[j]) mod 256
  k = S[t]
```

RC4 的优点是算法简单、高效、特别适于软件实现，加密速度比 DES(第 5 章介绍)快约 10 倍。

4.3.2 基于混沌的方法简介

Robert A. J. Matthews 在 1989 年首次将混沌理论用于密码学研究，并提出一种基于变形 Logistic 映射的混沌序列密码方案。从此混沌密码学作为密码学的一个分支引起了广泛的关注。美国海军实验室研究人员 Pecora 和 Carroll 首次利用驱动-响应法实现了两个混沌系统的同步，这一突破性的研究成果为混沌理论在通信的应用开辟了道路。1997 年后，密码学研究界掀起了数字混沌密码学研究的高潮。

混沌系统具有高频谱、类随机特性、对结构参数及初始状态的极端敏感性等一系列性质，使得混沌成为密码学研究的一个重要领域。混沌作为一种非线性现象，有许多独特的且值得利用的性质，或许能够为密码学的发展提供新的思路。

小　　结

本章首先介绍了序列密码的一般模型，研究的核心问题，伪随机序列的要求。然后介绍了密钥流生成器，包括架构、LFSR、NLFSR，并给出一个实例 A5 算法。最后介绍了其他伪随机序列生成器的方法，如基于软件实现的方法，实例为 RC4 算法，以及基于计算复杂性的方法，实例如 BBS。本章要点总结如下。

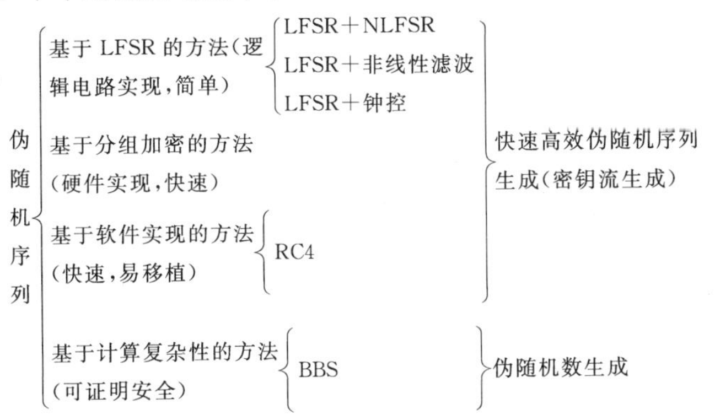

本章的重点是密钥流生成器(LFSR)，难点是非线性序列生成器。

扩展阅读建议

ECRYPT 项目建立了流密码工程 eStream，于 2008 年 9 月最终选择了 HC-128、Rabbit、Salsa20/12、SOSEMANUK 这 4 个适于软件实现的算法，以及 Grain v1、MICKEY v2 和 Trivium 这三个适合硬件实现的算法。相关算法查阅 http://www.ecrypt.eu.org/stream/。

相关文献有：

1. 李超. 密码函数的安全性指标分析. 北京：科学出版社，2011.
2. 陈智雄. 伪随机序列的设计及其密码学应用. 厦门：厦门大学出版社，2011.
3. 廖晓峰，肖迪，陈勇，等. 混沌密码学原理及其应用. 北京：科学出版社，2009.
4. 胡予濮，张玉清，肖国镇. 对称密码学. 北京：机械工业出版社，2002.
5. 李晖，李丽香，邵帅. 对称密码学及其应用. 北京：北京邮电大学出版社，2009.

第5章 分组密码

分组密码(Block Cipher)[1]具有加密速度快、安全性好、易于标准化等特点,广泛应用于数据的保密传输、加密存储等场合,也可用于构造伪随机生成器、序列密码、Hash 函数、消息鉴别码等。

本章首先介绍分组密码的原理,然后学习两个典型案例 DES 和 AES,并简要介绍其他分组密码,如 SMS4、RC6 和 IDEA,最后分析分组密码工作模式的异同及其应用场合。

5.1 分组密码的原理

5.1.1 分组密码的一般模型

分组密码是将明文消息编码为二进制序列后,划分成固定大小的块(Block),每块分别在密钥的控制下变换成二进制序列。令明文编码后的二进制序列为 $m_1, m_2, \cdots, m_i, \cdots$,将其划分为若干固定长度的分组。考虑某个分组 $m=(m_1, m_2, \cdots, m_p)$,长度为 p(单位为 bit)。分组在密钥 $k=(k_1, k_2, \cdots, k_r)$ 的控制下变换为长度为 q(单位为 bit)的密文分组 $c=(c_1, c_2, \cdots, c_q)$。其本质是一个从明文空间(长度为 p 的比特串集合)M 到密文空间(长度为 q 的比特串集合)C 的映射,该映射由密钥 k 确定。分组密码的框图如图 5.1 所示。

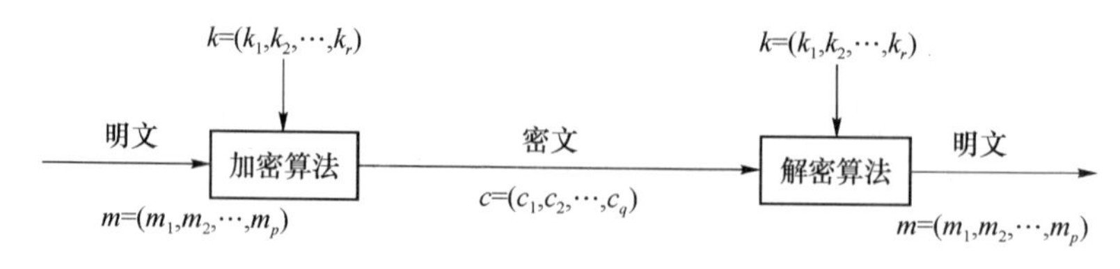

图 5.1 分组密码的一般模型

分组密码的设计主要关注单个分组如何加密,如 64 bit 的分组、128 bit 的分组。(同样地,明文通常指一个分组的明文。)5.4 节会介绍多个分组之间互操作的情况,称为工作模式。

[1] 有文献如 MOV 所著的密码学手册,把分组密码分为公钥分组密码和对称密钥分组密码,本书所述分组密码指对称密钥的分组密码,公钥密码通常都是分组加密的。)

同序列密码相比，分组密码的设计重点在于加密、解密算法，而序列密码的设计重点在于密钥流生成器。分组密码中，明文分组相对较大(通常不小于 64 bit)，同一函数用于加密连续的分组，因此分组密码是无记忆的，流密码通常以单个比特(有时可以是一个字节)来处理明文，且加密函数可随着明文的处理而变化，因此流密码是有记忆的。由于加密不仅依靠密钥和明文，而且依靠当时的状态，故流密码有时也称为状态密码。分组密码和流密码的这个界线可以“打通”，即通过在分组密码中引入状态记忆，例如用分组密码构造流密码的工作模式 OFB 和 CFB(5.5 节介绍)。

定义 5.1 分组密码算法包括 5 个元素$\langle M,C,K,E,D\rangle$，其中 $M=F_2^p$ 为明文空间，$C=F_2^q$ 为密文空间，$K=F_2^r$ 称为密钥空间。E 和 D 分别表示加密和解密变换，定义如下：

$$E:M\times K\to C$$
$$D:C\times K\to M$$

若 $m\in F_2^p$，$k\in F_2^r$，则存在 $c\in F_2^q$，满足 $c=E_k(m)$，$m=D_k(c)$。

考察加密算法部分：$F_2^p\times F_2^r\to F_2^q$。若 $p>q$，称有数据压缩的分组密码，在某个密钥情况下，可能多个明文对应一个密文；若 $p<q$，称为有数据扩展的分组密码，数据加密后存储和传输的开销增大。因此通常情况下，$p=q$(本书只讨论这种情况)。当 $k\in F_2^r$ 确定时，加密变换和解密变换为一一映射(即可逆变换或置换)，$E_k(m)$就是 F_2^p 上的置换。换句话说，每个密钥定义了一种置换方式。

思考 5.1：当明文分组长度为 p 时，有多少种明文和密文间的可逆变换(置换)？

有 2^p 个可能的明文，同样有 2^p 个可能的密文，当密钥确定时，每个明文唯一对应一个密文，这样的可逆变换(置换)共有 $2^p!$ 个。

例如，$p=4$，则置换的个数为 $2^4!=16!$。

1. 理想分组密码

如果每个密钥定义一个置换，称为理想分组密码(Ideal Block Cipher)。从实现的角度来说，当分组长度大到一定程度时，理想分组密码在实际中是不可行的。这是因为：分组长度为 p 的可逆置换需要的密钥个数为 $2^p!$，所以密钥长度为 $\log_2(2^p!)\approx(p-1.44)2^p$ bit，约为分组长度的 2^p 倍。当分组长度为 $p=2^{64}$ 时，需要的密钥长度将达到 $64\times2^{64}\approx10^{21}$ bit。例如，当分组长度 $p=32$ 时，需要的密钥长度为 32×2^{32} bit$=4\times2^{32}$ byte$=16$ GB，如此长的密钥在实际应用中难以管理和实现。

通常现实中分组密码的密钥长度往往与分组长度差不多，即 $r\approx p$，共能定义 2^r 种置换，而不是 $2^p!$ 个置换。当 p 较大时，例如 $p=64$ 时，其实有 $2^r\approx2^p\ll2^p!$，因此，加密的置换只是全体置换中的一个比例非常小的子集。

2. 设计原则

分组密码的加解密算法的一般设计原则是：

(1) 分组要足够长，以防止明文穷举搜索攻击。

(2) 密钥长度要足够长，以防止密钥穷举搜索攻击。但密钥又不能过长，这不利于密钥的管理。

(3) 由密钥确定的置换算法要足够复杂，足以抗击各种已知的攻击(如差分攻击和线性攻击)，使攻击者除了穷举搜索外，没有更好的攻击方法。

(4) 加密和解密运算简单，易于软件和硬件的快速实现。运算尽量简单，如二进制加法和移位等，参数长度也应选择8的倍数，充分发挥计算机字节运算的优势。

（5）加密和解密结构最好能够一致，便于应用超大规模集成芯片实现，以简化系统整体结构的复杂性。

5.1.2 分组密码的基本设计原理

1. 扩散原则和混淆原则

Shannon 提出了在设计密码系统时抗击统计分析的两个基本原则，成为分组密码设计的指导原则。它们是扩散(Diffusion)原则和混淆(Confusion)原则。

扩散是指明文的每一位(比特)尽可能多地影响密文的比特位，以隐蔽明文的统计特征。同时，密钥的每一位(比特)也尽可能迅速地扩散到较多的密文比特中去。扩散的目的是希望密文中的任一比特都要尽可能与明文、密钥相关联，或者说，明文和密钥中任一比特的变化，都会在某种程度上影响到密文的变化，以防止统计分析攻击。

混淆是指在加密变换过程中明文、密钥以及密文之间的关系尽可能地复杂，以使密码分析者(敌手)无法分析出密钥。即使敌手能够得到密文的一些统计关系，但由于密钥和密文之间的统计关系复杂化，敌手也无法得到密钥。简单的线性函数得到的混淆效果不够理想，通常需要复杂的代换关系(如非线性的函数)。

Shannon 用“揉面团”来形象地比喻扩散和混淆，当然，这个“揉面团”的过程应该是可逆的。

2. 乘积密码

另外，采用 Shannon 提出的乘积密码有利于利用少量的软、硬件资源实现较好的扩散和混乱的效果。乘积密码就是扩散和混乱两种基本密码操作的组合变换，产生出比各自单独使用时更强大的密码系统。使用较为简单的子块单元密码变换，在密钥控制下以迭代方式多次利用它们进行加密变换，实现预期的扩散和混淆的效果。

5.1.3 分组密码的基本设计结构

为了实现分组密码的基本设计原理：扩散与混淆以及乘积密码，通常采用迭代结构作为总体结构，并采用两种常见的实现结构：Feistel 网络和 SP 网络。

1. 总体结构——迭代结构

根据乘积密码的原理，从总体而言，分组密码采用迭代结构。即加密解密变换都由一个简单、易于实现的函数 F 迭代若干次形成。如图 5.2 所示，M 为输入的分组，也即第一次迭代前的分组 Y_0。Y_{i-1} 是第 i 次迭代的输入，Y_i 是第 i 次迭代的输出。每次迭代称为一轮。函数 F 称为轮函数。轮函数需要密钥的参与，密钥的扩散就是通过轮函数。实际上 $Y_i=F(Y_{i-1},K_i)$，K_i 称为轮密钥(或子密钥)，是由原输入密钥变化而来。这种密码也称为迭代密码。

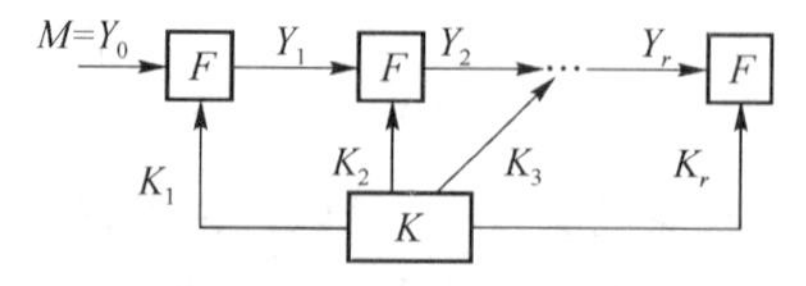

图 5.2 迭代结构

迭代结构有利于实现扩散和混淆,选择某个简单的变换(如轮函数),在密钥控制下以迭代的方式多次利用,便于软件或硬件的实现(如复用),也便于对密码的分析和评测。因此,分组密码的设计重点往往是轮函数的设计。

2. Feistel 结构(网络)

Feistel 由 IBM 的 Horst Feistel 和 Walter Tuchman 在 1970 年设计 Lucifer 分组密码时发明。Lucifer 分组密码是 DES 的前期模型。Feistel 结构因 DES 的使用而流行,在很多分组加密中使用,如 RC5、FEAL、LOKI、GOST、CAST、Blowfish 等。Feistel 结构的基本思想表现为:交替使用代换和置换,应用混淆和扩散的思想。Feistel 结构分为平衡 Feistel 结构和非平衡 Feistel 结构(如图 5.3 所示)。

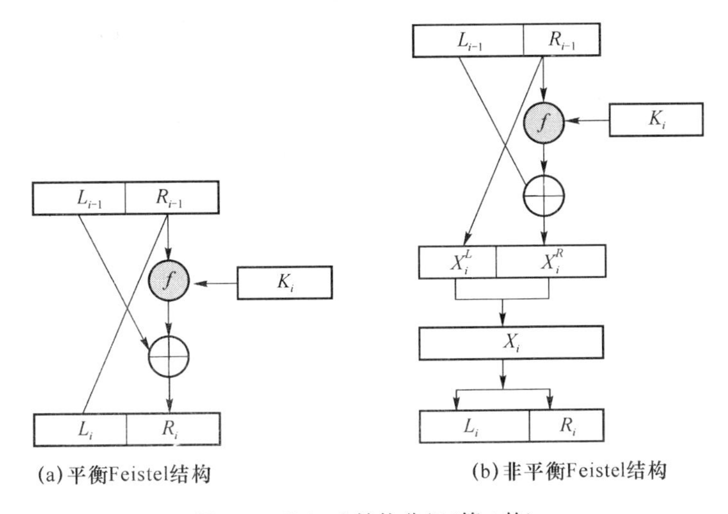

图 5.3 Feistel 结构分组(第 i 轮)

(1) 平衡 Feistel 结构

如图 5.3(a)所示,明文分组分成相等的左右两部分(假设第 $i-1$ 轮输出的分组左边为 L_{i-1},右边为 R_{i-1},作为第 i 轮的输入。加密过程如下:

$$L_i = R_{i-1}$$

$$R_i = L_{i-1} \oplus f(R_{i-1}, K_i)$$

可见,只有一半分组进行了操作,发生了改变。Feistel 结构的关键在于 f 函数的设计。

Feistel 结构另一个特点是解密过程与加密过程几乎完全相同,因而便于实现。解密过程如下:

$$R_{i-1} = L_i$$

$$L_{i-1} = R_i \oplus f(R_{i-1}, K_i)$$

Feistel 结构的关键优势在于:它是可逆的,而且这种可逆性不要求 f 可逆,事实上 f 不需要满足是单射。这为 f 的设计提供了巨大的方便和灵活性,因为 f 通常要求是非线性的。因此,可以将 f 设计成希望的那样复杂,而不必分别设计两个算法用于加密和解密,Feistel 结构自动保证了算法的可逆性。

(2) 非平衡 Feistel 结构

如图 5.3(b)所示,明文分组分成不等长的左右两部分,不妨设左边部分长为 n_1,右边部

分长为 n_2。加密完后合并，然后再次分组（本书"‖"表示连接（concatination））。

$$X_i^L = R_{i-1}$$

$$X_i^R = L_{i-1} \oplus f(R_{i-1}, K_i)$$

$$X_i = X_i^L \parallel X_i^R$$

$$L_i = \mathrm{Left}(X_i, n_1)$$

$$R_i = \mathrm{Right}(X_i, n_2)$$

总之，Feistel 结构的优点是解密过程和加密过程从本质上说是一样的，只是使用轮密钥的时候，解密时的次序和加密过程相反。

3. SP 结构（网络）

替换-置换结构（Substitution-Permutation 结构、SP 结构、SP 网络、SPN），是由 S 代换和 P 置换交替进行多次迭代而形成的变换结构。S 代换（也称为 S 盒）和 P 置换（P 盒）是分组密码中的基本构件。SP 网络是由多重 S 盒和 P 盒合成的变换网络。其中 S 盒起到混淆作用，P 盒起到扩散作用。每一轮迭代中，都需要同时有 S 盒和 P 盒。置换本身并不改变明文的统计特性，但是，和代换结合，再通过多轮迭代，便产生了扩散的作用。SP 网络的轮函数如图 5.4 所示。

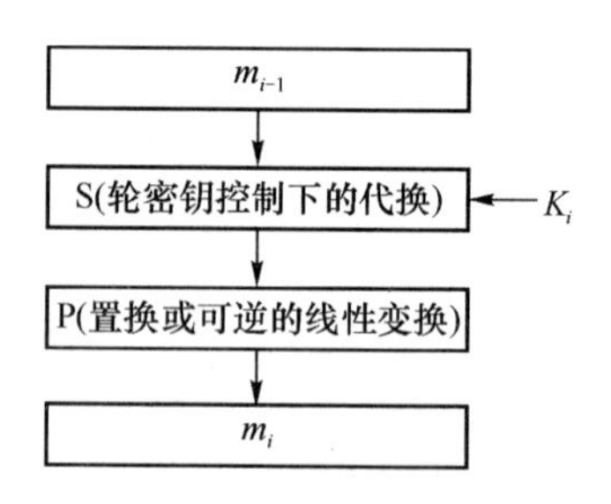

图 5.4　SP 结构（第 i 轮）

SP 网络中，S 盒子是许多分组加密唯一的非线性部件，它的安全强度决定了整个分组加密算法的安全强度。为了增强安全性，分组长度 n 一般都比较大，而输入和输出为 n 的代换不易实现，因此，实际中常将 S 盒划分成若干个子盒，例如将输入分成 r 个子段，每个 S 盒处理一个长为 n/r 的子段。

SP 网络具有雪崩效应。所谓雪崩效应是指，输入即使只有很小的变化，也会导致输出产生巨大的变化。如图 5.5 所示，SP 网络结构的雪崩效应，输入位有 1 bit 变化，经过 S 盒后产生 2 bit 变化，经过多轮变换后，引起多个比特的密文变化。

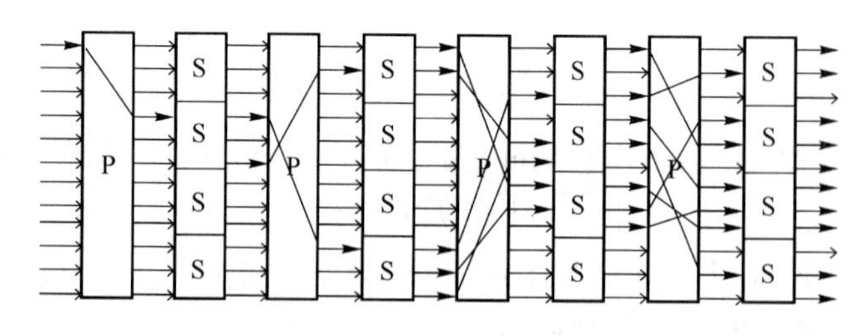

图 5.5　SP 网络的雪崩效应

思考 5.2:Feistel 结构和 SP 结构的区别是什么?

Feistel 结构和 SP 结构的主要区别在于:Feistel 网络每轮只改变输入分组的一半,而 SP 网络每轮改变整个分组。Feistel 网络可把任何轮函数转化为一个置换,“加解密”相似是 Feistel 型密码的实现优点。SP 网络是 Feistel 网络的推广,SP 网络与 Feistel 网络相比,可以更快地扩散,但 SP 网络的加解密通常不相似,不能用同一算法实现加密和解密。DES 和 AES 分别是这两种结构的代表。后面将给予介绍。

5.1.4 分组密码的设计准则

为了更好地保证分组密码的安全性,除了前面讲述的基本设计原理外,在具体设计实施时,还需要考虑以下方面。

(1) 分组的长度。分组越长,则对抗穷举搜索的安全性越高,但会影响加密和解密的速度。一般建议长度为 128 位。

(2) 密钥的长度。密钥较长则安全性高,但会影响加密和解密的速度,一般建议长度为 128 位。

(3) 轮函数 F。轮函数是分组密码结构的核心,负责实现数据的混淆和扩散。S 盒是 F 函数的重要组成部分。设计中要遵循严格雪崩准则(Strict Avalanche Criterion, SAC)和位独立准则(Bit Independence Criterion, BIC)。雪崩效应准则是指:对于任意的 i 和 j,当任何一个输入位 i 发生改变时,任何输出位发生改变的概率为 1/2。简单地说,要求输入中一位的变化尽量引起输出中多位的变化。位独立准则要求:对于任意的 i,j,k,当任何一个输入位 i 发生改变时,输出位 j 和 k 的值应该独立地发生改变。简单地说,输入中某一位的变化,引起输出中其他位的变化应是彼此无关的。除了上述严格雪崩准则和独立准则外,还应该遵循保证雪崩准则(Guaranteed Avalanche Criterion, GAC),即一个好的设计应该满足 t 阶段的 GA(保证雪崩),即输入序列中 1 位的值发生改变,输出序列中至少有 t 位的值发生改变。一般要求 t 的范围为 2～5。

评价轮函数的设计质量的指标主要有 3 个,如下。

① 安全性。轮函数 F 的设计应保证其对应的密码算法能抵抗现有已知的所有攻击方法。

② 速度。轮函数和迭代轮数直接决定了算法的加密、解密处理时间。现有的算法有两种思路:一种是设计复杂的轮函数,使得函数本身能抵抗现有许多已知的攻击方法,可减少轮数;另一种是设计简单的轮函数,函数本身对已知的攻击方法不够安全,需要较多轮数。现有算法多采用后一种思路。

③ 灵活性。有助于算法在多种平台、多种处理器上实现。这也是最新的分组密码标准 AES 的基本要求之一。

(4) 迭代轮数。一般来说,迭代轮数越多,密码分析就越困难,而过多的迭代会影响加密和解密速度,且安全性增强不明显。轮数一般为 8、10、12、16、20 居多。

(5) 轮密钥的生成。轮密钥由初始(种子)密钥产生,用于轮函数。理论设计目标是轮密钥的统计独立性和密钥更换的有效性(如改变种子密钥的几个比特,对应的轮密钥有较大程度的改变)。为达到这样的目标,评价轮密钥的生成方法一般包括如下几种。

① 无法预测两个有某种关系的种子密钥生成的轮密钥间的关系。

② 种子密钥的所有比特对每个轮密钥比特的影响大致相同,而且从一些轮密钥比特推测其他轮密钥(或种子密钥)的比特在计算上是困难的。

③ 没有弱密钥或者弱密钥容易避开。弱密钥指使用时会明显降低密码算法安全性的一类密钥,如 DES 算法中的全 0 或者全 1 密钥。

④ 轮密钥的生成方法至少应保证密钥和密文符合雪崩效应准则和位独立准则。

除了以上安全性外,还要求实现简单,便于软硬件实现,轮密钥的生成不影响轮函数的迭代执行等。

5.1.5 分组密码的实现原则

便于实现是分组密码设计时应考虑的一个重要因素。从实现方面考虑,分组密码应符合简单、快速和成本低廉的原则,做到以低廉的成本实现对明文的快速加密。分组密码可用硬件和(或)软件来实现。硬件实现的优点是速度快,软件实现的优点是灵活性强、成本低廉。基于硬件和软件的不同性质,可根据具体实现方法来考虑分组密码设计的实现原则。

1. 硬件实现原则

使用硬件方式实现分组密码,通常是将密码算法设计成一个密码协处理器。这可使加密、解密运算高速完成,批量生产可降低成本。因此,分组密码的硬件实现适合对信息进行快速和实时处理的系统,以及可大规模生产的时候。

根据硬件实现的特点,用硬件实现的分组密码应尽量遵循下述原则。

(1) 加密和解密算法的结构相同。加密算法和解密算法应具有相同的结构,区别仅在于密钥的使用方式不同,这样可保证同一装置既可用于加密又可用于解密,避免加密解密使用两套设备。

(2) 规则的编码结构。规则的编码结构使得密码系统有标准的组件,以便于大规模集成电路实现,同时也有利于降低成本。

(3) 使用迭代结构。这一点和基本设计原理一致,首先设计出具有一定混淆和扩散结构的相对简单的轮函数,然后对轮函数进行多次迭代来实现分组密码必需的混淆和扩散。相对简单的轮函数既可降低设计难度又方便实现,迭代结构可减少大规模集成电路实现时必需的硬件资源。

(4) 选择易于硬件实现的编码环节,尽量避免硬件难以实现的编码环节。如比特置换、小 S 盒等易于硬件实现,当变元个数很多的非线性函数一般较难实现。

2. 软件实现原则

当用软件实现分组密码时,成本较低且可以灵活地编程,但其速度一般没有硬件实现快。根据软件实现的特点,用软件实现的分组密码应尽量遵循下述原则。

(1) 加密和解密算法结构相似。这一原则和硬件实现原则相近但不相同。由于软件实现时可方便地调用子函数,故不要求加密和解密算法结构相同,而只要求加密解密算法结构相似,即要求各编码环节与其逆运算具有类似的结构,以便有效利用加密算法中的各个模块实现解密算法。

(2) 使用子模块。密码运算应尽量按照子模块进行,子模块的长度应能适应软件编程,如采用 8 位、16 位或者 32 位的子模块等。

(3) 设计成迭代结构。这一点和基本设计原则一致。

(4) 尽量使用既简单又易于软件实现的运算。密码算法中使用的运算应尽量简单且易于软件实现,最好是计算机内部固有的基本指令,如加法、乘法、移位等。

5.2 案例学习:DES

DES(Data Encryption Standard,数据加密标准)的出现是现代密码发展史上的一个非常重要的事件,它是密码学历史上第一个广泛应用于商用数据保密的密码算法,开创了公开密码算法、公开竞选密码算法的先例,极大地促进了密码学的发展。尽管 AES(将在下一节介绍)取代它成为新的数据加密标准,但使用诸如 3 重 DES 等方法加强 DES 密钥强度仍然不失为一个安全的密码系统。因此,DES 算法的基本理论和设计思想仍有重要的参考价值。

1972 年,美国国家标准局(National Bureau of Standards, NBS,现在是美国国家标准技术研究所(NIST))开始实施计算机数据保护标准的开发计划。1973 年,NBS 发布公告公开征集在传输和存储数据中保护计算机数据的密码算法。IBM 提交的从 Lucifer 加密算法发展而来的一个方案胜出,1975 年首次公布了 DES 算法描述,并认真地进行公开讨论。1977 年正式批准 DES 为无密级应用的加密标准(FIPS-46)。以后每隔 5 年 NBS 对其安全性进行一次评估,以便确定是否继续需使用其为加密标准。1994 年的评估后决定 1998 年 12 月后不再将 DES 作为加密标准。

在国内,DES 在 POS、ATM、磁卡以及智能卡、高速公路收费站等领域有广泛的应用,如信用卡持卡人的 PIN 加密传输,IC 卡与 POS 之间的双向认证、金融交易数据包的 MAC 校验等。

5.2.1 DES 的总体结构和局部设计

DES 的密钥长度为 56 位。分组长度为 64 位。密钥其实长度为 64 位,但第 8、16、24、40、48、56 和 64 位为奇偶校验位,故使用时的实际有效长度为 56 位。DES 的加密和解密使用的是同一算法,安全性依赖于所用的密钥。DES 算法仅使用最大为 64 bit 的标准算术和逻辑运算,运算速度快,密钥产生容易,适合于在计算机上软件实现或专用芯片实现。

1. 总体结构

先介绍总体结构框图,如图 5.6 所示。可见其中的典型结构是 Feistel 迭代结构。

初始置换 IP(Initial Permutation)打乱输入的比特序列,如设明文分组为 $x=\langle x_1x_2x_3\cdots x_{64}\rangle$,$\mathrm{IP}(x)=\langle x_{58}x_{50}x_{42}x_{34}x_{26}x_{18}x_{10}x_2x_{60}x_{52}x_{44}\cdots x_{23}x_{15}x_7\rangle$。初始置换的逆 IP^{-1} 是 IP 的逆

置换(也称为逆初始置换,Inverse Initial Permutation),有 $IP^{-1}(IP(x))=x$。IP^{-1} 和 IP 是公开的,与密钥无关,不影响 DES 的安全性。因为使用了 IP,所以最后有 IP^{-1}。表 5.1 给出了 IP 置换。

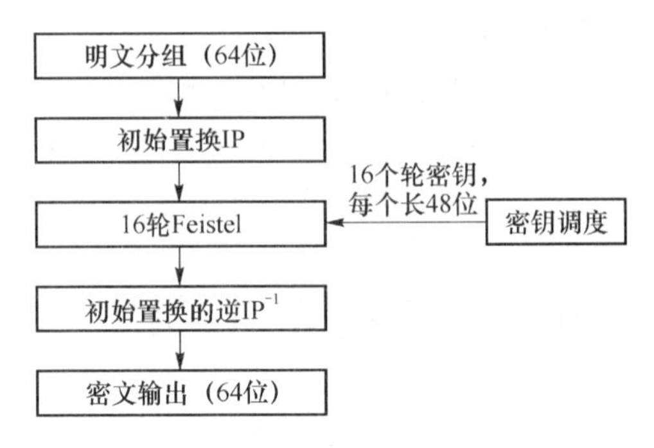

图 5.6 DES 算法总体框图

表 5.1 初始置换 IP 表

58	50	42	34	26	18	10	2	60	52	44	36	28	20	12	4
62	54	46	38	30	22	14	6	64	56	48	40	32	24	16	8
57	49	41	33	25	17	9	1	59	51	43	35	27	19	11	3
61	53	45	37	29	21	13	5	63	55	47	39	31	23	15	7

思考 5.3:请给出 IP^{-1} 表。

IP^{-1} 表如表 5.2 所示,易知,IP 表中第 1 个数放在第 40 个位置,故 IP^{-1} 表中第 40 个位置的数放在第 1 个位置。

表 5.2 IP^{-1} 表

40	8	48	16	56	24	64	32	39	7	47	15	55	23	63	31
38	6	46	14	54	22	62	30	37	5	45	13	53	21	61	29
36	4	44	12	52	20	60	28	35	3	43	11	51	19	59	27
34	2	42	10	50	18	58	26	33	1	41	9	49	17	57	25

2. 16 轮 Feistel 迭代

$$L_i=R_{i-1}$$

$$R_i=L_{i-1}\oplus f(R_{i-1},K_i) \quad (1\leqslant i<16,|L_i|=|R_i|=32,|K_i|=48)$$

但是在最后一轮即第 16 轮迭代后,为了解密的方便,没有交换左右两边的数据。即

$$R_{16}=R_{15}$$

$$L_{16}=L_{15}\oplus f(R_{15},K_{16})$$

如图 5.7 给出了 16 轮迭代的流程图以及每一轮的加密构成。

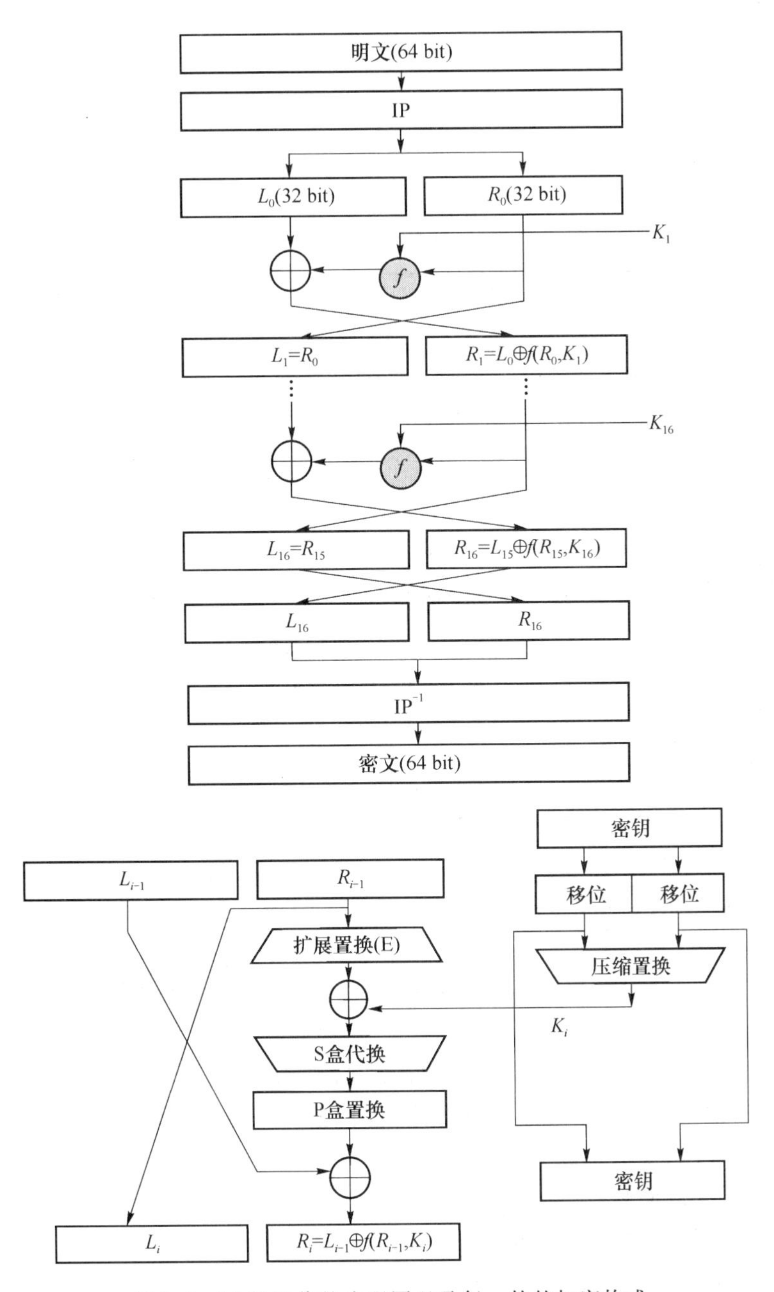

图 5.7　16 轮迭代的流程图以及每一轮的加密构成

3. 轮函数 F

轮函数 F 是 DES 设计的核心，其结构如图 5.8 所示。

(1) 扩展置换(Expansion Permutation)E。以 32 bit 的 R_{i-1} 为输入，根据固定的扩展置换表，扩展成 48 bit。扩展方法如表 5.3 所示，可见有 16 个比特出现了两次，分别是第 1，4，5，8，9，12，13，16，17，20，21，24，25，28，29，32 比特。示意图如图 5.9 所示。

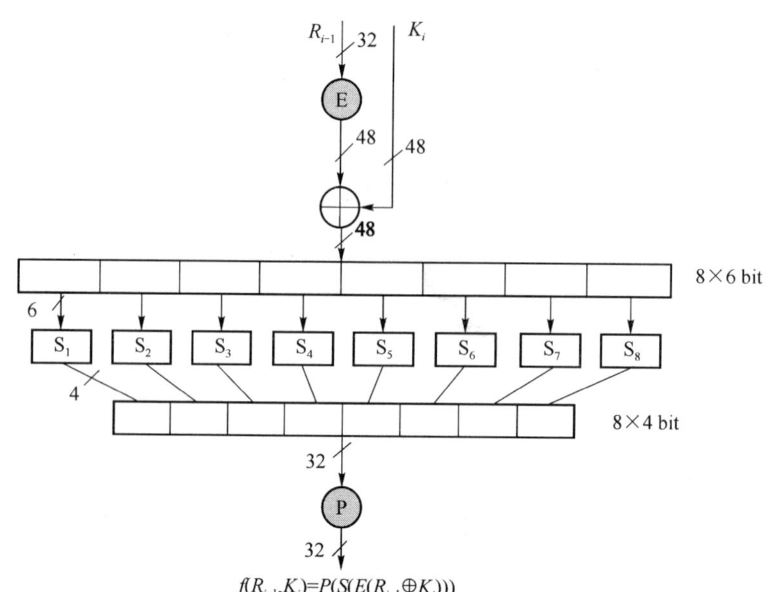

图 5.8 轮函数 f 的结构

表 5.3 DES 扩展置换 E

32	1	2	3	4	5	4	5	6	7	8	9	8	9	10	11	12	13	12	13	14	15	16	17
16	17	18	19	20	21	20	21	22	23	24	25	24	25	26	27	28	29	28	29	30	31	32	1

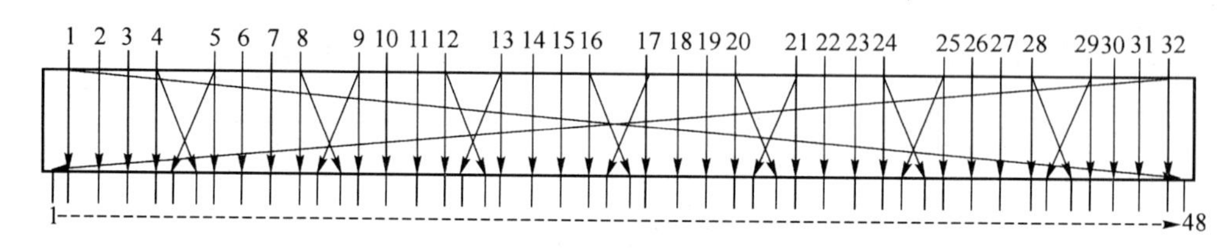

图 5.9 DES 的扩展置换示意图

输入数据的某些位的变化经过扩展置换后，将影响到两位扩展置换输出，扩展置换输出将与轮密钥逐位异或，影响到两个 S 盒的代换。从而使密文的每一位更加依赖明文和密钥的每一位，实现了扩散原则。

(2)S 盒代换(S-box Substitution)。将异或后的 48 bit 依次分成 8 组，每组 6 bit，分别送入 8 个 S 盒中进行代换。每个 S 盒由一个 4 行 16 列的表确定。表 5.4 给出一个 S 盒的例子。图 5.10 给出了示意图。

表 5.4 S 盒(S_1)

	0	1	2	3	4	5	6	7	8	9	10	11	12	13	14	15
0	14	4	13	1	2	15	11	8	3	10	6	12	5	9	0	7
1	0	15	7	4	14	2	13	1	10	6	12	11	9	5	3	8
2	4	1	14	8	13	6	2	11	15	12	9	7	3	10	5	0
3	15	12	8	2	4	9	1	7	5	11	3	14	10	0	6	13

每个 S 盒的输入是 6 位，不妨设为 $b_1b_2b_3b_4b_5b_6$。S 盒的输出为 4 位，通过查找 r 行 c 列的数据得到。这里 b_1b_6 为 r 的二进制表示，即 $r=2b_1+b_6$，$b_2b_3b_4b_5$ 为 c 的二进制表示。例如，S_1(011001)产生 $r=1$，$c=12$，输出为 9。即二进制数 1001。

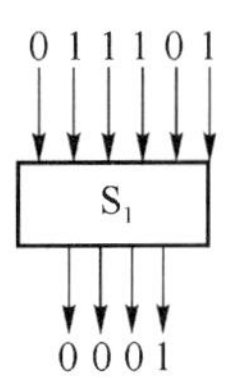

图 5.10　S_1 盒计算方法举例

S 盒是 DES 保密性的关键，其设计准则并没有完全公布，甚至有人猜测其中含有"陷门"。NSA 曾经公布了几条 S 盒的设计原则，如下。

① S 盒是非线性函数，输出不是输入的线性或者仿射函数。

② 改变 S 盒的任何一位的输入，则至少有两个以上的输出位会因此而改变。

③ 对任一 S 盒的任何两个输入 x 和 $x\oplus 001100$，则对应的输出至少有 2 个比特不同。

④ 对任一 S 盒的任何两个输入 x 和 $x\oplus 11ab00$(其中 a,b 任意)，则对应的输出至少有 2 个比特不同。

⑤ 当固定某一位的输入时，希望 S 盒的 4 个输出位之间，其"0"和"1"的个数差异越小越好。

S 盒非线性的本质来源于数据压缩，6 位的输入压缩为 4 位输出。若 S 盒的输入中有 1 位改变，则输出中至少有 2 位改变，经过了 16 轮迭代，就是 32 位发生变化。

由于 S 盒的设计不容易使用严格的数学方法分析和论证，于是提出使用非线性函数来设计 S 盒，这一思想在 AES 的设计中采用。其他 S 盒的数据如表 5.5 所示。

表 5.5　S 盒的设计

S_2	0	1	2	3	4	5	6	7	8	9	10	11	12	13	14	15
0	15	1	8	14	6	11	3	4	9	7	2	13	12	0	5	10
1	3	13	4	7	15	2	8	14	12	0	2	10	6	9	11	5
2	0	14	4	11	10	4	13	1	5	8	12	6	9	3	2	15
3	13	8	10	1	3	15	4	2	11	6	7	12	0	5	14	9
S_3	0	1	2	3	4	5	6	7	8	9	10	11	12	13	14	15
0	10	0	9	14	6	3	15	5	1	13	12	7	11	4	2	8
1	13	7	0	9	3	4	6	10	2	8	5	14	12	11	15	1
2	13	6	4	9	8	15	3	0	11	1	2	12	5	10	14	7
3	1	10	13	0	6	9	8	7	4	15	14	3	11	5	2	12
S_4	0	1	2	3	4	5	6	7	8	9	10	11	12	13	14	15
0	7	13	14	3	0	6	9	10	1	2	8	5	11	12	4	15
1	13	8	11	5	6	15	0	3	4	7	2	12	1	10	14	9
2	10	6	9	0	12	11	7	13	15	1	3	14	5	2	8	4
3	3	15	0	6	10	1	13	8	9	4	5	11	12	7	2	14
S_5	0	1	2	3	4	5	6	7	8	9	10	11	12	13	14	15
0	2	12	4	1	7	10	11	6	8	5	3	15	13	0	14	9
1	14	11	2	12	4	7	13	1	5	0	15	10	3	9	8	6
2	4	2	1	11	10	13	7	8	15	9	12	5	6	3	0	14
3	11	8	12	7	1	14	2	13	6	15	0	9	10	4	5	3

续 表

S_6	0	1	2	3	4	5	6	7	8	9	10	11	12	13	14	15
0	12	1	10	15	9	2	6	8	0	13	3	4	14	7	5	11
1	10	15	4	2	7	12	9	5	6	1	13	14	0	11	3	8
2	9	14	15	5	2	8	12	3	7	0	4	10	1	13	11	6
3	4	3	2	12	9	5	15	10	11	14	1	7	6	0	8	13
S_7	0	1	2	3	4	5	6	7	8	9	10	11	12	13	14	15
0	4	11	2	14	15	0	8	13	3	12	9	7	5	10	6	1
1	13	0	11	7	4	9	1	10	14	3	5	12	2	15	8	6
2	1	4	11	13	12	3	7	14	10	15	6	2	0	5	9	2
3	6	11	13	8	1	4	10	7	9	5	0	15	14	2	3	12
S_8	0	1	2	3	4	5	6	7	8	9	10	11	12	13	14	15
0	13	2	8	4	6	15	11	1	10	9	3	14	5	0	12	7
1	1	15	13	8	10	3	7	4	12	5	6	11	0	14	9	2
2	7	11	4	1	9	12	14	2	0	6	10	13	15	3	5	8
3	2	1	14	7	4	10	8	13	15	12	9	0	3	5	6	11

(3) P 盒置换(P-box Permutation)。P 盒是一个 32 位的置换，如表 5.6 所示。

表 5.6　P 盒置换表

16	7	20	21	29	12	28	17	1	15	23	26	5	18	31	10
2	8	24	14	32	27	3	9	19	13	30	6	22	11	4	25

P 盒用于将 S 盒的输出扩散到下一轮迭代中。

P 盒的设计有如下的特点：

① 每个 S 盒的 4 位输出影响下一轮 6 个不同的 S 盒，但是没有 2 位影响同一 S 盒。

② 在第 i 轮 S 盒的 4 位输出中，2 位将影响 $i+1$ 轮中间位，其余 2 位将影响两端位。

③ 如果一个 S 盒的 4 位输出影响另一个 S 盒的中间的 1 位，则后一个的输出位不会影响前面一个 S 盒的中间位。

4. 轮密钥(Subkey、RoundKey)的生成(密钥编排 Key Schedule)

轮密钥生成的过程如图 5.11 所示。

初始密钥为 64 bit，去掉 8 bit 校验位，得到 56 bit 经过 PC-1(Permutation Choice I，置换选择 1)，得到各为 28 bit 的 C_0 和 D_0，分别经过一个循环左移函数 LS_1，得到 C_1 和，连接成 56 bit，经过 PC-2(Permutation Choice II，置换选择 2)，选取 48 位，得到轮密钥 K_1。产生其他轮密钥 K_2，… K_{16} 的方法依此类推。PC-1 为一种置换，用于打乱次序，如表 5.7 所示。PC-2 也是一种置换，可打乱次序，它同时也是压缩置换，去掉了第 9，18，22，25，7，10，15，26 位，以增加破译难度，如表 5.8 所示。左循环移位的个数在不同的轮中，有所不同。当 1，2，9，16 轮时，移动 1 位，其他轮时，移动 2 位，如表 5.9 所示。

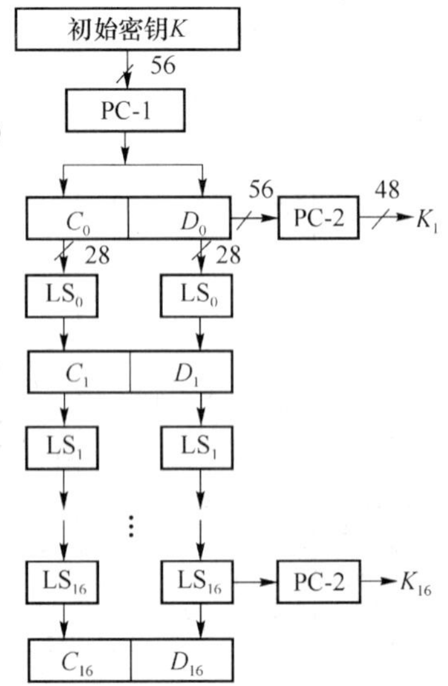

图 5.11　轮密钥生成

表 5.7 PC-1 置换选择 1

57	49	41	33	25	17	9	1	58	50	42	34	26	18
10	2	59	51	43	35	27	19	11	3	60	52	44	36
63	55	47	39	31	23	15	7	62	54	46	38	30	22
14	6	61	53	45	37	29	21	13	5	28	20	12	4

表 5.8 PC-2 置换选择 2

14	17	11	24	1	5	3	28	15	6	21	10
23	19	12	4	26	8	16	7	27	20	13	2
41	52	31	37	47	55	30	40	51	45	33	48
44	49	39	56	34	53	46	42	50	36	29	32

表 5.9 每轮移动的次数

轮	1	2	3	4	5	6	7	8	9	10	11	12	13	14	15	16
位数	1	1	2	2	2	2	2	2	1	2	2	2	2	2	2	1

通过循环移位和置换，DES 的密钥调度方法确保了原密钥中各位的使用次数基本上相同。

例 5.1 下面是一个完整的 DES 加密的例子，思考 DES 加密每一步的结果(可用于编程实现 DES 时的代码调试)。

已知明文 m=computer，密钥 k=program，相应的 ASCII 码表示为

m=01100011 01101111 01101101 01110000 01110101 01110100 01100101 01110010

k=01110000 01110010 01101111 01100111 01110010 01100001 01101101

k 只有 56 位，必须加入第 8、16、24、32、40、48、56、64 位的奇偶校验位，构成 64 位。其实，加入的奇偶校验位对加密过程不会产生影响。

m 经过 IP 置换后，得到

L_0=11111111 10111000 01110110 01010111

R_0=00000000 11111111 00000110 10000011

密钥 k 经过置换后得到

C_0=11101100 10011001 00011011 1011

D_0=10110100 01011000 10001110 0110

循环左移一位后，得到 48 位的子密钥 k_1，如下：

k_1=00111101 10001111 11001101 00110111 00111111 01001000

R_0 经过扩展变换得到 48 位序列为

10000000 00010111 11111110 10000000 11010100 00000110

和 k_1 进行异或运算，得到

10111101 10011000 00110011 10110111 11101011 01001110

将得到的结果分成 8 组：

101111 011001 100000 110011 101101 111110 101101 001110

通过 8 个 S 盒得到 32 位的序列：

01110110 00110100 00100110 10100001

对 S 盒的输出序列进行 P 置换，得到

01000100 00100000 10011110 10011111

经过以上操作，得到第 1 轮加密的结果：

00000000 11111111 00000110 10000011 10111011 10011000 11101000 11001000

经过 16 轮，得到的结果如下：

01011000 10101000 01000001 10111000 01101001 11111110 10101110 00110011

5. DES 的可逆性和对合性*

可逆性是对密码算法的基本要求，对合性可以使密码算法的实现工作量减半。下面通过 DES 来讲解并给出证明。

设 L,R 分别为 64 位数据的左右两半，定义变换 T 为交换左右两半的位置，即 $T(L,R)=(R,L)$。DES 中第 i 轮的计算(在交换前)定义为 $F_i(L_{i-1},R_{i-1})=(L_{i-1}\oplus f(R_{i-1},K_i),R_{i-1})$，两者结合便构成了轮运算 F_iT。这里复合变换 F_iT 表示先进行 F_i 变换再进行 T 变换。显然，$T^2(L,R)=(L,R)$，故 $T^2=I$，这里 I 为恒等变换。于是 $T=T^{-1}$，故 T 变换为对合运算，称具有对合性。

考察 F_i 的对合性。有

$$\begin{aligned}F_i^2(L_{i-1},R_{i-1})&=F_i(L_{i-1}\oplus f(R_{i-1},K_i),R_{i-1})\\&=(L_{i-1}\oplus f(R_{i-1},K_i)\oplus f(R_{i-1},K_i),R_{i-1})\\&=(L_{i-1},R_{i-1})\end{aligned}$$

故 $F_i^2=I$，即 $F_i=F_i^{-1}$。说明 F_i 有对合性。

进一步观察轮函数 $H_i=F_iT$ 的对合性。有

$$(F_iT)(TF_i)=F_iF_i=F_i^2=I$$

故 $(F_iT)^{-1}=(TF_i)$。

DES 的加密过程可写出如下表达式：

$$\mathrm{DES}=\mathrm{IP}(F_1T)(F_2T)(F_3T)\cdots(F_{15}T)(F_{16})\mathrm{IP}^{-1}$$

$$\mathrm{DES}^{-1}=\mathrm{IP}(F_{16}T)(F_{15}T)(F_{14}T)\cdots(F_2T)(F_1)\mathrm{IP}^{-1}$$

由 F_i,T 的对合性，容易验证 $(\mathrm{DES})(\mathrm{DES})^{-1}=I$，说明 DES 是可逆的。可以看到，除了使用轮函数的密钥次序相反外，DES 与 DES^{-1} 是相同的，具有对合性。可以使用相同的软硬件资源。

注意加密的最后一轮没有交换 T，这是为了解密时方便。

5.2.2 DES 的安全性

1. 密钥的长度

在对 DES 的批评意见中，较为一致的是 DES 的密钥太短。IBM 提交的方案密钥长度为 112 位，但 DES 成为标准时，密钥长度被削减为 56 位，有人认为是美国国家保密局(NSA)故意限制 DES 密钥长度。1999 年 1 月在世界 10 万台计算机组成的网络协作下，用

约 22 小时获得了 DES 密钥。

2. DES 的雪崩效应

雪崩效应定义为明文或密钥的一点小的变动应该是密文发生一个大的变化。DES 中针对明文的微小变化产生的雪崩效应和针对密钥的微小变化产生的雪崩效应如图 5.12 所示。

明文1

00000000 00000000 00000000
00000000 00000000 00000000
00000000 00000000

明文2

10000000 00000000 00000000
00000000 00000000 00000000
00000000 00000000

密钥

0000001 1001011 0100100
1100010 0011100 0011100
0011100 0110010

加密的轮数	不同的比特数
0	1
1	6
2	21
3	35
4	39
5	34
6	32
7	31
8	29
9	42
10	44
11	32
12	30
13	30
14	26
15	29
16	34

明文

01101000 10000101 00101110
01111010 00010011 01110110
11101011 10100100

密钥1

1110010 1111011 1101111
0011000 0011101 0000100
0110001 1101110

密钥2

0110010 1111011 1101111
0011000 0011101 0000100
0110001 1101110

加密的轮数	不同的比特数
0	0
1	2
2	14
3	28
4	32
5	30
6	32
7	35
8	34
9	40
10	38
11	31
12	33
13	28
14	26
15	34
16	35

图 5.12 DES 的雪崩效应

3. DES 在代数结构上存在互补对称性

将明文和密钥取反，经异或后结果与明文和密钥没有取反时是一样的，于是从直觉上可以想到：

$$\mathrm{DES}_K(m)=c\Rightarrow \mathrm{DES}_{\overline{K}}(\overline{m})=\overline{c}$$

这样，攻击者在已知明文攻击时，穷举搜索密钥空间的工作量减半，即只需要尝试一半的密钥。即计算出密钥 k 对明文 m 的加密结果，就不必用密钥$\overline{k}$对$\overline{m}$进行加密测试。

思考 5.4：如何证明 $\mathrm{DES}_K(m)=c\Rightarrow \mathrm{DES}_{\overline{K}}(\overline{m})=\overline{c}$？

证明：考察轮变换，设第 $i(i=1,\cdots,15)$ 轮的轮输入、轮输出、轮密钥和轮变换分别为 (L_{i-1},R_{i-1})、(L_i,R_i)、k_i 和 T_{k_i}，因为 $L_i=R_{i-1}$，$R_i=L_{i-1}\oplus f(R_{i-1},k_i)$，进一步细化有 $f(R_{i-1},k_i)=PS(E(R_{i-1})\oplus k_i)$，其中 E、P、S 分别表示扩展置换、S 盒代换、P 置换。于是有

$$\begin{aligned}T_{k_i}(L_{i-1},R_{i-1})&=(L_i,R_i)=(R_{i-1},L_{i-1}\oplus f(R_{i-1},k_i))\\&=(R_{i-1},L_{i-1}\oplus PS(E(R_{i-1})\oplus k_i))\end{aligned}$$

于是，当轮变换的输入 (L_{i-1},R_{i-1}) 和子密钥都取补时，有

$$T_{\overline{k_i}}(\overline{L_{i-1}},\overline{R_{i-1}})=(\overline{R_{i-1}},\overline{L_{i-1}}\oplus PS(E(\overline{R_{i-1}})\oplus\overline{k_i}))$$

因为 $E(\overline{R_{i-1}})\oplus\overline{k_i}=\overline{E(R_{i-1})}\oplus\overline{k_i}=E(R_{i-1})\oplus k_i$，于是

$$\begin{aligned}T_{\overline{k_i}}(\overline{L_{i-1}},\overline{R_{i-1}})&=(\overline{R_{i-1}},\overline{L_{i-1}}\oplus PS(E(\overline{R_{i-1}})\oplus\overline{k_i}))\\&=(\overline{R_{i-1}},\overline{L_{i-1}}\oplus PS(E(R_{i-1}\oplus k_i)))\\&=(\overline{R_{i-1}},\overline{L_{i-1}\oplus PS(E(R_{i-1}\oplus k_i))})\\&=(\overline{L_i},\overline{R_i})\end{aligned}$$

从而可知，当轮变换的输入和轮密钥都取补时，轮变换的输出也取补。

同理,对第16轮,有 $T_{\overline{k_{16}}}(\overline{L_{15}},\overline{R_{15}})=(\overline{R_{16}},\overline{L_{16}})$。

由密钥的生成算法知,初始密钥 K 仅通过置换选择和循环移位生成轮密钥 k_i,故当初始密钥 K 取补时,生成的轮密钥 k_i 都取补,同时注意到 $\mathrm{IP}(\overline{x})=\overline{\mathrm{IP}(x)}$,$\mathrm{IP}^{-1}(\overline{x})=\overline{\mathrm{IP}^{-1}(x)}$,其中 x 为64位比特数据。因此,对 DES 算法,有

$$
\begin{aligned}
\mathrm{DES}(\overline{m},\overline{K}) &= \mathrm{IP}^{-1}\cdot T_{\overline{k_{16}}}\cdot T_{\overline{k_{15}}}\cdots T_{\overline{k_2}}\cdot T_{\overline{k_1}}\cdot \mathrm{IP}(\overline{m})\\
&= \mathrm{IP}^{-1}\cdot T_{\overline{k_{16}}}\cdot T_{\overline{k_{15}}}\cdots T_{\overline{k_2}}\cdot T_{\overline{k_1}}\cdot \mathrm{IP}(\overline{L_0},\overline{R_0})\\
&= T_{\overline{k_{16}}}\cdot T_{\overline{k_{15}}}\cdots T_{\overline{k_2}}(\overline{L_1},\overline{R_1})\\
&= \cdots\\
&= \mathrm{IP}^{-1}T_{\overline{k_{16}}}(\overline{L_{15}},\overline{R_{15}})\\
&= \mathrm{IP}^{-1}(\overline{R_{16}},\overline{L_{16}})\\
&= \overline{\mathrm{IP}^{-1}(R_{16},L_{16})}\\
&= \overline{\mathrm{DES}(m,K)}
\end{aligned}
$$

这一性质也称为互补对称性。

4. 存在弱密钥和半弱密钥

前面提到,DES 加密和解密过程完全相同,只是解密时使用密钥的次序与加密时相反。如果出现16个轮密钥相同的情况(即 $K_1=K_2=\cdots=K_{16}$),则解密和加密运算完全相同,即 $\mathrm{DES}_K(\cdot)=\mathrm{DES}_{K^{-1}}(\cdot)$,也就是 $E_K(E_K(m))=m$,$D_K(D_K(m))=m$。导致轮密钥相同的初始密钥被称为弱密钥(Weak Key)。

思考5.5:DES 有多少种弱密钥?

因为当初始密钥使得 C_0,D_0 全0或全1时,会使得后续所有轮密钥相同。即 $C_0=D_0=0$;$C_0=D_0=1$;$C_0=0$ $D_0=1$;$C_0=1$ $D_0=0$ 时,会出现所有轮密钥相同。同时考虑到密钥的奇偶校验位,于是可能的初始密钥(即弱密钥)有4种。弱密钥如表5.10所示。

表5.10 弱密钥

弱密钥(带奇偶校验)	(实际密钥)
0101 0101 0101 0101	0000 0000 0000 0000
1F1F 1F1F 0E0E 0E0E	0000 0000 FFFF FFFF
E0E0 E0E0 F1F1 F1F1	FFFF FFFF 0000 0000
FEFE FEFE FEFE FEFE	FFFF FFFF FFFF FFFF

同理,16个轮密钥中,只有2种,每种重复出现8次,则称为半弱密钥(Semi-Weak Key)。即假设 K_P 产生的16个轮密钥为 $K_1=K_2=\cdots=K_8=K_a$,$K_9=K_{10}=\cdots=K_{16}=K_b$,$K_Q$ 产生的16个轮密钥为 $K_1=K_2=\cdots=K_8=K_b$,$K_9=K_{10}=\cdots=K_{16}=K_a$,于是有 $E_{K_P}(E_{K_Q}(m))=E_{K_Q}(E_{K_P}(m))=m$。$K_P/K_Q$ 加密的密文可用 K_Q/K_P 解密。

虽然有弱密钥和半弱密钥(甚至四分之一、八分之一弱密钥),但相对于密钥总数来说是很小的,不构成大的威胁。

5. 差分分析和线性攻击

Biham 和 Shamir 于1991年提出差分分析(Differential Analysis),差分分析是一种选择明文攻击,除了攻击 DES 外,还可以攻击很多分组密码(如 Lucifer、FEAL、LOKI 等),其基本观点是比较两个明文的异或与相应两个密文的异或(如分析S盒的输入和输出)。它具

有很大的理论价值，很适合无作为评估分组密码的整体安全性的重要指标。其与一般统计分析法的本质区别是，不直接分析密文或密钥的统计相关性，而是通过对明文对的差值与相应的密文对的差值之间的统计关系的分析，对密钥的有关位进行合理的推断和猜测。在输入输出的非线性关系下，往往给定一个密钥将导致两个明文的差值和其对应的两个密文之间的差值是不一样的，而大量的分组密码的 S 盒设计又都是非线性的，因此，某些差异关系有可能暗示一些密钥值的信息。

1993 年 Matsui 介绍了线性攻击(Linear Cryptoanalysis)，是一种已知明文攻击，其基本思想是寻找一个密码算法的有效线性近似表达式，通过对非线性函数的线性近似来实现分析密钥的目的。用线性近似描述分组密码的行为。线性分析比差分分析更有效，能用 2^{21} 个已知明文破译 8 轮 DES，用 2^{43} 个已知明文破译 16 轮 DES。同时，在某些特殊情况下，还可用于唯密文攻击。

5.2.3 多重 DES

DES 安全性的最大隐患是密钥太短，其他尚难构造大的威胁，为充分利用现有 DES 的软硬件资源，使用多重 DES 增加密钥量，提高抗击密钥穷举攻击的能力。1999 年美国 NIST 发布了新版本的 DES 标准(FIPS PUB 46-3)，指出 DES 仅能用于遗留系统，3DES 取代 DES 成为新的标准。

1. 二重 DES

二重 DES 是多重 DES 的最简单形式，即 $C=E_{K_2}(E_{K_1}(M))$，解密时 $M=D_{K_1}(D_{K_2}(C))$。但问题是：是否可能出现

$$E_{K_1}(E_{K_2}(M))=E_{K_3}(M)$$

如果这样的话，二重和多重 DES 就等同于一次 DES 加密，就没有意义了。

答案是这种情况不会出现。1992 年 K. Campbell 和 M. Wiener 在 *CRYPTO*92 上发表了论文，证明了 DES 不是一个群(DES is not a group)。一个基本原理是：如果复合运算不满足交换律，且相互独立，则这一种复合运算的结果将使复杂度增加。直觉上看，假设分组的长度为 64，则理想分组密码的密钥空间为 $2^{64}! >10^{10^{20}}$，这是一个很大的数，实际上 56 位的密钥能定义上映射个数为 $2^{56}<10^{17}$，远远小于这个数。

2. 二重 DES 的中间相遇攻击

二重 DES 的密钥长度为 112 位，密钥量本身可以抵御目前的穷举攻击，但是，二重 DES 不能抵御中间相遇攻击(Meet-in-the-Middle)。顾名思义，就是寻找一个中间值 $X=E_{K_1}(M)=D_{K_2}(C)$。

对于给定的明密文对 (x,y)，可采用如下攻击步骤。

(1) 将 x 按所有可能的密钥 $K_{1i}(i=1,2,\cdots,2^{56})$ 加密，得到的加密结果排序保存到表 T 中，例如 (K_{11},z_{11})，(K_{12},z_{12})，…，(K_{1t},z_{1t})，$t=2^{56}$。

(2) 将 y 用所有可能的密钥 $K_{2i}(i=1,2,\cdots,2^{56})$ 解密，每解密一次，就将解密结果与 T 中的值比较。如果有相等的，不妨设是 z_{1n}，对应的密钥为 K_{2m}(即 $\mathrm{DES}_{K_{1n}}(x)=z_{1n}=\mathrm{DES}_{K_{2m}}^{-1}(y)$)。满足这一条件的 K_{2m} 可能不止一个，于是需要选择另外一个明文密文对 (x',y')，验证 $y'=\mathrm{DES}_{K_{1n}}(\mathrm{DES}_{K_{2m}}(x'))$，如果成立则认定这两个密钥为正确。

思考 5.6:以上中间相遇攻击找到正确密钥的概率为多少?

给定明文 x,二重 DES 能产生 2^{64} 个可能的密文,而可能的密钥数量为 2^{112},所以平均来说,对一个明文密文对,有 $2^{112}/2^{64}=2^{48}$ 个密钥满足条件。如果再经过一个明密文对的检验,则误报率下降到 $2^{48}/2^{64}=2^{-16}$。因此,中间相遇攻击,如果已知两个明密文对,找到正确密钥的概率为 $1-2^{-16}$。

思考 5.7:中间相遇攻击的计算量为多少?

已知明文攻击(2 个明文密文对)通过中间相遇攻击可以成功攻破密钥长度为 112 位的二重 DES,实际的计算量为 2^{56}。这与攻击 DES 所需计算量 2^{55} 相当。

为了抵抗中间相遇攻击,可以使用三重 DES。三重 DES 有 4 种模式,如图 5.13 所示。

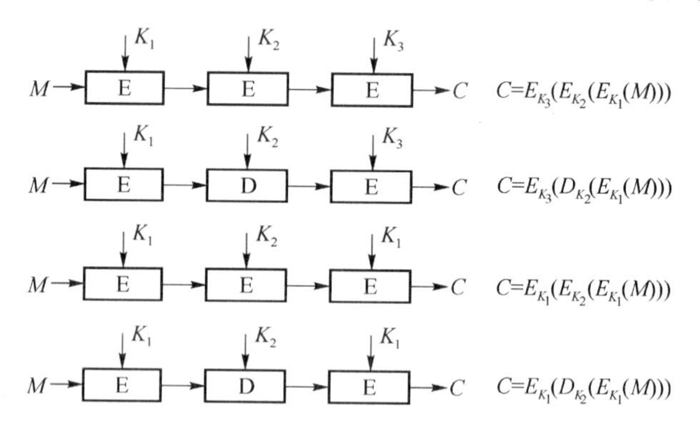

图 5.13　三重 DES 的 4 种模式

DES-EEE3 模式:$C=E_{K_3}(E_{K_2}(E_{K_1}(M)))$

DES-EDE3 模式:$C=E_{K_3}(D_{K_2}(E_{K_1}(M)))$

DES-EEE2 模式:$C=E_{K_1}(E_{K_2}(E_{K_1}(M)))$

DES-EDE2 模式:$C=E_{K_1}(D_{K_2}(E_{K_1}(M)))$

前两种模式使用了 3 种不同的密钥,每个密钥长度为 56 位,因此总密钥长度达到 168 位。后两种模式使用 2 个不同的密钥,总密钥长度为 112 位,提高了抗穷举攻击的能力,但三重 DES 的处理速度较慢,尤其难以有效地用软件实现。

思考 5.8:既然有 DES-EEE3(DES-EEE2)模式,为什么还需要 DES-EDE3(DES-EDE2)模式?

DES-EDE3 模式和 DES-EDE2 模式中出现了解密,初看上去会觉得奇怪。这样做的目的是,如果 $K_1=K_2$,则三重 DES 退化成 DES,这样就可以用三重 DES 对 DES 加密的数据进行解密。

双密钥的三重 DES 已被采纳为密钥管理标准(The Key Management Standards ANSIX 9.17和 ISO 8732)。三密钥的三重 DES 在许多基于 Internet 的应用中被采用,如 PGP 和 S/MIME。

最后,介绍一下白化(Whitening)技术。白化是将分组密码算法的输入与一部分密钥异或,并且将其输出与另一部分密钥异或的技术,首先被 RSA 公司用在 DESX 的变种中。这种方法的目的是阻止密码分析者在已知基本密码算法的前提下获得一组明文/密文对。这种技术迫使密码分析者不仅要猜出算法密钥,而且必须猜出白化值中的一个。因为在分组算法前后都有一个异或运算,所以这种技术不会受到中间相遇攻击。

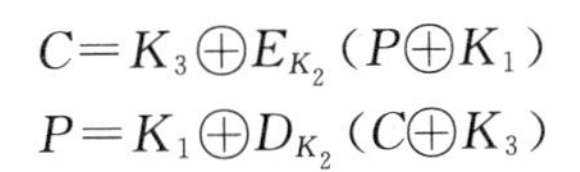

$$C=K_3 \oplus E_{K_2}(P \oplus K_1)$$

$$P=K_1 \oplus D_{K_2}(C \oplus K_3)$$

5.3 案例学习:AES

随着计算能力的突飞猛进,已经超期服役的DES终于显得力不从心。1997年NIST发起公开征集高级加密标准(Advanced Encryption Standard,AES)算法的活动,目的是寻找一个安全性能更好的分组密码算法替代DES。AES的基本要求是安全性能不能低于三重DES,执行性能比三重DES快,且分组长度为128位,并能支持长度为128位、192位、256位的密钥。

1998年,NIST公布了15个满足AES基本要求的算法作为候选算法,并提请公众协助分析这些候选算法。这15个候选算法分别是:CAST-256(加拿大),CRYPTON(韩国),DEAL(加拿大,挪威),DFC(法国),LOKI-97(澳大利亚),Rijndael(比利时),FROG(哥斯达黎加),MAGENTA(德国),E2(日本),HPC(美国),Mars(美国),RC6(美国),Safe+(美国),Twofish(美国)和Serpent(英国,以色列,挪威)。

1999年NIST公布了第一阶段的分析和测试结果,从15个候选算法中选出了5个决赛算法(Mars、RC6、Rijindael、Serpent和Twofish)。2000年,NIST召开第三次AES候选会议,通过对决赛算法的安全性、速度以及通用性等要素的综合评估,最终决定比利时密码学家Joan Daemen和Vincent Rijmen提出的"Rijndael"数据加密算法修改后作为AES。2001年NIST正式公布AES,并与2002年5月开始生效。

5.3.1 AES的设计思想

1. 基本安全参数

分组长度为128位,密钥长度可以独立设置为128位、192位和256位,因此AES有3个版本,AES-128、AES-192、AES-256。相应的迭代轮数为10、12、14。一般而言,加密轮数N_r取决于密钥长度l_K,两者之间关系为$N_r=6+l_K/32$。表5.11给出两者的关系。

表5.11 给出了轮数与密钥长度的关系

	AES-128	AES-192	AES-256
密钥长度	128	192	256
轮数	10	12	14

128位的输入明文分组为16字节,通常用图形表示为4×4的正方形矩阵,称为状态(state)矩阵。例如,对于128比特的分组,可分成16个字节,从左到右为$s_{00}\, s_{10}\, s_{20}\, s_{30}\, s_{01}\, s_{11}\, s_{21}\, s_{31}\, s_{02}\, s_{12}\, s_{22}\, s_{32}\, s_{03}\, s_{13}\, s_{23}\, s_{33}$。状态矩阵$\boldsymbol{S}$表示为如下矩阵:

$$\boldsymbol{S}=\begin{pmatrix} s_{00} & s_{01} & s_{02} & s_{03} \\ s_{10} & s_{11} & s_{12} & s_{13} \\ s_{20} & s_{21} & s_{22} & s_{23} \\ s_{30} & s_{31} & s_{32} & s_{33} \end{pmatrix}$$

AES 算法的分组长度固定为 128 bit。Rijndael 中分组长度还可为 192 bit 或 256 bit，则相应的列数为 6 列和 8 列。因此，AES 可视为 Rijndael 算法的子集。

类似地，可从输入密钥构造轮密钥 RoundKey 矩阵。

2. 设计思想

Rijndael 的设计目标是：抵抗所有已知的攻击；在多个平台上速度快，编码紧凑；设计简单。Rijndael 没有采用 Feistel 结构，其轮函数是由 3 个不同的可逆变换组成的。每个变换的设计遵循“宽轨迹策略”。所谓“宽轨迹策略”是指抗线性分析和差分分析的一种策略，其实现思想如下。轮函数中有三种功能层，如下。

① 线性混合层：确保多轮之后的扩散。

② 非线性层：将具有最优的“最坏情况非线性特性”的 S 盒并行使用。

③ 密钥加层：将轮密钥和每一轮结果进行相加（异或）。

5.3.2 AES 的设计结构

1. 总体结构

如图 5.14 所示，Rijndael 加密算法的轮函数采用 SP 结构，每一轮字节代换（ByteSub）、行移位变换（ShiftRow）、列混合变换（MixColumn）、轮密钥加变换（AddRoundKey）组成。（最后一轮没有列混合变换，类似 DES 中最后一轮没有交换）。

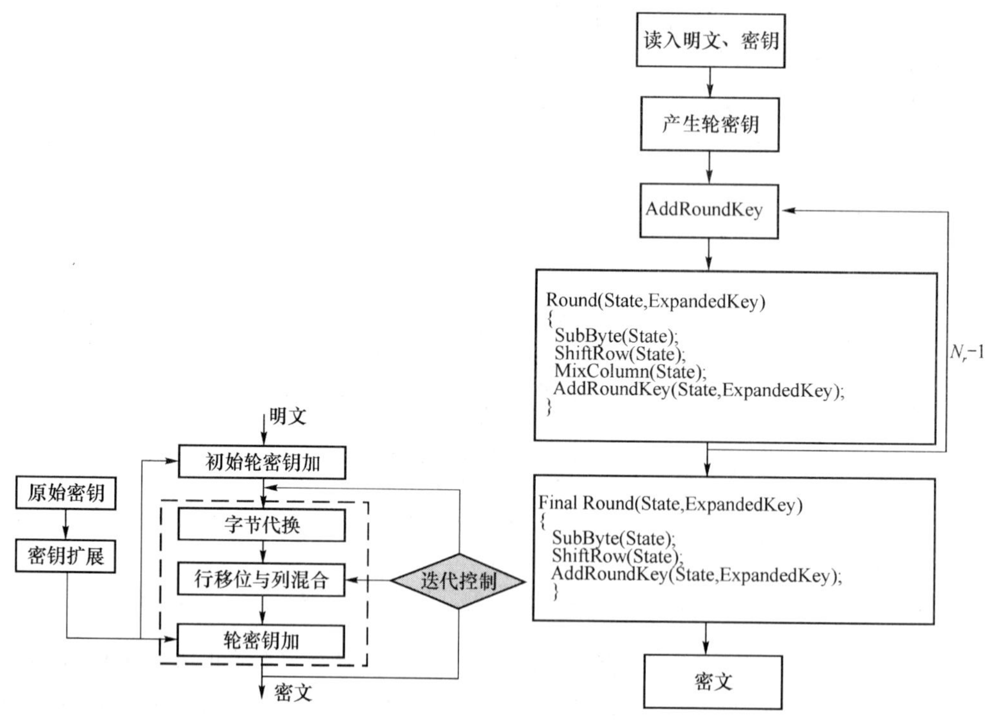

图 5.14 AES 总体结构

在第一轮之前有一个初始轮密钥加，其目的是在不知道密钥的情况下，对最后一个“密钥加”以后的任一层（或者已知明文攻击时，对第一个“密钥加”层以前的任一层）可简单地“剥去”。许多分组密码的设计中都在轮变换之前和之后用了密钥加层，如 IDEA、Blowfish 等。具体而言，加密过程执行一个“初始轮密钥加”，然后执行 N_r-1 次“中间轮变换”，以及

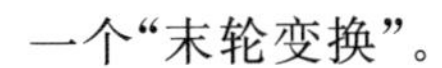
一个“末轮变换”。

2. 组成部分

(1) 字节代换(SubByte)

将字节代换先制成S盒表格(如表5.12所示),通过查表进行快速变换。

表 5.12 AES 的 S 盒

	0	1	2	3	4	5	6	7	8	9	a	b	c	d	e	f
0	63	7C	77	7B	F2	6B	6F	C5	30	01	67	2B	FE	D7	AB	76
1	CA	82	C9	7D	FA	59	47	F0	AD	D4	A2	AF	9C	A4	72	C0
2	B7	FD	93	26	36	3F	F7	CC	34	A5	E5	F1	71	D8	31	15
3	04	C7	23	C3	18	96	05	9A	07	12	80	E2	EB	27	B2	75
4	09	83	2C	1A	1B	6E	5A	A0	52	3B	D6	B3	29	E3	2F	84
5	53	D1	00	ED	20	FC	B1	5B	6A	CB	BE	39	4A	4C	58	CF
6	D0	EF	AA	FB	43	4D	33	85	45	F9	02	7F	50	3C	9F	A8
7	51	A3	40	8F	92	9D	38	F5	BC	B6	DA	21	10	FF	F3	D2
8	CD	0C	13	EC	5F	97	44	17	C4	A7	7E	3D	64	5D	19	73
9	60	81	4F	DC	22	2A	90	88	46	EE	B8	14	DE	5E	0B	DB
a	E0	32	3A	0A	49	06	24	5C	C2	D3	AC	62	91	95	E4	79
b	E7	C8	37	6D	8D	D5	4E	A9	6C	56	F4	EA	65	7A	AE	08
c	BA	78	25	2E	1C	A6	B4	C6	E8	DD	74	1F	4B	BD	8B	8A
d	70	3E	B5	66	48	03	F6	0E	61	35	57	B9	86	C1	1D	9E
e	E1	F8	98	11	69	D9	8E	94	9B	1E	87	E9	CE	55	28	DF
f	8C	A1	89	0D	BF	E6	42	68	41	99	2D	0F	B0	54	BB	16

例如,如下给出一个输入输出状态矩阵的例子:

F5	56	10	20
6B	44	57	39
01	03	6C	21
AF	30	32	34

S盒代换 →

E6	B1	CA	B7
7F	1B	5B	12
7C	7B	50	FD
79	04	23	18

问题是S盒是如何设计的?

AES的S盒设计不像DES的S盒设计那么神秘,而是有严格的数学计算。其设计原理是将一个字节非线性地变换为另一个字节。由两个变换复合而成:一个是求GF(2^8)上的乘法逆,一个是仿射变换。

① 变换1:求逆。

令字节 $z(x)=z_7x^7+z_6x^6+\cdots+z_1x+z_0$,先在有限域GF($2^8$)中求其关于 $m(x)=x^8+x^4+x^3+x+1$ 的乘法逆,规定"00"的逆为"00"。正式地说,将 $a\neq 0, a\in GF(2^8)$ 变换到其逆元。即有映射

$$t: GF(2^8)\rightarrow GF(2^8), a\mapsto t(a)$$

$$a=0, t(a)=0; a\neq 0, t(a)=a^{-1}$$

② 变换2:仿射变换。

$(y_0\ y_1\ y_2\ y_3\ y_4\ y_5\ y_6\ y_7)^{\mathrm{T}}=\boldsymbol{A}(x_0\ x_1\ x_2\ x_3\ x_4\ x_5\ x_6\ x_7)^{\mathrm{T}}\oplus(0\ 1\ 1\ 0\ 0\ 0\ 1\ 1)^{\mathrm{T}}$,这里 $\boldsymbol{A}$ 为一个规定的矩阵。

具体而言,给定 $u(x)=x^7+x^6+x^5+x^4+1, v(x)=x^7+x^6+x^2+x$,定义映射:

$$L_{u,v}: GF(2^8)\rightarrow GF(2^8), L_{u,v}(\boldsymbol{a})=\boldsymbol{b}$$

对任意的 $\boldsymbol{a}=(a_7a_6a_5a_4a_3a_2a_1a_0)\in GF(2^8)$,先将 $\boldsymbol{a}$ 表示成多项式 $a(x)=a_7x^7+\cdots+a_2x^2+a_1x+a_0$。然后计算 $b(x)=u(x)a(x)+v(x)\bmod(x^8+1)$,设 $b(x)=b_7x^7+\cdots+b_2x^2+b_1x+b_0$,则 $L_{u,v}(\boldsymbol{a})=\boldsymbol{b}=(b_7b_6b_5b_4b_3b_2b_1b_0)\in GF(2^8)$。

仿射变换 L_{uv} 可用矩阵表示,即为

$$\begin{pmatrix}b_0\\b_1\\b_2\\b_3\\b_4\\b_5\\b_6\\b_7\end{pmatrix}=\begin{pmatrix}1&0&0&0&1&1&1&1\\1&1&0&0&0&1&1&1\\1&1&1&0&0&0&1&1\\1&1&1&1&0&0&0&1\\1&1&1&1&1&0&0&0\\0&1&1&1&1&1&0&0\\0&0&1&1&1&1&1&0\\0&0&0&1&1&1&1&1\end{pmatrix}\begin{pmatrix}a_0\\a_1\\a_2\\a_3\\a_4\\a_5\\a_6\\a_7\end{pmatrix}\oplus\begin{pmatrix}1\\1\\0\\0\\0\\1\\1\\0\end{pmatrix}$$

从另一个角度来看,满足:

$$b_i=a_i\oplus a_{(i+4)\bmod 8}\oplus a_{(i+5)\bmod 8}\oplus a_{(i+6)\bmod 8}\oplus a_{(i+7)\bmod 8}\oplus c_i$$

其中,c_i 为 $(63)_8=(01100011)_2$ 的第 i 位。

可见计算可快速进行,且具有混淆的效果。

从一般原理上解释,SubByte代换可视为 $S_{u,v}=L_{u,v}\cdot t$,即先做逆运算,再做仿射运算。虽然复合变换 $S_{u,v}$ 的两个变换 $L_{u,v}$ 和 t 都是对GF(2^8)中的元素进行计算,但是却使用了不同的数学结构:t 是在有限域 $GF(2^8)=F_2(x)/m(x)$ 上进行,而 $L_{u,v}$ 却是在环 $F_2(x)/(x^8+1)$ 上进行的。尽管 t 和 $L_{u,v}$ 都非常简单,但它们的复合却非常复杂。这种集合相同但数学结构不同的运算的复合,是AES的字节代换具有"非线性"的保证。这一方法已成为分组密码设计的常用方法。同时,这两个变换都是可逆的,故存在逆复合变换。

例5.2 以F5为例说明S盒的替代操作。不通过查表,而通过代数运算。首先求解

“F5”在 GF(2^8)上的乘法逆元。输入“F5”对应“11110101”,对应多项式为($x^7+x^6+x^5+x^4+x^2+1$),求其模 $m(x)=x^8+x^4+x^3+x+1$ 的逆,即求($x^7+x^6+x^5+x^4+x^2+1$)·$a(x)\equiv 1 \bmod m(x)$,通过扩展的 Euclidean 算法,求得其逆为(x^6+x^2+x)。二进制表示为“01000110”。再进行仿射变换,代入矩阵

$$\begin{pmatrix}1&0&0&0&1&1&1&1\\1&1&0&0&0&1&1&1\\1&1&1&0&0&0&1&1\\1&1&1&1&0&0&0&1\\1&1&1&1&1&0&0&0\\0&1&1&1&1&1&0&0\\0&0&1&1&1&1&1&0\\0&0&0&1&1&1&1&1\end{pmatrix}\begin{pmatrix}0\\1\\1\\0\\0\\0\\1\\0\end{pmatrix}\oplus\begin{pmatrix}1\\1\\0\\0\\0\\1\\1\\0\end{pmatrix}=\begin{pmatrix}0\\1\\1\\0\\0\\1\\1\\1\end{pmatrix}$$

得到二进制结果为:111001110,对应十六进制结果为“E6”。

SubByte 用到了 AES 中的第一个基本运算,称为字节运算,即有限域 GF(2^8)上的运算(AES 的第二个基本运算是字运算,即系数在有限域 GF(2^8)上的运算)。$m(x)\in F_2[x]$是一个 8 次不可约多项式,故由 $m(x)$可生成一个有限域 GF(2^8)。

GF(2^8)$=F_2[x]/(m(x))=\{b_0+b_1x+b_2x^2+b_3x^3+b_4x^4+b_5x^5+b_6x^6+b_7x^7 \mid b_i\in F_2, i=0, 1,\cdots,7\}=\{(b_7b_6b_5b_4b_3b_2b_1b_0)\mid b_i\in F_2, i=0,1,\cdots,7\}$

加法为模 2 加法,实际上等于异或。减法其实等于加法,因为−1 的逆为 1。例如:$(x^6+x^4+x^2+x+1)+(x^7+x+1)=x^7+x^6+x^4+x^2$。多项式乘以 x($x$time 操作),即左移 1 位。例如求 $z(z)\cdot x$,若 $z_7=0$,则结果为左移 1 位。若 $z_7=1$,则左移 1 位后,再求模,通常是减去模多项式 $m(x)$,减去即为加上。例如

$$(x^6+x^4+x^2+x+1)(x^7+x+1)=x^7+x^6+1 \bmod m(x)$$

计算过程等同于计算$(57)_{16}\cdot(83)_{16}$,由于

$57_{16}\cdot 02_{16}=x\text{time}(57_{16})=ae_{16}$, $57_{16}\cdot 04_{16}=x\text{time}(ae_{16})=47_{16}$

$57_{16}\cdot 08_{16}=x\text{time}(47_{16})=8e_{16}$, $57_{16}\cdot 10_{16}=x\text{time}(8e_{16})=07_{16}$

$57_{16}\cdot 20_{16}=x\text{time}(07_{16})=0e_{16}$, $57_{16}\cdot 40_{16}=x\text{time}(0e_{16})=1c_{16}$

$57_{16}\cdot 80_{16}=x\text{time}(57_{16})=38_{16}$

故$(57)_{16}\cdot(83)_{16}=57_{16}\cdot(01_{16}\oplus 02_{16}+80_{16})=c1_{16}$,即 x^7+x^6+1。

另外,由于 $m(x)$是不可约的,故可保证求出(需加密多项式的)的逆元。

(2) 行移位(ShiftRow)

行移位将状态矩阵中的字节循环左移若干位。将行移位运算表示为:$R_c: S\rightarrow R(S)$。第 0 行不移动,第 1 行循环左移 1 位,第 2 行循环左移 2 位,第 3 行循环左移 3 位。即

				操作				
S_{00}	S_{01}	S_{02}	S_{03}	不移位 →	S_{00}	S_{01}	S_{02}	S_{03}
S_{10}	S_{11}	S_{12}	S_{13}	循环左移1位 →	S_{11}	S_{12}	S_{13}	S_{10}
S_{20}	S_{21}	S_{22}	S_{23}	循环左移2位 →	S_{22}	S_{23}	S_{20}	S_{21}
S_{30}	S_{31}	S_{32}	S_{33}	循环左移3位 →	S_{33}	S_{30}	S_{31}	S_{32}

行移位实现了字节在每一行的扩散,很自然地想到字节在列中也需要扩散。

(3) 列变换(MixColumns)

把状态矩阵每列的4个字节表示为GF(2^8)上的多项式$S(x)$,再将该多项式与固定多项式$c(x)$做模x^4+1乘法。即$S'(x)=c(x)\otimes S(x) \bmod (x^4+1)$,这里,$c(x)='03'x^3+'01'x^2+'01'x+'02'$。列混合的映射可以看成:

$$\begin{pmatrix} s_{00} & s_{01} & s_{02} & s_{03} \\ s_{10} & s_{11} & s_{12} & s_{13} \\ s_{20} & s_{21} & s_{22} & s_{23} \\ s_{30} & s_{31} & s_{32} & s_{33} \end{pmatrix} \rightarrow \begin{pmatrix} s'_{00} & s'_{01} & s'_{02} & s'_{03} \\ s'_{10} & s'_{11} & s'_{12} & s'_{13} \\ s'_{20} & s'_{21} & s'_{22} & s'_{23} \\ s'_{30} & s'_{31} & s'_{32} & s'_{33} \end{pmatrix}$$

记

$$S_j(x)=s_{3j}x^3+s_{2j}x^2+s_{1j}x+s_{0j},0\leqslant j\leqslant 3$$

$$S'_j(x)=s'_{3j}x^3+s'_{2j}x^2+s'_{1j}x+s'_{0j},0\leqslant j\leqslant 3$$

$$S'_j(x)=c(x)\otimes S_j(x)=c(x)S_j(x)\bmod(x^4+1)$$

由于$c(x)$固定,故可将该乘法写成如下形式:

$$\begin{pmatrix} s'_{0j} \\ s'_{1j} \\ s'_{2j} \\ s'_{3j} \end{pmatrix} = \begin{pmatrix} 02 & 03 & 01 & 01 \\ 01 & 02 & 03 & 01 \\ 01 & 01 & 02 & 03 \\ 03 & 01 & 01 & 02 \end{pmatrix} \begin{pmatrix} s_{0j} \\ s_{1j} \\ s_{2j} \\ s_{3j} \end{pmatrix} (j=0,1,2,3)$$

于是,列混合即为矩阵乘法

$$\begin{pmatrix} s'_{00} & s'_{01} & s'_{02} & s'_{03} \\ s'_{10} & s'_{11} & s'_{12} & s'_{13} \\ s'_{20} & s'_{21} & s'_{22} & s'_{23} \\ s'_{30} & s'_{31} & s'_{32} & s'_{33} \end{pmatrix} = \begin{pmatrix} 02 & 03 & 01 & 01 \\ 01 & 02 & 03 & 01 \\ 01 & 01 & 02 & 03 \\ 03 & 01 & 01 & 02 \end{pmatrix} \begin{pmatrix} s_{00} & s_{01} & s_{02} & s_{03} \\ s_{10} & s_{11} & s_{12} & s_{13} \\ s_{20} & s_{21} & s_{22} & s_{23} \\ s_{30} & s_{31} & s_{32} & s_{33} \end{pmatrix}$$

于是,可以记列混合运算为:$M(S)=\boldsymbol{CS}$。这里$\boldsymbol{C}$为矩阵

$$\begin{pmatrix} 02 & 03 & 01 & 01 \\ 01 & 02 & 03 & 01 \\ 01 & 01 & 02 & 03 \\ 03 & 01 & 01 & 02 \end{pmatrix}$$

MixColumn用到了AES的第二个基本运算——字运算,即系数在有限域GF(2^8)上的运算。令$R=\{(a_3a_2a_1a_0)\mid a_i\in \mathrm{GF}(2^8)\}$。在$R$中如下定义加法"+"和乘法"$\otimes$"。加法$(a_3a_2a_1a_0)+(b_3b_2b_1b_0)=(c_3c_2c_1c_0)$,$c_i=a_i+b_i$,$i=0,1,2,3$,即GF($2^8$)中的加法运算。乘法$(a_3a_2a_1a_0)\otimes(b_3b_2b_1b_0)=(c_3c_2c_1c_0)$,其中$c_3x^3+c_2x^2+c_1x+c_0=(a_3x^3+a_2x^2+a_1x+a_0)\cdot(b_3x^3+b_2x^2+b_1x+b_0)\bmod(x^4+1)$由于模$x^4+1$不是不可约多项式,所以,$R$对如上定义的运算不能构成域,只能是一个环,即字集合和运算构成环$(R,+,\otimes)$。

对x^4+1取模,可将$x^4=1$代入幂次高于4次的项以降低幂次(直到低于模的幂次),这是因为$x^4=-1 \bmod x^4+1$,又$-1=1 \bmod x^4+1$。即有$x^i=x^{i \bmod 4}\bmod(x^4+1)$。

思考5.9:$c(x)$是如何选择的?

由于x^4+1不是GF(2^8)上的不可约多项式,所以一个GF(2^8)上次数小于4的多项式未必是可逆的。AES于是选择了一个有逆元的固定多项式,且系数较小,便于计算。于是

取 $c(x)='03'x^3+'01'x^2+'01'x+'02'$，其逆元 $c^{-1}(x)='0b'x^3+'0d'x^2+'09'x+'0e'$。令

$$d(x)=a(x)\otimes b(x), d_3x^3+d_2x^2+d_1x+d_0$$
$$=(a_3x^3+a_2x^2+a_1x+a_0)\otimes(b_3x^3+b_2x^2+b_1x+b_0)$$

有

$$d_0=a_0b_0\oplus a_3b_1\oplus a_2b_2\oplus a_1b_3$$
$$d_1=a_1b_0\oplus a_0b_1\oplus a_3b_2\oplus a_2b_3$$
$$d_2=a_2b_0\oplus a_1b_1\oplus a_0b_2\oplus a_3b_3$$
$$d_3=a_3b_0\oplus a_2b_1\oplus a_1b_2\oplus a_0b_3$$

简而言之，a，b 下标之和模 4 与 d 的下标相同。若写成矩阵形式，容易看到是一个循环矩阵。

例 5.3　输入矩阵和输出矩阵如下，验证计算的过程。

$$\begin{pmatrix} 02 & 03 & 01 & 01 \\ 01 & 02 & 03 & 01 \\ 01 & 01 & 02 & 03 \\ 03 & 01 & 01 & 02 \end{pmatrix}\begin{pmatrix} E6 & B1 & CA & B7 \\ 1B & 5B & 12 & 7F \\ 50 & FD & 7C & 7B \\ 18 & 79 & 04 & 23 \end{pmatrix}=\begin{pmatrix} B2 & 10 & C1 & AC \\ 38 & 62 & 6E & E7 \\ 75 & 80 & 2C & 5B \\ 4A & 9C & 23 & 80 \end{pmatrix}$$

检查第一列为 E6，1B，50，18。

$c_{00}=02*E6\oplus 03*1B\oplus 50\oplus 18=11010111\oplus 00101101\oplus 01010000\oplus 00011000=10110010$

即为 B2。这里 $*$，$\oplus$ 均为 $GF(2^8)$ 中的乘法和加法。容易看到，混合后每一列的每个字节与原来的一列中的每个字节都有关系，这就是“MixColumn”一词的来历。

(4) 轮密钥加法(AddRoundKey)

将状态矩阵和子密钥矩阵对应的 4×4=16 个字节分别相加($GF(2^8)$中运算)。将密钥加运算表示为 A_{k_i}。

$A_{k_i}(\boldsymbol{S})=\boldsymbol{S}+\boldsymbol{k}_i=$

$$\begin{pmatrix} s_{00} & s_{01} & s_{02} & s_{03} \\ s_{10} & s_{11} & s_{12} & s_{13} \\ s_{20} & s_{21} & s_{22} & s_{23} \\ s_{30} & s_{31} & s_{32} & s_{33} \end{pmatrix}\oplus\begin{pmatrix} k_{00} & k_{01} & k_{02} & k_{03} \\ k_{10} & k_{11} & k_{12} & k_{13} \\ k_{20} & k_{21} & k_{22} & k_{23} \\ k_{30} & k_{31} & k_{32} & k_{33} \end{pmatrix}=\begin{pmatrix} s_{00}\oplus k_{00} & s_{01}\oplus k_{01} & s_{02}\oplus k_{02} & s_{03}\oplus k_{03} \\ s_{10}\oplus k_{10} & s_{11}\oplus k_{11} & s_{12}\oplus k_{12} & s_{13}\oplus k_{13} \\ s_{20}\oplus k_{20} & s_{21}\oplus k_{21} & s_{22}\oplus k_{22} & s_{23}\oplus k_{23} \\ s_{30}\oplus k_{30} & s_{31}\oplus k_{31} & s_{32}\oplus k_{32} & s_{33}\oplus k_{33} \end{pmatrix}$$

(5) 密钥扩展算法(Key Expansion，轮密钥生成)

10 轮 AES 需要 11 个轮密钥，每个轮密钥由 16 个字节(4 个字)组成。整个扩展密钥共包含 44 个字，表示为 $w[0],\cdots,w[43]$，它由种子密钥通过扩展算法得到。

密钥扩展算法 KeyExpansion 的输入为 128 bit，处理成一个由 16 个字节组成的数组：key[0]，…，key[15]；输出为字组成的数组 $w[0],\cdots,w[43]$。密钥扩展包括两个操作：RotWord 和 SubWord。前者表示循环移位，即 $\text{RotWord}(B_0,B_1,B_2,B_3)=(B_1,B_2,B_3,B_0)$，后者 $\text{SubWord}(B_0,B_1,B_2,B_3)$ 对 4 个字节 (B_0,B_1,B_2,B_3) 使用 AES 中的 S 盒代换。即 $\text{SubWord}(B_0,B_1,B_2,B_3)=(B_0',B_1',B_2',B_3')$，其中 $B_i'=\text{SubByte}(B_i)$，$i=0,1,2,3$。另外，用 RCon 表示有 10 个字的常量数组 RCon[1]，…，RCon[10]，如表 5.13 所示。

表 5.13 RCon[i]

i	1	2	3	4	5
RCon[i]	01000000	02000000	04000000	08000000	10000000
i	6	7	8	9	10
RCon[i]	20000000	40000000	81000000	1B000000	36000000

RCon 的设计思路如下。

RCon 是一个常数数组。RCon[i]=(x^{i-1},00,00,00),$i\geqslant1$。x^{i-1}表示有限域 GF(2^8)中的多项式 x 的 $i-1$ 次方对应的字节,即 02,于是有 RCon[i]=(c_i,00,00,00),$i\geqslant1$,$c_0=01$,$c_i=02\cdot c_{i-1}$,$i>1$。

图 5.15 给出了密钥扩展的示意图。

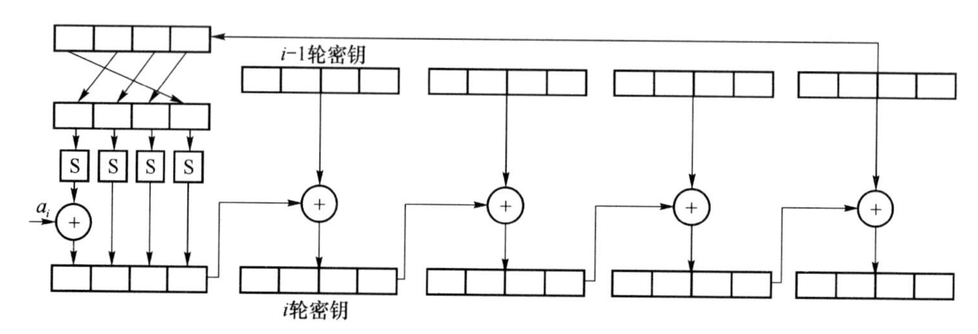

图 5.15 密钥扩展的示意图

下面给出密钥扩展程序的伪代码。根据 N_k 的不同有 $N_k\leqslant6$,$N_k>6$ 两个版本。Key[]表示初始密钥列向量,W[]表示密钥的列向量。

若 $N_k\leqslant6$,有

```
KeyExpansion(Byte Key[4*Nk], W[Nb*(Nr+1)])
{
For(i=0; i<Nk; i++)
     W[i]=(Key[4*i],Key[4*i+1],Key[4*i+2],Key[4*i+3]; //将密钥排成4字一列

For (i=Nk; i<Nb*(Nr+1); i++)
     {
     Temp=W[i-1];
     If(i%Nk==0)
          TemP=SubByte(RotWord(temp))⊕RCon[i/Nk]; //左循环移位一个字后与RCon
          W[i]=W[i-Nk]⊕temp;                     //异或,每当i为Nk倍数时异或
     }
}
```

若 $N_k>6$,有

```
KeyExpansion(Byte Key[4*Nk], W[Nb*(Nr+1)])
{
```

```
For (i = 0; i<Nk; i++)
    W[i] = (Key[4* i],Key[4* i + 1],Key[4* i + 2],Key[4* i + 3];

For (i = Nk; i<Nb* (Nr + 1); i++)
    {
        Temp = W[i - 1];
        If(i % Nk == 0)
            Temp = SubByte(RotWord(temp))⊕RCon[i/Nk];
            Else if ( i % Nk == 4) //与 Nk≤6 程序的唯一区别,若 i-4 为 Nk 的倍数
                Temp = SubByte(temp); //多做一次字节代换
            W[i] = W[i - Nk]⊕temp;
    }
}
```

例 5.4 设轮数 $N_r=10$,初始密钥为 $K=$2b 7e 15 16 28 ac d2 a6 ab f7 15 88 09 cf 4f 3c,求密钥扩展过程。

显然 $N_k=4$。首轮密钥为 W[0]=(2b 7e 15 16),W[1]=(28 ac d2 a6),W[2]=(ab f7 15 88),W[3]=(09 cf 4f 3c)。

第一轮密钥为

W[4]=W[0]⊕SubByte(RotWord(W[3])⊕(01 00 00 00)
=(2b 7e 15 16)⊕SubByet(cf 4f 3c 09)⊕(01 00 00 00)
=(2b 7e 15 16)⊕(8a 84 eb 01)⊕(01 00 00 00)
=(a0 fa fe 17)

W[5]=W[1]⊕W[4]=(28 ac d2 a6)⊕(a0 fa fe 17)=(88 54 2c b1)

W[6]=W[2]⊕W[5]=(ab f7 15 88)⊕(88 54 2c b1)=(23 a3 39 39)

W[7]=W[3]⊕W[6]=(09 cf 4f 3c)⊕(23 a3 39 39)=(2a 6c 76 05)

以下各轮密钥产生的过程和第一轮密钥产生的过程相同。

(6) 轮函数的逆变换

如图 5.16 所示,可以得到一个直观的感受。

下面给出的严格的分析。若记初始轮变换为 T_0,末轮变换为 T_{N_r},中间的各轮变换为 $T_1,T_2,\cdots,T_{Nr-1}$,则 AES 的加密变换为

$$c=E_k(x)=T_{Nr}\cdot T_{Nr-1}\cdot\cdots\cdot T_1\cdot T_0(m)$$

若令

A_i:轮密钥为 k_i 的密钥加操作(AddRoundKey 变换),也记为 A_{k_i}。

M:矩阵为 $\boldsymbol{S}$ 的列混合操作(Mixcolumn 变换),$M(\boldsymbol{S})=\boldsymbol{CS}$。

R_c:矩阵行移位操作(ShiftRow 变换),这里 $c=(c_0,c_1,c_2,c_3)$表示循环左移 0、1、2、3 位。

$S_{u,v}$:参数为 u,v 的字节代换操作(SubByte 变换)。

于是有 $T_0=A_0$;$T_i=A_iMRS_{u,v},i=1,2,\cdots,N_{r-1}$;$T_{Nr}=A_{Nr}RS_{u,v}$。

下面逐一考查逆变换。

① 由于 $M(\boldsymbol{S})=\boldsymbol{CS}$,其逆变换为 M^{-1},即 $M^{-1}(\boldsymbol{S})=\boldsymbol{C}^{-1}\boldsymbol{S}$。

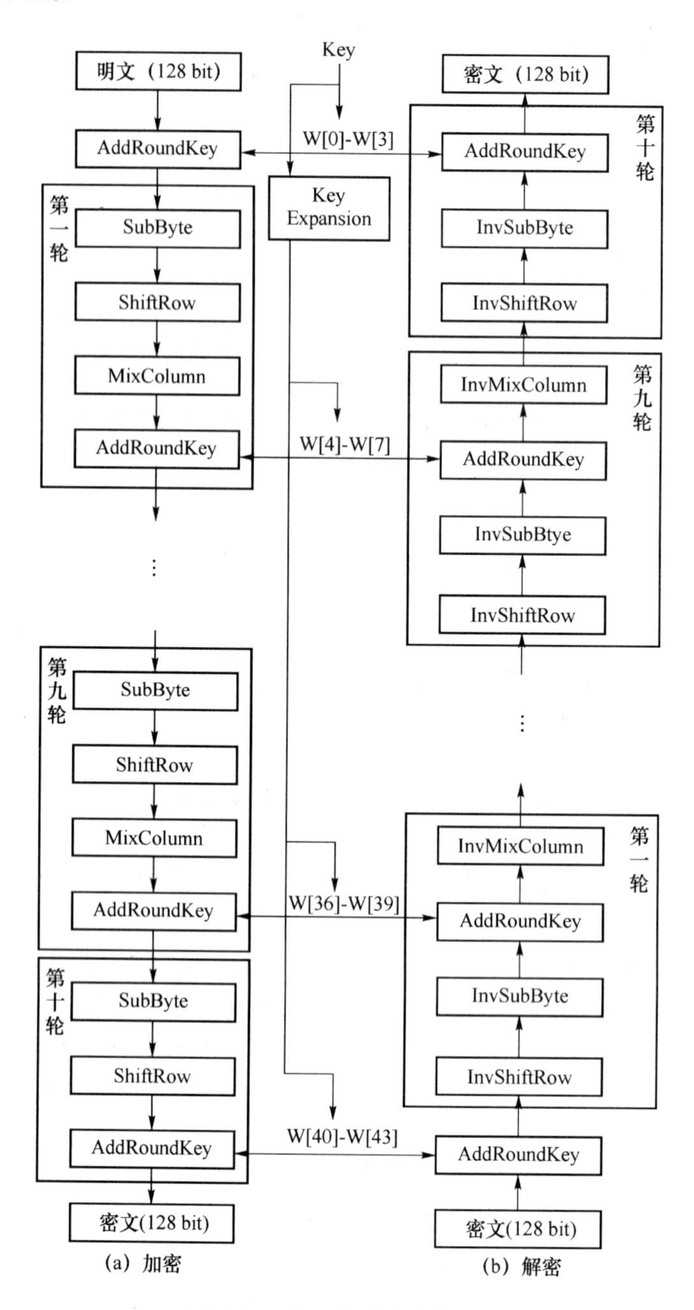

图 5.16　AES 加密和解密过程

$$
\boldsymbol{C}^{-1}=\begin{pmatrix} 02 & 03 & 01 & 01 \\ 01 & 02 & 03 & 01 \\ 01 & 01 & 02 & 03 \\ 03 & 01 & 01 & 02 \end{pmatrix}^{-1}=\begin{pmatrix} 0E & 0B & 0D & 09 \\ 09 & 0E & 0B & 0D \\ 0D & 09 & 0E & 0B \\ 0B & 0D & 09 & 0E \end{pmatrix}
$$

② $S_{u,v}=L_{u,v}\cdot t, t=t^{-1}, L_{u,v}^{-1}=L_{u^{-1},-v}$，所以 $S_{u,v}^{-1}=S_{u^{-1},-v}$，其中 u^{-1}，$-v$ 表示模 x^8+1 的逆元和负元。具体而言，$S_{u,v}^{-1}=S_{u^{-1},-v}$ 先对一个字节 $a=(a_7a_6a_5a_4a_3a_2a_1a_0)$ 在 F_2 上做如下仿射变换：

$$\begin{pmatrix} b_0 \\ b_1 \\ b_2 \\ b_3 \\ b_4 \\ b_5 \\ b_6 \\ b_7 \end{pmatrix} = \begin{pmatrix} 1 & 0 & 0 & 0 & 1 & 1 & 1 & 1 \\ 1 & 1 & 0 & 0 & 0 & 1 & 1 & 1 \\ 1 & 1 & 1 & 0 & 0 & 0 & 1 & 1 \\ 1 & 1 & 1 & 1 & 0 & 0 & 0 & 1 \\ 1 & 1 & 1 & 1 & 1 & 0 & 0 & 0 \\ 0 & 1 & 1 & 1 & 1 & 1 & 0 & 0 \\ 0 & 0 & 1 & 1 & 1 & 1 & 1 & 0 \\ 0 & 0 & 0 & 1 & 1 & 1 & 1 & 1 \end{pmatrix}^{-1} \begin{pmatrix} a_0 \\ a_1 \\ a_2 \\ a_3 \\ a_4 \\ a_5 \\ a_6 \\ a_7 \end{pmatrix} \oplus \begin{pmatrix} 1 \\ 0 \\ 1 \\ 0 \\ 0 \\ 0 \\ 0 \\ 0 \end{pmatrix}$$

然后输出字节 $b=(b_7b_6b_5b_4b_3b_2b_1b_0)$ 在 F_{2^8} 中的逆元素。

③ $R^{-1}=R_{-c}$。$-c=(-c_0,-c_1,-c_2,-c_3)$，即第 0、1、2、3 行分别循环右移 0、1、2、3 字节。

下面逐一考察变换间的次序关系(交换律)。

① SubByte 和 ShiftRow 的交换律。因为字节代换是字节的并行运算，循环左移运算不改变字的值，所以它们的运算顺序是可以交换的。即 $RS_{u,v}=S_{u,v}R$，于是又有 $R^{-1}S_{u,v}^{-1}=S_{u,v}^{-1}R^{-1}$

② MixColumn 和 AddRoundKey 的可交换性。因为

$$\begin{aligned} A_{k_i}(M(\boldsymbol{S})) &= A_{k_i}(\boldsymbol{CS}) \\ &= \boldsymbol{CS}+k_i \\ &= \boldsymbol{CS}+\boldsymbol{C}(\boldsymbol{C}^{-1}k_i) \\ &= \boldsymbol{C}(\boldsymbol{S}+\boldsymbol{C}^{-1}k_i) \\ &= \boldsymbol{C}(A_{C^{-1}(k_i)}(\boldsymbol{S})) \\ &= M(A_{C^{-1}(k_i)}(\boldsymbol{S})) \end{aligned}$$

因此

$$A_{k_i}M=MA_{C^{-1}(k_i)}$$

从而

$$M^{-1}A_{k_i}^{-1}=(A_{k_i}M)^{-1}=(MA_{C^{-1}(k_i)})^{-1}=A_{C^{-1}(k_i)}^{-1}M^{-1}$$

综合①和②，解密过程：

$$\begin{aligned} \text{AES}^{-1} &= T_0^{-1}T_1^{-1}\cdots T_{N-1}^{-1}T_N^{-1} \\ &= A_{k_0}^{-1}S_{u,v}^{-1}R^{-1}M^{-1}A_{k_1}^{-1}S_{u,v}^{-1}R^{-1}M^{-1}\cdots S_{u,v}^{-1}R^{-1}M^{-1}A_{k_{N-1}}^{-1}S_{u,v}^{-1}R^{-1}A_{k_N}^{-1} \\ &= A_{k_0}R_{-c}S_{u^{-1},-v}A_{C^{-1}(k_1)}M^{-1}R_{-c}S_{u^{-1},-v}\cdots \\ &\quad A_{C^{-1}(k_{N-2})}M^{-1}R_{-c}S_{u^{-1},-v}A_{C^{-1}(k_{N-1})}M^{-1}R_{-c}S_{u^{-1},-v}A_{k_N} \end{aligned}$$

可见，解密算法和加密算法的结构相同，只是使用的运算不同(逆运算)，而且，解密时轮密钥的使用顺序与加密过程相反。

(7) AES 和 DES 的比较

相似之处在于：两者的轮函数都由 3 层构成，即非线性层、线性混合层、子密钥异或，只是顺序不同。AES 的轮密钥异或对应于 DES 中 S 盒之前的轮密钥异或。AES 的列混合运算的目的是让不同的字节相互影响，而 DES 中 F 函数的输出与左边一半数据相加有类似的效果。AES 中的非线性运算字节代换，对应于 DES 中的唯一非线性变换 S 盒。AES 中行移位保证了每一行的字节不仅仅影响其他行对应的字节，而且影响其他行所有的字节，这与 DES 中的置换 P 类似。

不同之处在于:AES的密钥长度(128位、192位、256位)是可变的,而DES的密钥长度固定为56位。DES是面向比特的运算,AES是面向字节的运算。AES的加密运算和解密运算不一致,因而加密电路(或程序)不能同时用作解密电路(或程序),DES的加密和解密的电路(或程序)则是一样的。

例5.5 这里给出一个完整的示例,便于程序实现时进行代码调试。

明文为00010001 01a198af da781734 86153566

密钥为00012001 710198ae da791714 60153594

密钥扩展后得到的轮密钥为

k_0=00012001 710198ae da791714 60153594

k_1=589702d1 29969a7f f3ef8d6b 93fab8ff

k_2=77fb140d 5e6d8e72 ad820319 3e78bb36

k_3=cf119abf 917c14cd 3cfe17d4 0286ac32

k_4=8380b9c8 12fcad05 2e02bad1 2c8416e3

k_5=ccc7a8b9 de3b05bc f039bf6d dcbda98e

k_6=9614b13f 482fb483 b8160bee 64aba260

k_7=b42e617c fc01d5ff 4417de11 20bc7c71

k_8=513ec2cb ad3f1734 e928c925 c994b554

k_9=68ebe216 c5d4f522 2cfc3c07 e5688953

k_{10}=1b4c0fcf de98faed f264c6ea 170c4fb9

第一轮开始前的密钥加结果为00002000 70a00001 00010020 e60000f2;

第一轮结束时的结果为bf1da4e5 02ad28eb decd5297 ca173a8e;

第九轮结束时的结果为02e49123 70acf31e 54ecb922 f3849a1d;

第十轮结束时的结果为6cdd596b 8f5642cb d23b4798 1a65422a。

5.4 其他分组密码简介*

5.4.1 SMS4简介

2006年我国国家密码管理局公布了无线局域网产品使用的SMS4密码算法,该算法是我国自有知识产权的国际无线网络安全标准WAPI的一部分(在中国销售的支持无线局域网的智能手机必须支持该标准,2006年1月6日的国家密码管理局第7号公告要求政府采购的无线局域网产品须采用该加密算法)。这是我国第一次公布自己的商用密码算法,其意义重大,标志着我国商用密码管理更加科学化和与国际接轨。SMS4后来改称为SM4。

1. 基本参数与运算

SMS4分组长度为128 bit,密钥长度为128 bit,加密和密钥扩展算法都采用32轮迭代结构。它以字节和字(32位)为单位进行数据处理。

SMS4中的基本运算为模2加和左循环移位。分别用$\oplus$和$<<<$表示。

2. SMS4 中的基本加密元素

(1) S 盒。S 盒的输入和输出都为一个字节,其本质是 8 位非线性置换,起混淆的作用。S 盒的设计(输入输出对照表)是公开的。也就是说,假如输入为字节 x,则输出为字节 y,S 盒的运算可表示为 $y=S(x)$。这里给出表的一部分对应关系,其余项可以参阅公开文献,$S(00)=\mathrm{D6}$,$S(01)=90$,$S(10)=2\mathrm{B}$,…,$S(\mathrm{FF})=48$,这里均为十六进制表示。

(2) 非线性变换 τ。以字为单位,由 4 个 S 盒构成,实质上是 S 盒的并行计算。例如,设输入字为 $X=(x_0,x_1,x_2,x_3)$,输出字为 $Y=(y_0,y_1,y_2,y_3)$,则 $Y=\tau(X)=(S(x_1),S(x_2),S(x_3),S(x_4))$。

(3) 线性变换 L。以字为单位,主要起扩散作用。设 L 的输入为字 X,输出为字 Y,则$Y=L(X)=X\oplus(X\lll 2)\oplus(X\lll 10)\oplus(X\lll 18)\oplus(X\lll 24)$

(4) 合成变换 T。以字为单位。由非线性变换 τ 和线性变换 L 符合。设输入为 X,输出为 Y,则有 $Y=T(X)=L(\tau(X))$。合成变换同时起到混淆和扩散的作用。

3. 轮函数的设计

SMS4 的轮函数以字为处理单位。设轮函数 F 的输入为(X_0,X_1,X_2,X_3),共 4 个字,128 位,轮密钥 K 为 32 位(1 个字)。SMS4 的轮函数如图 5.17 所示。

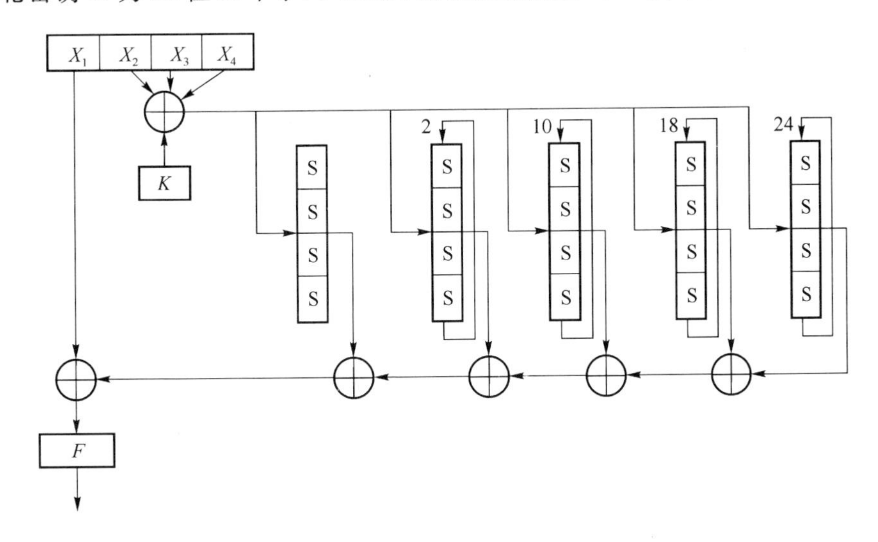

图 5.17 SMS4 的轮函数

即

$$F(X_0,X_1,X_2,X_3,K)=X_0\oplus T(X_1\oplus X_2\oplus X_3\oplus K)$$
$$=X_0\oplus L(\tau(X_1\oplus X_2\oplus X_3\oplus K))$$

若令 $B=X_1\oplus X_2\oplus X_3\oplus K$,则

$$F(X_0,X_1,X_2,X_3,K)=$$
$$X_0\oplus S(B)\oplus(S(B)\lll 2)\oplus(S(B)\lll 10)\oplus(S(B)\lll 18)\oplus(S(B)\lll 24)$$

4. 加密算法

共 32 轮加密,设输入明文为(X_0,X_1,X_2,X_3)4 个字,轮密钥为 K_i,$i=0,1,\cdots,32$,经过 32 轮运算后,输出密文(Y_0,Y_1,Y_2,Y_3)。SMS4 的加密算法如图 5.18 所示。

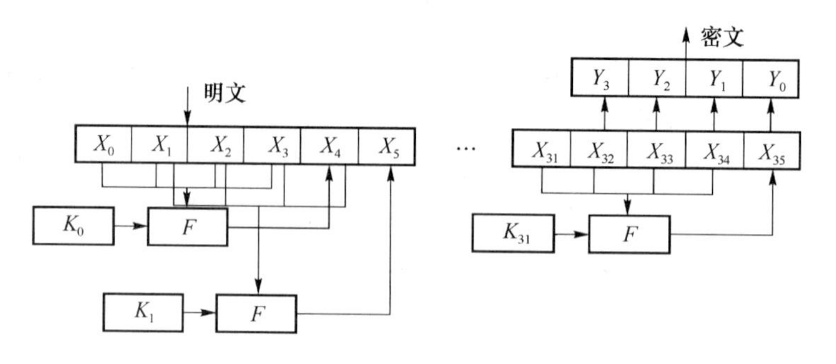

图 5.18 SMS4 的加密算法

即加密算法为

$$X_{i+4}=F(X_i,X_{i+1},X_{i+2},X_{i+3},K_i)$$
$$=X_i\oplus T(X_{i+1}\oplus X_{i+2}\oplus X_{i+3}\oplus K_i),i=0,1,\cdots,32$$
$$(Y_0,Y_1,Y_2,Y_3)=(X_{35},X_{36},X_{37},X_{38})$$

显然,这里的设计具有密文反馈和流密码的某些特定。

5. 解密算法

SMS4 算法是对合运算,所以加密解密结构相同,只是密钥的使用次序相反。

6. 密钥扩展

加密密钥为 128 位,需要 32 个 32 位的轮密钥,故需要使用密钥扩展算法。算法结构与加密算法类似,具体细节这里从略。

经测试,SMS4 可以抵抗差分分析、线性攻击等,且 SMS4 中 S 盒设计得相当好,在非线性度、自相关性、代数免疫性等方面有相当高的水平。

5.4.2 RC6 简介

RC6 是 RSA 公司提交给 NIST 的一个 AES 候选算法,由 Rivest、Robshaw、Sidney 和 Yin 提交,在 RC5 基础上设计的,可能是最简单的 AES 候选算法。明文分组为 128 bit,密钥可以为 128 bit、192 bit 或 256 bit,共进行 20 轮的加密。整个加密过程需要 44 个子密钥,这些密钥都是从初始的 128 bit 密钥通过一系列复杂运算生成。初始的 128 bit 密钥分成四个 32 位字,存放在 A、B、C、D 四个寄存器中,44 个子密钥存放在 $S[0]\sim S[43]$共 44 个寄存器数组中。

RC6 一般的表示方法如下:RC6-w/r/b。其中,w 为字长比特,r 为加密轮数,b 为加密密钥用字节表示的长度。

它用到的基本运算如下。

① 整数模 2^w 加和减,分别表示为"+"和"−"。

② 比特字的逐位模 2 加,表示为$\oplus$。

③ 整数模 2^w 乘,表示为×。

④ 循环左移 ROL,右移 ROR,分别表示为$\lll$和$\ggg$。

首先将 128 bit 的明文分组划分成 4 个 32 bit 的分组,分别存放在 A、B、C、D 中,44 个子密钥为 $S[0]\sim S[43]$,具体加密过程如下:

```
B = B + S[0]
D = D + S[1]
For i = 1 to r Do
{
      t = ROL(B × (2B + 1), log2 w)
      u = ROL(D × (2D + 1), log2 w)
      A = ROL(A⊕t,u) + S[2i]
      C = ROL(C⊕u,t) + S[2i + 1]
      (A,B,C,D) = (B,C,D,A) //一轮运算结束
A = A + S[2r + 2]
C = C + S[2r + 3]
```

对于 $w=32$ 的情况，$\log_2 w=5$。对于 $r=20$ 轮，最后两条语句即为 $A=A+S[42]$，$C=C+S[43]$。

最后(A,B,C,D)即为密文。图 5.19 给出了轮运算的示意图。其中 f 表示一个乘法和加法操作。

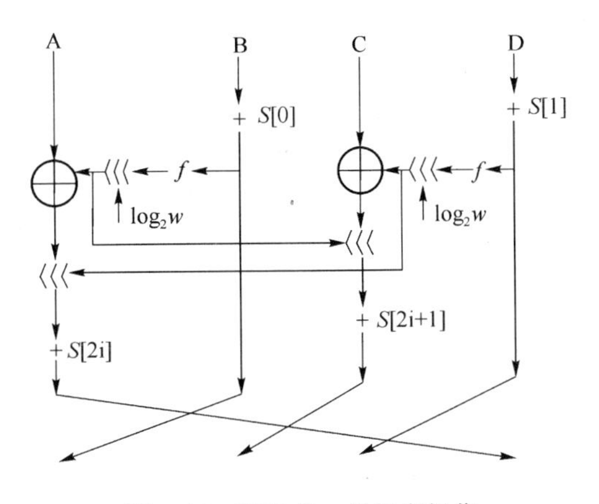

图 5.19　RC6 的一轮加密操作

和大多数加密算法不同，RC6 算法在加密过程中不需要查找表，加上算法中的乘法运算可以用平方代替，所以该算法对内存的要求很低，使得 RC6 特别适合在单片机上或 IC 卡上实现。其密钥长度为 128 bit，说明穷举搜索攻击并不可行。

关于子密钥的准备，首先对 $S[0]\sim S[43]$进行初始化，密钥生成算法中需要使用两个自然常数，一个是 e(自然对数)，另一个是 ϕ(黄金分割率)，子密钥扩展算法如下：

```
S[0] = b7e1519B
For i = 1 to 43
      S[i] = S[i-1] X 9e3779B9
A = B = i = j = 0
For k = 1 to 132
      A = S[i] = [S[i] + A + B] <<<3
      A = L[j] = [L[j] + A + B] <<<(A + B)
```

```
        i = i + 1 mod 44
        j = j + 1 mod 44
```

5.4.3 IDEA简介

IDEA(Internation Data Encryption Algorithm)出现在1990年,最初版本由瑞士联邦技术学院的来学嘉(X. J. Lai)和J. Messey公布。又称为PES(Proposed Encryption Standard)。IDEA不像DES那么普及,因为IDEA在美国和大多数欧洲国家得到专利保护,在商业中使用需要先取得许可证,非商业性使用则是免费的。著名的电子邮件加密PGP就是基于IDEA。

Lai和Massey在1992年改进了PES抗差分分析的能力,并改称为IDEA。IDEA的明文分组为64位,密钥为128位。IDEA基于“相异代数群上的混合运算”的设计思想,它采用了如下3种不同的代数群,将其混合使用,来实现混淆原则。用硬件和软件实现都很容易,且比DES在实现上快得多。用到的3种代数群如下:

(1) $2^{16}=65\,536$中逐位异或运算$\oplus$,构成一个群$(Z_{65\,536},\oplus)$。

(2) 16 bit整数mod $2^{16}=65\,536$的加法运算$\boxplus$,构成一个群$(Z_{65\,536},\boxplus)$。

(3) 16 bit整数mod $2^{16}+1=65\,537$的乘法运算$\odot$,构成一个群$(Z^*_{65\,537},\odot)$。

3个运算的混合作用,具有良好的非线性性。这三种运算的任何两个都不满足分配律和结合律。即有

$$a\boxplus(b\odot c)\neq(a\boxplus b)\odot(a\boxplus c)$$
$$a\boxplus(b\oplus c)\neq(a\boxplus b)\oplus c$$

IDEA的扩散和混淆由乘加(Multiplication/Addition, MA)结构实现。MA结构是I-DEA的基本单元(类似于DES的Feistel结构),在迭代中重复使用8次。该结构的输入是两个16 bit的子块X_1、X_2和两个16 bit的子密钥K_1、K_2,输出为两个16 bit的子块Y_1和Y_2。MA结构的变换过程为

$$Y_2=(X_1\odot K_1)\boxplus X_2)\odot K_2$$
$$Y_1=(X_1\odot K_1)\boxplus Y_2$$

MA结构如图5.20所示。

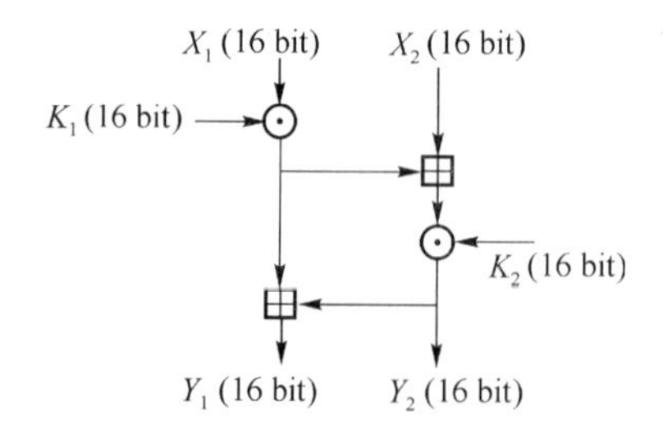

图5.20 MA结构

IDEA的密钥长度为128位,能抵御穷举搜索攻击。同时,能抵御差分密码分析,在8轮运算中的第4轮后,就对差分分析完全免疫了。IDEA运算群具有很强的非线性性,再加上MA结构,IDEA具有很强的抗线性攻击能力。但是,IDEA主要为方便16位CPU实现而设计,所有的操作都是针对16位的数据块,采用16位运算,32位和64位CPU实现起来不太方便。

5.5 分组密码的工作模式

分组密码是将消息分成固定长度的数据块(分组)来逐块处理的。通常,大多数消息的长度都大于分组密码的分组长度,长的消息被分成一系列连续排列的分组后,分组密码算法一次处理一个分组。于是,在实际应用中,人们设计了许多不同的块处理方式,称为分组密码的工作模式。

工作模式通常是基本的密码模块、反馈和一些简单的运算的组合,本质上说,工作模式是一项使密码算法适应实际应用的应用技术。工作模式的运算应当简单,不会明显减低基本分组密码自身的效率,并易于实现。同时工作模式不应当损害基本分组密码算法的安全性。

NIST 在 FIPS81 中定义了 4 种工作模式,后来由于新的应用和要求,在 800-38A 标准中将推荐的工作模式扩展为 5 个。表 5.14 对这 5 种工作模式进行了概括,后面将对每一种模式简要介绍。

表 5.14 分组密码的工作模式

模式	描述	典型应用
电子密码本(ECB)	用相同的密钥分别对明文组加密	单个数据的安全传输(如一个密钥)
密码分组链接(CBC)	加密算法的输入是上一个密文组和下一个明文组的异或	1. 普通目的的面向分组的传输 2. 认证(鉴别)
密码反馈(CFB)	一次处理 j 位,上一分组密文作为加密算法的输入,用产生一个伪随机数输出与密文异或作为下一个分组的输入	1. 普通目的的面向分组的传输 2. 认证(鉴别)
输出反馈(OFB)	与 CFB 基本相同,只是加密算法的输入是上一次加密的输出	噪声信道上的数据流的传输(如卫星通信)
计数器(CTR)	每个明文分组都与一个加密计数器相异或。对每个后续分组计数器递增	1. 普通目的的面向分组的传输 2. 用于高速需求

5.5.1 ECB 模式

ECB(Electronic Code Book,电子密码本模式)是最简单的一种分组加密模式,如图 5.21 所示。

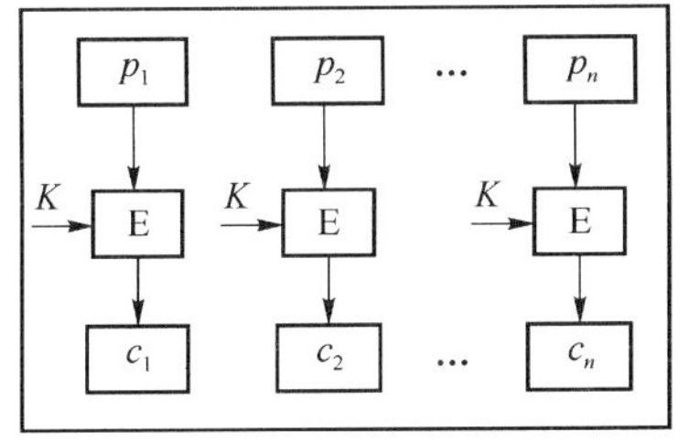

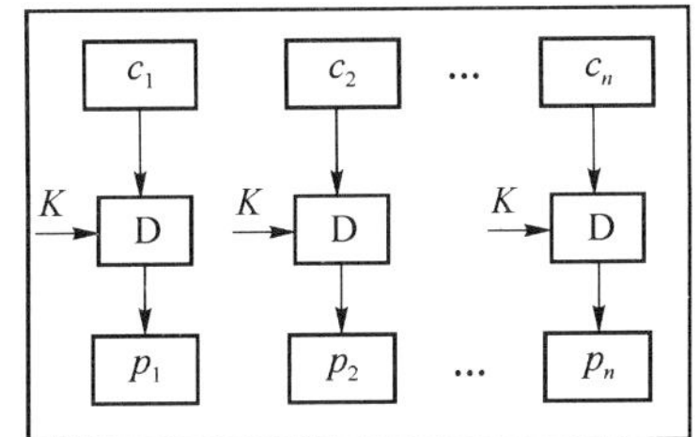

图 5.21 ECB 模式

即

$$c_i = E_k(p_i)$$

$$p_i=D_k(c_i),1\leqslant i\leqslant n$$

其中,p_i,c_i,k 分别为明文分组、密文分组和密钥;n 为分组的个数;$E(\cdot)$,$D(\cdot)$分别为加密函数和解密函数。

ECB 的优点是简单高效,可以实现并行操作。ECB 有良好的差错控制,一个密文块(或明文块)的改变,在解密(或加密)时,只会引起相应的明文块(或密文块)的改变,不会影响其他明文块(或密文块)的改变。

ECB 的最大特性是明文中相同的分组,在密文也是相同的。这也是其缺点,因为这样在加密长消息时,敌手可能得到多个明文密文对,进行已知明文攻击。

因此,ECB 特别适合加密的数据随机且较短的情形,如加密一个会话密钥。

5.5.2 CBC 模式

为避免 ECB 中的安全缺陷,可以引入某些反馈机制。例如,将前一个分组的加密结果反馈到当前分组的加密中。这样,每个密文分组不仅依赖于产生它的明文分组,也依赖于所有前面的明文分组,从而相同的明文分组的密文分组不同。

但是,简单的引入反馈,如果两个消息前面部分的明文分组全部相同,则密文也还是会出现相同的前面部分,即密文的不同是从明文中首次出现不同的位置开始的。为了使得加密的结果一开始就出现不同,或者说使得相同的消息也有不同的密文,引入了初始向量(Initial Vector, IV)。IV 的不同,使得相同的消息有不同的密文。CBC 模式如图 5.22 所示。

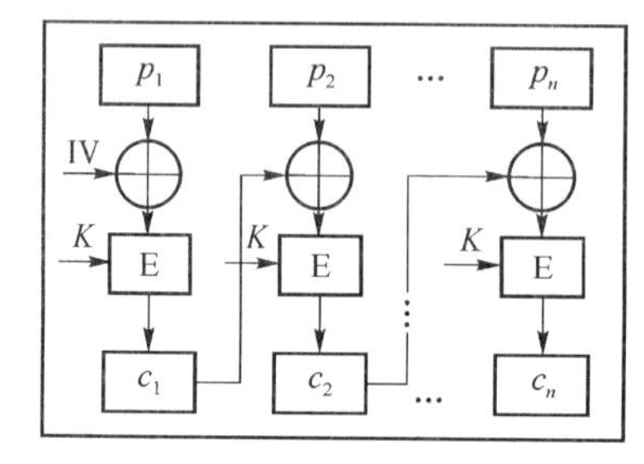

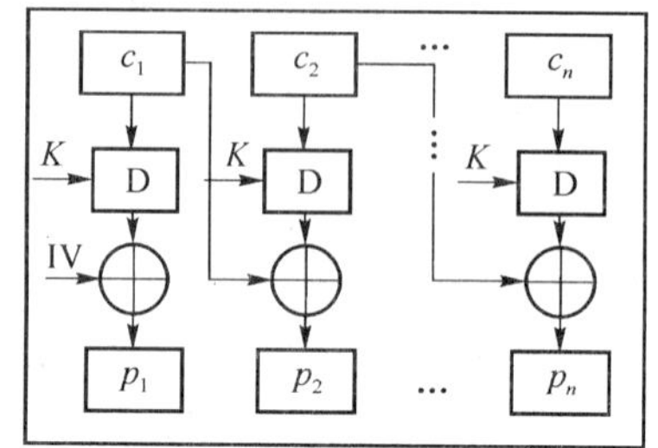

图 5.22 CBC 模式

即

$$c_i=E_k(p_i\oplus c_{i-1})$$

$$p_i=D_k(c_i)\oplus c_{i-1},1\leqslant i\leqslant n,c_0=\text{IV}$$

通常,IV 应该加以保密,如用传输时 ECB 加密来保护 IV。

思考 5.10:为什么与密文一起传输的 IV 需要加密保护?

中间截获者可以通过改变 IV 来改变第一个明文分组的解密值,因为解密时,有

$$p_1=\text{IV}\oplus D_k(c_1)$$

中间截获者修改 IV 的某一位,可以改变 p_1 中的相应位。

由于引入了反馈机制,因而一个分组的错误将有可能对其他分组造成影响。这种一个错误导致多个错误的现象叫错误扩散。错误扩散可分为明文错误扩散(加密错误扩散)和密文错误扩散(解密错误扩散)。明文错误扩散指加密前明文中的错误度解密后得到的明文的影响。密文错误扩散是指加密后的密文中的某个错误对解密后得到的明文分组的影响。

思考 5.11:CBC 是否有明文错误扩散和密文错误扩散?

使用 CBC 时，虽然明文分组中发生的错误将影响对应的密文分组以及其后的所有密文分组，但由于解密会反转这个过程，所以解密后的明文也仍然只是那一个分组有错误。因而，CBC 没有明文错误扩散。

由于信道噪声或存储介质的损害，接收方得到的密文中某个分组出现错误，该错误的分组只会影响对应的解密明文的分组，以及其后的一个解密明文的分组。因此，CBC 的密文错误扩散是很小的。

同 EBC 一样，CBC 不能自动恢复同步错误。如果密文中偶尔丢失或添加一些数据位，那么整个密文序列将不能正确地解密，除非有帧结构能够重新划分和排列分组的边界。

CBC 对于加密长于 64 bit 的消息非常合适。另外，CBC 除了能用于保密性外，还能用于认证。

5.5.3 CFB 模式

EBC 和 CBC 都必须将一个分组接收完才能进行加解密，如 DES，需要等 64 bit 全接收完了才能开始加密。如果需要实时加密，如网络环境中，当终端输入一个字符，需要马上加密传给主机。这时需要使用序列密码。使用 CFB 和后面的 OFB，可以将分组密码转变为序列密码，变成面向字符的流密码工作模式。

与 CBC 一样，引入反馈机制，CFB 的密文块是前面所有明文块的函数。CFB 模式如图 5.23 所示。

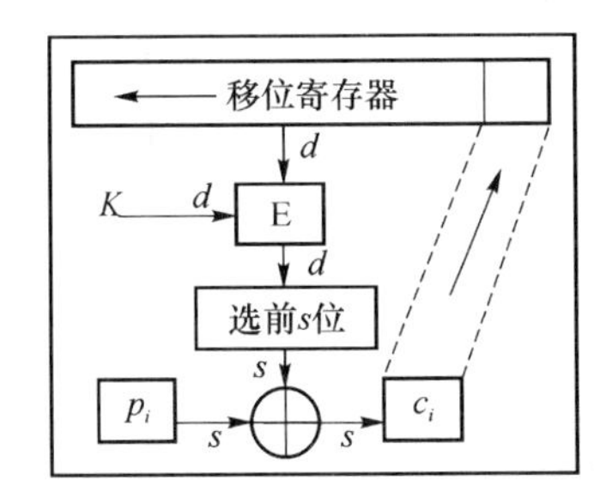

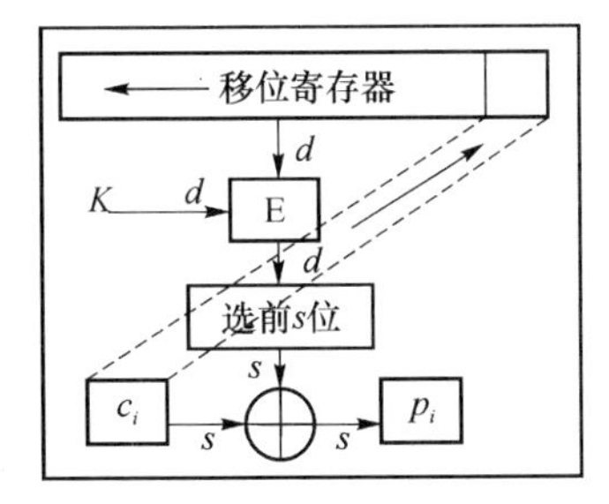

图 5.23 CFB 模式

即加密过程为

$$k_i = E_k(\mathrm{rgst}_{i-1})$$

$$c_i = p_i \oplus k_i[s] \quad (\mathrm{rgst}_0 = \mathrm{IV}, 1 \leqslant i \leqslant n)$$

$$\mathrm{rgst}_i = \{\mathrm{rgst}_{i-1} \langle\langle\langle_s \parallel c_i\}$$

这里，$\mathrm{rgst}_{i-1}(1 \leqslant i \leqslant n)$表示移位寄存器保存的值；$\langle\langle\langle_s$ 表示左移 s 位。其实，分组加密 E_k 实质上起到生成密钥流的作用，每次密钥流(k_i，一个分组)生成后，选择前 s 比特(用 $k_i[s]$表示)进行加密，产生的密文 c_i 作为反馈，添加到移位寄存器尾部，这里假设寄存器长度和加密算法输入一样长，显然$|c_i| = s$。

解密过程如下：

$$k_i = E_k(\mathrm{rgst}_{i-1})$$

$$p_i = c_i \oplus k_i[s] \quad (\mathrm{rgst}_0 = \mathrm{IV}, 1 \leqslant i \leqslant n)$$

$$\mathrm{rgst}_i = \{\mathrm{rgst}_{i-1} \langle\langle\langle_s \parallel c_i\}$$

值得注意的是：解密时将收到的密文单元与加密函数的输出进行异或，这里仍然使用加密函数 E_k，而不是解密函数。原因是加密函数只是起密钥产生的作用，故解密时还是使用加密函数。

思考 5.12：由于有反馈，CFB 的错误扩散如何呢？

明文分组的一个比特反转会影响所有后面所有的密文，但是解密出的明文还是那个分组错误，故没有明文错误扩散。但是，密文分组中一个比特的反转，将影响以此密文分组生成的密钥流解密的明文。直观地说，只要错误的密文分组在寄存器中，则最终解密的明文分组将会错误。例如，若密文反馈 s 为 8 bit，使用 DES 加密算法（64 位加密），则密文中 1 bit 的错误将会是最终解密的明文有 9 个字节错误。一般地，若寄存器长度为 d 位，密文反馈为 s 位，则明文中有 $d/s+1$ 个分组错误（这里认为 d 是 s 的倍数）。这 9 个字节后，解密恢复正常，因此，CFB 是自同步序列密码算法的典型例子。

CFB 除能用于保密性外，还能用于认证。

5.5.4 OFB 模式

OFB 与 CFB 相似，只是反馈的不是密文，而是输出的密钥流的前 s 比特。这种反馈机制称为“内部反馈”，因为是独立于明文和密文而存在的。因此，它也是基于分组密码的同步序列密码算法的一个例子。OFB 的图示如图 5.24 所示。

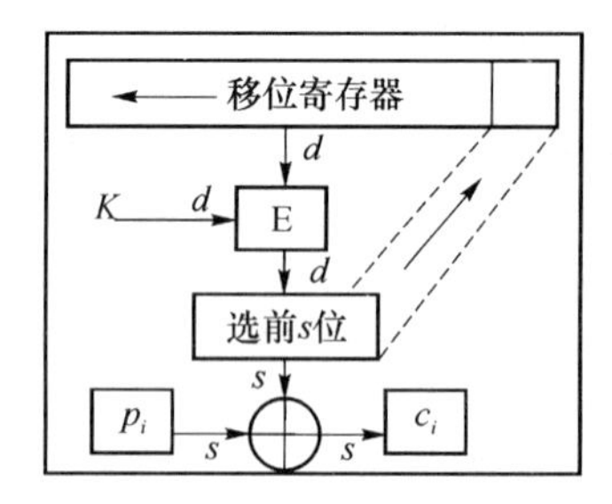

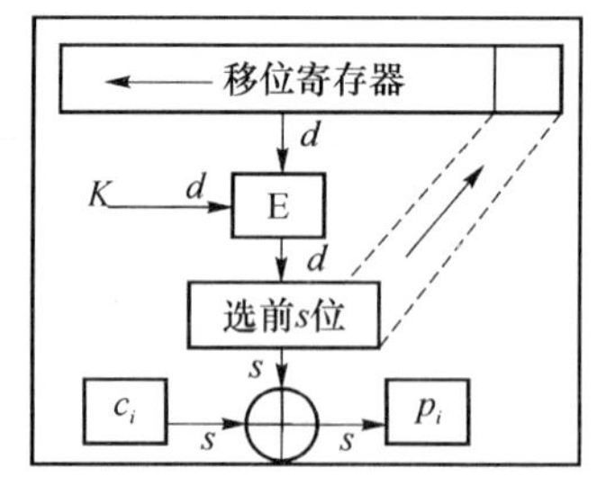

图 5.24 OFB 模式

加密过程如下：

$$k_i = E_k(\mathrm{rgst}_{i-1})$$
$$c_i = p_i \oplus k_i[s] \quad (\mathrm{rgst}_0 = \mathrm{IV}, 1 \leqslant i \leqslant n)$$
$$\mathrm{rgst}_i = \{\mathrm{rgst}_{i-1} \lll_s \| k_i[s]\}$$

解密过程如下：

$$k_i = E_k(\mathrm{rgst}_{i-1})$$
$$p_i = c_i \oplus k_i[s] \quad (\mathrm{rgst}_0 = \mathrm{IV}, 1 \leqslant i \leqslant n)$$
$$\mathrm{rgst}_i = \{\mathrm{rgst}_{i-1} \lll_s \| k_i[s]\}$$

只要 IV 是相同的，就确保了密钥流一致，即使密文分组传递过程中出现了错误，也只是影响相应的明文分组。反过来说，失去同步（即移位寄存器没有保持一致）将是致命的。因此，任何使用 OFB 的系统必须有检查是否失去同步的机制，并用新的 IV 填充双方的移位寄存器恢复同步。

OFB 的一个缺点是如果密文某个位反转，则相应的明文那一位也反转。这一缺点有可能被攻击者利用。

5.5.5 CTR模式

CTR(计数器)模式在IPSec中发挥了重要作用。如图5.25所示,计数器长度与明文分组长度相同,加密不同明文分组所用的计数器值必须不同,以使得相同的明文分组有不同的密文分组。从本质上说,CTR模式就是使用计数器产生密钥流加密明文。

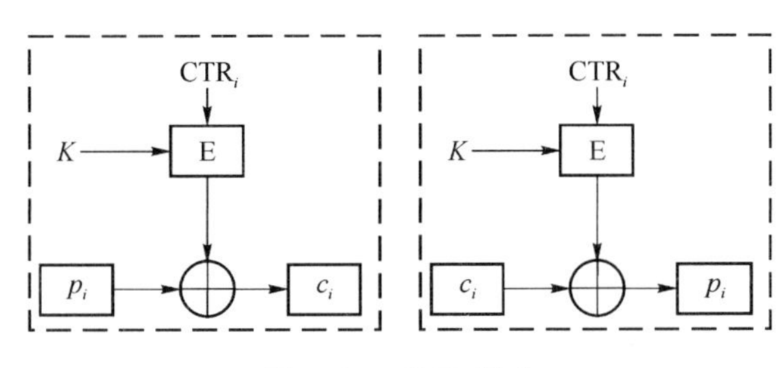

图5.25 CTR模式

加密过程如下:

$$k_i = E_k(\mathrm{CTR}_i)$$
$$c_i = p_i \oplus k_i, 1 \leqslant i \leqslant n$$

解密过程如下:

$$k_i = E_k(\mathrm{CTR}_i)$$
$$p_i = c_i \oplus k_i, 1 \leqslant i \leqslant n$$

一个简单的使T_i不同的方法是:$\mathrm{CTR}_i = \mathrm{CTR}_{i-1} + 1, 2 \leqslant i \leqslant n$。

CTR具有以下优点。

(1) CTR可以并行,但存在反馈或链接的工作模式都不能并行,必须依次执行。因此CTR具有较高软件和硬件效率。并行性也意味着密文间的独立性,这意味着可以处理某个分组的密文使得随机访问某个明文分组。

(2) 可以预处理。加密算法的执行不需要明文或密文的输入,密钥流可以事先准备,只要有足够的存储器。

(3) 和CFB和OFB一样,不需要分组密码的解密算法,只需要加密算法,这对某些加密和解密不同的分组加密算法(如AES)而言,是有优势的。

另外,还有一些模式是多个模式的组合使用,如CCM模式是CTR模式用于加密,CBC模式用于认证的组合使用,例如在无线局域网安全协议IEEE802.11i中使用了这种组合。

小　　结

本章首先介绍了分组密码的一般模型,基本设计原理(乘积密码,扩散,混淆),基本设计结构(迭代结构,Feistel结构,SP网络),设计准则。然后通过案例学习DES讲解了这些设计原理,介绍了DES的总体结构,轮函数设计,S盒设计原则,对合性,密钥编排,多重DES的安全性(中间相遇攻击)。通过案例学习AES讲解了AES的设计思想和设计结构。介绍了其他分组密码的关键设计,如SMS4、RC6和IDEA等。详细介绍了分组密码的5种工作模式。本章内容总结如下。

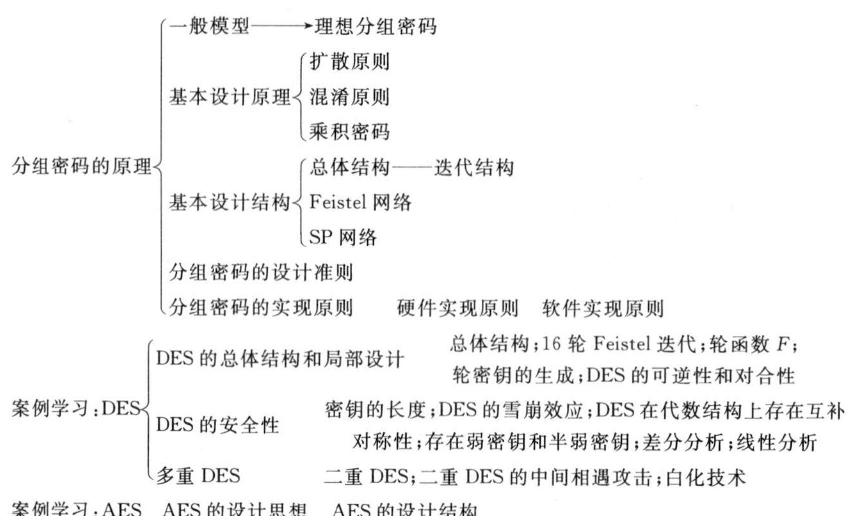

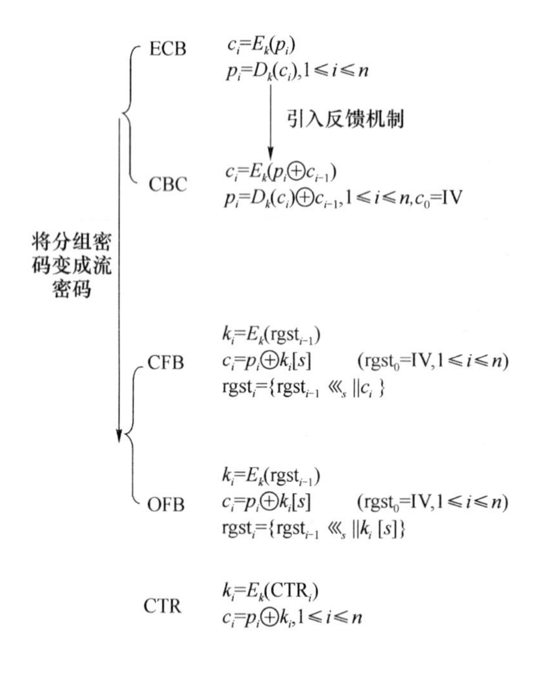

优点：简单高效，可并行，无错误扩散，适于加密短密钥（密钥传递）。
缺点：相同明文分组的密文相同。

优点：密文错误扩散小（影响后1个分组），还可用于认证。
缺点：同ECB一样，不能自动恢复同步错误，不可并行。

优点：自同步，密文错误扩散（影响 d/s 个分组），还可用于认证。
缺点：不可并行。

优点：无密文错误扩散。
缺点：不可并行，不能失去同步。

优点：可并行，可预处理，无密文错误扩散。
缺点：保证CTR状态，不能失去同步。

有反馈，不能并行

仅需分组密码的加密操作

本章的重点是分组密码的基本设计原理、基本设计结构、DES 分组加密的总体结构和局部设计、多重 DES、分组密码的工作模式。难点是 DES 的安全性分析、AES 的有限域运算方法。

扩展阅读建议

继美国征集 AES 的活动之后，欧洲在 2000 年 3 月启动了 NESSIE(New European Schemes for Signatures, Integrity and Encryption)计划，目的是为了推出一系列安全的密

码模块，保持欧洲在密码研究领域的领先地位并增强密码在欧洲工业中的应用。和 AES 相比，NESSIE 涉及的范围更广，不仅征集分组密码，而且还征集流密码、公钥密码、消息鉴别码以及 Hash 函数。整个运作过程也是公开透明的。

2000 年 11 月，NESSIE 公布了征集到的 17 个分组密码算法。经过一年左右的评估，2001 年 9 月，NESSIE 公布了第一轮评选出的 7 个分组密码算法：IDEA、Khazad、Misty 1、Safer＋＋、Camellia、RC6、Shacal（包括 Shacal-1 和 Shacal-2）。最终 NISSIE 计划推荐了 4 种标准，分别是 64 bit 分组密码 MISTY1、128 bit 分组密码 AES 和 Camellia、256bit 分组密码 SHACAL-2。另一个具有较大影响的分组密码算法是 KASUMI，是第三代移动通信中使用的算法，在 MISTY1 基础改进而成。另外值得关注的专著是：

1. 冯登国，吴文玲. 分组密码的设计与分析. 北京：清华大学出版社，2000.

2. 李超，孙兵，李瑞林. 分组密码的攻击方法与实例分析. 北京：科学出版社，2010.

3. (美)斯文森. 现代密码分析学—破译高级密码的技术. 黄月江，祝世雄，译. 北京：国防工业出版社，2012.

第6章 Hash函数和消息鉴别

第 2 章古典密码，第 4 章序列密码，第 5 章分组密码，均是讨论数据的保密性问题。在安全需求中还有一个需求，就是数据的完整性，可使用 Hash 函数来完成。

Hash 函数是密码学中一个重要的工具，它将任意长度的输入变换为固定长度的输出。这种变换是单向的，即不可逆的。Hash 函数在数字签名(第 9 章)、消息完整性检测、消息鉴别码等方面有广泛的应用。本章将首先介绍 Hash 函数的基本概念，然后详述 Hash 函数的构造和消息鉴别码。

6.1 Hash 函数

6.1.1 Hash 函数的概念

定义 6.1 Hash 函数又称为散列函数、哈希函数、杂凑函数等，是一个从消息空间到像(Image)空间的不可逆映射。同时，Hash 函数可将“任意长度”的输入经过变换得到固定长度的输出，所以 Hash 函数是一种具有压缩特性的单向函数，有时也称为数字指纹(Digital Fingerprint)、消息摘要(Message Digest)或者散列值、杂凑值。其计算过程可表示为

$$h=H(x)$$

令 A 表示字母表，$A^*=\sum_{i\geqslant 0}A^i$ 是任意长度消息的集合，对于任意 $x\in A^*$，称 h 是 x 的散列值，H 是 Hash 函数 $H:A^*\rightarrow A^n$，具有以下性质。

(1) H 可用于“任意”长度的消息，这里“任意”指现实中存在的长度。

(2) H 产生定长的输出。

(3) 可用性。对“任意”给定的消息 x，计算 $H(x)$ 比较容易，用硬件和软件均可实行。

(4) 单向性。又称为抗原像性(Pre-image Resistance)，对任意给定的散列值 h，找到满足 $H(x)=h$ 的消息 x 在计算上是不可行的(Intractable)。

(5) 抗弱碰撞性。又称为抗第二原像性(Second Pre-image Resistance)，对任何给定的消息 x，找到满足 $x'\neq x$，且 $H(x')=H(x)$ 的消息 x' 在计算上是不可行的。

(6) 抗强碰撞性。找到任何满足 $H(x)=H(x')$ 的偶对 (x,x') 在计算上是不可行的。

思考 6.1:单向性、抗弱碰撞性、抗强碰撞性之间三种安全性的比较。哪个安全性要求最高,哪个最低?

(1) 如果 Hash 函数 H 是抗强碰撞的,则 H 一定是抗弱碰撞的。

证明:证明非常简单,但是可以体现出现代密码学中一个非常重要的思想——"规约",故在这里给出,提供一个体会"规约"方法的机会。

证明逆否命题,即如果 H 不是抗弱碰撞的,则 H 不是抗强碰撞的。换句话说,可以利用 H 不是抗弱碰撞的,构造一个子函数,该子函数被主函数调用,主函数用来寻找强碰撞(即 x 和 x',满足 $H(x)=H(x')$)。假设子函数为 Find-Second-Preimage(h,x),输入为 h 和 x,返回 x 的第二原像 x'。构造一个主函数 Find-Collisions(H),用来返回两个不同的值 x 和 x',具有相同的散列值。

```
Find-Collisions(H)                         //发现并返回函数 H 的碰撞
{
    均匀随机的选择 x∈A*
    x′ = Find-Second-Preimage(H,x)         //发现函数 H 关于 x 的第二原像
    return(x,x′)
}
```

■

(2) 但是,H 抗强碰撞,不一定有 H 是单向的。这里给出一个例子。

设 g 是抗强碰撞的 Hash 函数,令

$$H(x)=\begin{cases}1\parallel x, & |x|=n\\ 0\parallel g(x), & |x|\neq n\end{cases}$$

容易验证该函数是一个抗强碰撞的,但不是单向的。

将该命题放宽,即探究当 H 抗强碰撞与 H 为单向之间是否存在某种关系。有如下定理。

定理 6.1 假定 $H:X\rightarrow Y$ 是一个 Hash 函数,$|X|\geqslant 2|Y|$ 且是有限的,假定存在一个求 H 函数的原像的$(1,q)$算法,则存在一个求 H 函数碰撞的$(1/2,q+1)$算法。

证明:再次体会"规约"的思想。利用假设条件作为子函数,构造一个算法返回碰撞。

```
Find-Collisions(H)              //发现函数 H 的碰撞
{
    均匀随机的选择 x∈X
    y←H(x)
    x′ = Find-Preimage(H,y)     //发现函数 H 关于 y 的原像
    if x′≠x
        return(x,x′)
    else
        return(Failure)
}
```

该算法可能发现碰撞,也可能不发现碰撞,要么不回答(即返回失败),要么回答必然是

正确的(即返回两个碰撞的原像)。可见,这是一个 Las Vegas 算法。

如果 q 次问询,能够以概率 1 返回一个前像,则再做一次问询,有 1/2 的概率得到一对碰撞值。下面证明为什么概率(至少)是 1/2。

设 Y 中元素为$\{1,2,\cdots,C\}$,对应的具有相同像的 x 表示为集合 $X_1,X_2,\cdots,X_C$,若满足条件 if $x'\neq x$,则概率为返回的 x'在集合 X_i 中,但是又不是 x,于是有$|x_i|-1$ 种可能性,总概率为

$$\frac{\sum_{i=1}^{i=C}(|X_i|-1)}{|X|}=\frac{\sum_{i=1}^{i=C}|X_i|-C}{|X|}=\frac{|X|-|Y|}{|X|}\geqslant\frac{|X|-|X|/2}{|X|}=1/2 \quad \blacksquare$$

Hash 函数的弱抗碰撞性保障了数据完整性,例如在发布软件供人下载时,需要保证发布的软件没有改动,于是在公布软件的同时,也公布软件的散列值(例如 MD5 值),由于抗碰撞性,无法找到散列值的第二原像,于是软件无法更改(一旦更改,便会有不同的散列值)。

6.1.2 Hash 函数的一般模型

Hash 函数的构造关键在于如何将长度不限的输入变换成定长的输出,通常的办法是迭代压缩,即反复使用压缩函数。图 6.1 所示为 Hash 函数的一般模型,由 3 个部分组成:预处理,迭代处理和输出变换。

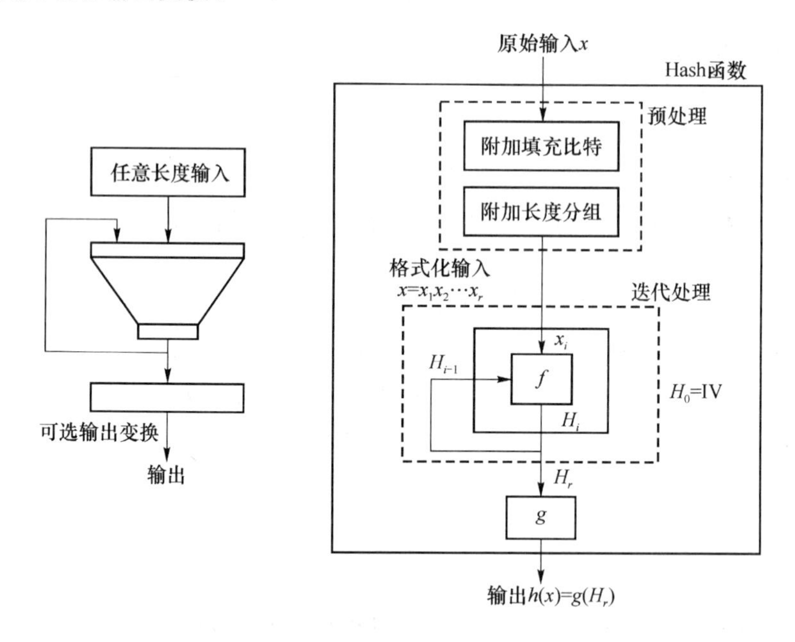

图 6.1 迭代 Hash 函数的处理过程

设 $f:\{0,1\}^{m+t}\rightarrow\{0,1\}^m,t\geqslant1$ 是一个压缩函数(Compression Function),显然压缩了 t 个比特。通常计算消息 x 的散列值 $h(x)$可分为 3 步。

1. 预处理

用一个公开算法在消息 x 的右方添加若干比特,得到比特串 y,使得 y 为长度 t 的整数倍。即 $y=x\parallel \mathrm{pad}(x)=y_1\parallel y_2\parallel\cdots\parallel y_r$。其中$|y_i|=t(i=1,2,\cdots,r)$,pad($x$)称为填充函

数。典型的填充函数是先添加 x 的长度 $|x|$ 的值，再添加若干比特（如0）。（后面在Merkle-Damgard变换中将解释这样填充的原因。）

2. 迭代处理（反复利用压缩函数）

设 $H_0=\mathrm{IV}$ 是一个长度为 m 的初始比特串。重复使用压缩函数 f，依次计算

$$H_i=f(H_{i-1}\parallel y_i),\quad i=1,2,\cdots,r$$

3. 输出变换

设 $g:\{0,1\}^m\to\{0,1\}^n$ 是一个公开函数，令

$$h(x)=g(H_r)$$

在预处理阶段，必须保证 $x\to y$ 是单射。因为如果预处理变换不是单射，则存在 $x\neq x'$，使得 $y=y'$，从而 $h(x)=h(x')$，即可以找到 h 的碰撞。

使用任意抗碰撞的压缩函数，都可以使用该迭代方法构造一个抗碰撞的Hash函数。这样，设计安全的Hash函数问题，就转化为设计有固定长度输入的抗碰撞压缩函数问题。

6.1.3 Hash函数的一般结构（Merkle-Damgard变换）*

Merkle-Damgard变换可将任意抗碰撞压缩函数转换为能处理任意输入长度的抗碰撞Hash函数，在实践中它被广泛使用在Hash函数的构造中，例如，包括MD5、SHA1等目前广泛使用的大多数Hash函数均采用这种结构。它由Merkle和Damgard分别独立提出。

Merkle-Damgard变换的构造如下（如图6.2所示）。令 f 是一个压缩函数，其输入量长度为 $m+t$，输出量长度为 m。如下构造Hash函数 H，其输入为长度为 L 的比特串 $x\in\{0,1\}^*$，输出的长度为 m。步骤如下。

(1) 设 $B=\left\lceil\frac{L}{t}\right\rceil$（即 x 中分块的数量）。用0把 x 的长度填充成 t 的倍数，将填充后的 x 按长度为 t 比特的分块进行解析 $x_1,\cdots,x_B$，令最后一个分块为 x_{B+1}，为 L 的二进制表示，长 t 比特。

(2) 设 $z_0:=0^m$。

(3) 对于 $i=1,\cdots,B+1$，计算 $z_i=f(z_{i-1}\parallel x_i)$。

(4) 输出 z_{B+1}。

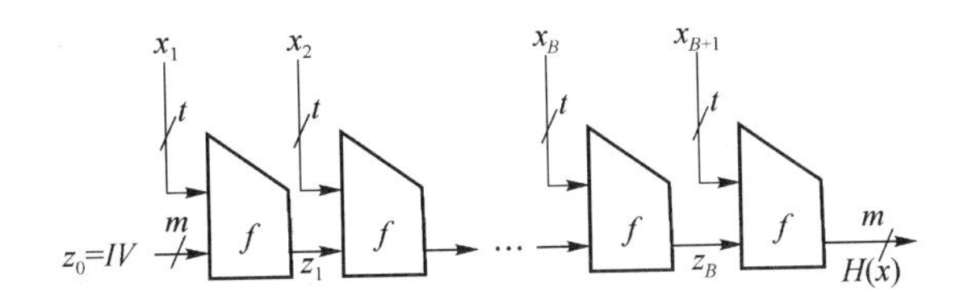

图6.2 Merkle-Damgard变换

将 x 的长度限制在最大值为 2^t-1 上，这样它的长度 L 能够被长为 t 的比特所表示。在最后加上长度分块，十分关键（原因见后面的证明），称为Merkle-Damgard强化。初始矢量值 z_0 是任意的，它可以被任何常量代替。这个值通常被叫作IV。

下面讨论Merkle-Damgard变换的安全性。Merkle-Damgard变换的安全性的直观解释是有两个不同的比特串x和x',如果它们在H中发生碰撞,在对$H(x)$和$H(x')$的计算中,必有不同的中间值$z_{i-1}\|x_i$和$z'_{i-1}\|x'_i$,满足$f(z_{i-1}\|x_i)=f(z'_{i-1}\|x'_i)$。换句话说,若以$f$为压缩函数的碰撞存在时,$H$中的碰撞才发生。在下文的证明中显示,如果$f$中没有碰撞,那么就会有$x=x'$(与$x$和$x'$在$H$中碰撞的假设相违背)。现在开始证明。

定理6.2 如果h是一个抗碰撞压缩函数,那么H是一个抗碰撞散列函数。

证明:证明H中的碰撞导致了f中的碰撞。假设x和x'是两个不同的串,它们的长度分别为L和L',满足$H(x)=H(x')$。假设$x_1,\cdots,x_B$是x经过填充后的B个分块,再假设$x'_1,\cdots,x'_{B'}$是x'经过填充后的B'个分块。$x_{B+1}=L$和$x'_{B+1}=L'$。下面有两种情况需要考虑。

(1) 情况一:$L\neq L'$。在这种情况下,计算$H(x)$的最后一步是$z_{B+1}:=f(z_B\|L)$,计算$H(x')$的最后一步是$z'_{B'+1}:=f(z'_{B'}\|L')$。既然有$H(x)=H(x')$,那么就有$f(z_B\|L)=f(z'_{B'}\|L')$。然而,$L\neq L'$,所以$z_B\|L$和$z_{B'}\|L'$就是在$f$中发生碰撞的两个串。

(2) 情况二:$L=L'$,这意味着$B=B'$且$x_{B+1}=x'_{B+1}$。假设z_i和z'_i是计算$H(x)$和$H(x')$的中间值。既然有$x\neq x'$,但是又有$|x|=|x'|$,这就至少存在一个索引$i(1\leqslant i\leqslant B)$,使得$x_i\neq x'_i$。假设$i^*\leqslant B+1$是满足$z_{i^*-1}\|x_{i*}\neq z'_{i^*-1}\|x'_{i^*}$的最大索引。如果$i^*=B+1$,那么$z_B\|x_{B+1}$和$z'_B\|x'_{B+1}$就是在$f$中发生碰撞的两个不同串。因为

$$f(z_B\|x_{B+1})=z_{B+1}=H(x)=H(x')=z'_{B+1}=f(z'_B\|x'_{B+1})$$

如果$i^*\leqslant B$,那么i^*的最大值就意味着$z_{i^*}=z'_{i^*}$。因此,又一次有$z_{i^*-1}\|x_{i^*}$和$z'_{i^*-1}\|x'_{i^*}$,这就是在f中发生碰撞的两个不同的串。 ■

思考6.2:当拥有多个Hash函数时,能否构造新的Hash函数?

这个问题引出级联Hash函数的概念:如h_1,h_2都是抗碰撞的Hash函数,则$h(x)=h_1(x)\|h_2(x)$是抗碰撞的Hash函数。证明留作练习。

6.1.4 Hash函数的应用

1. 数据完整性

典型的应用是保证数据完整性,这里的数据通常指保存在系统中的数据,不涉及通信。首先得到程序或者文档的散列值,即"数字指纹",并存放在安全的地方。然后,定时计算程序和文档的散列值,并与原来保存的"数字指纹"进行比较,如果相等,说明程序和文档是完整的,否则,说明程序或文档已被篡改。这样可以发现病毒入侵或者入侵者对程序和文档的改动。这一思想在可信计算中得到应用。

其实,如果把Hash函数分为有密钥的Hash函数(密码学Hash函数)和无密钥的Hash函数(一般Hash函数)的话,数据完整性通过无密钥的Hash函数即可完成。这也称为消息摘要(Message Digest)、数据完整性校验(Data Integrity Check)、校验和(Checksum)等。

2. 数字签名

在进行数字签名(详见第9章)之前,先将消息进行散列再签名,这样可以提高签名的速度。可以不泄露签名所对应的消息,将消息散列值公开用于验证消息,而不是另外将消息公

开，这样消息可以保密。有些签名方法 RSA，对消息的长度有一定要求，所以为了对任意消息签名，必须先进行散列。

3. 消息鉴别码

Hash 函数和对称加密体制相结合，可以提供消息鉴别码，用于两个目的：消息完整性保护，对消息来源的鉴别。（详见第 6.3 节）

4. 基于口令的身份识别

通过 Hash 函数生成口令的散列值，然后在系统中保存用户的 ID 和对应的口令散列值，而不是保存口令本身，有利于提高系统的安全性。当用户进入系统输入口令时，系统计算口令的散列值并与保存的口令散列值进行比较，当两者相等时，说明口令是正确的，允许用户进入系统，否则系统将拒绝。由于 Hash 函数具有单向性，已知口令的散列值无法得知口令，从而保证了认证的安全性。另外，只存储口令的散列值，使得即使系统管理员或者黑客入侵系统，也无法得到用户的口令，保证用户口令存储的安全性。（详见第 10.2 节基于口令的认证协议。）

其他的应用包括非交互零知识证明，比特承诺协议，伪随机数生成，随机预言模型，公平投币等。

6.1.5 Hash 函数的安全性（生日攻击）

敌手攻击 Hash 函数的目标如下。

(1) 攻击单向性（攻击抗原像）：给定 Hash 函数的散列值 y，找到一个原像 x，使得$y=h(x)$。

(2) 攻击抗弱碰撞性（攻击抗第二原像）：给定一对$(x,h(x))$，找到第二原像 x'，使得$h(x')=h(x)$。

(3) 攻击抗强碰撞性：找到任意两个输入 x,x'，使得 $h(x)=h(x')$。

通常对敌手而言，强碰撞是最容易的，所以强碰撞是 Hash 函数最容易受到的攻击。为了攻击 Hash 函数发生强碰撞的概率，先了解生日迷题，并由此引出的生日攻击。

生日迷题是指：假定每个人的生日是等概率的，不考虑闰年的情况，在 k 个人中至少有两个人的生日相同的概率大于 1/2，问 k 的最小值是多少？

计算结果与人的直觉相差很大，因此有地方称为生日迷题或生日悖论（Birthday Paradox）。把每个人的生日看成[1,365]中的随机变量，则 k 个人生日重复的概率为

$$p=1-(1-1/365)(1-2/365)(1-(k-1)/365)$$

由于 $e^{-x}=1-x+x^2/2!+x^3/3!+\cdots$，当 x 较小时有 $1-x=e^{-x}$（这里 $x=1/365$ 较小），不妨用 N 表示 365，因此，有

$$1-p\approx\prod_{j=1}^{k-1}e^{-k/N}=e^{-k(k-1)/2N}$$

即

$$k^2-k\approx-2N\ln(1-p)$$

当 N 比 k 大很多时，忽略一次项 k，得

$$k \approx \sqrt{-2N\ln(1-p)}$$

代入 $N=365, p=0.5$，得 $k\approx 22.49$，故每 23 个人中出现同生日的概率超过 50%。

生日攻击就是指随机选取消息，使其发生碰撞。例如对于输出长度为 128 bit 的 Hash 函数，攻击者的计算量达到 2^{64} 个消息时，便有高于 0.5 的概率发现一对碰撞。因此，输出长度为 N 的 Hash 函数，其碰撞蛮力搜索的计算量为 $2^{N/2}$。

6.2 Hash 函数的构造

Hash 函数的构造主要有 3 种方法：直接构造复杂的非线性关系实现单向性，如 MD5、SHA1、SHA256 等。基于分组密码的 Hash 函数，例如，CBC 模式产生散列值。基于计算复杂性的方法，如离散对数问题、因子分解问题、背包问题等。后两种方法为间接构造法。前一种为直接构造法，也称为启发式构造方法。

6.2.1 直接构造法举例 SHA-1

直接构造 Hash 函数的方法如 SHA 系列 Hash 函数、MD 系列 Hash 函数。这种方法是启发式的方法，因而无法进行安全性证明。

SHA (Secure Hash Algorithm)由美国 NIST 和 NSA 于 1993 年在 MD5 基础上首先提出 SHA-0，1995SHA-1 算法被提出并公布(FIPS PUB 180-1)。SHA-1 算法的输入消息的最大长度小于 2^{64} bit，输入消息以 512 bit 的分组为单位进行处理，输出是 160 bit 的消息摘要。SHA-1 已作为 DSA 数字签名的标准(参见第 9 章)。2003 年，FIPS 相继对 SHA 系列算法进行了扩展，提出了 SHA-256、SHA-284 和 SHA-512 算法。2005 年我国学者王小云给出了 SHA-0 的完全碰撞和 58 轮 SHA-1 的碰撞，且将对整个 SHA-1 的碰撞攻击的复杂度降到 2^{69}，因此，SHA-1 的安全性受到挑战。于是，NIST 宣布计划到 2010 年废除 SHA-1，启用新的 Hash 函数。

1. 附加填充位

填充一个“1”和若干个“0”使其长度模 512 与 448 同余。然后在消息后附加 64 bit 的无符号整数，其值为原始消息的长度。产生总长度为 512 整数倍的消息串并把消息分成长为 512 位的消息块 $y_1, y_2, \cdots, y_n$，因此填充后消息的长度为 $512\times n$ 比特。

2. 初始化缓存区

将 5 个 32 bit 的常数赋给 5 个 32 bit 的寄存器 A、B、C、D、E 作为第一次迭代的变量：

$$A=0x67452301, B=0x\text{EFCDAB89},$$
$$C=0x\text{98BADCFE}, D=0x10325476, E=0x\text{C3D2E1F0}$$

3. 处理流程

以 512 位的分组为单位处理消息。压缩函数为

$$H_{\text{SHA}}: \{0,1\}^{160+512} \rightarrow \{0,1\}^{160}$$

重复利用压缩函数，将 512 bit 的分组从 y_0 开始，一次对每个分组 y_i 进行压缩，直到最后分组 y_n，最后输出 x 的散列值，可见，SHA-1 循环的次数等于消息中的分组数 n。

每个分组的处理包含 4 个循环的模块，每个循环由 20 个步骤组成，如图 6.3 所示。不同循环中包含不同的非线性函数(Ch、Parity、Maj、Parity)，额外的常数 K_t 和消息分组相关的 $W[t](0\leqslant t\leqslant 79)$。每一循环的输入为当前正在处理的 512 bit y_i 和 160 bit 的缓存值 A、B、C、D、E。然后更新缓存的内容，最后一步的输出模 2^{32} 加上第一循环的输入 H_i 产生 H_{i+1}。全部 512 bit 分组处理完，最终的输出为 160 bit。

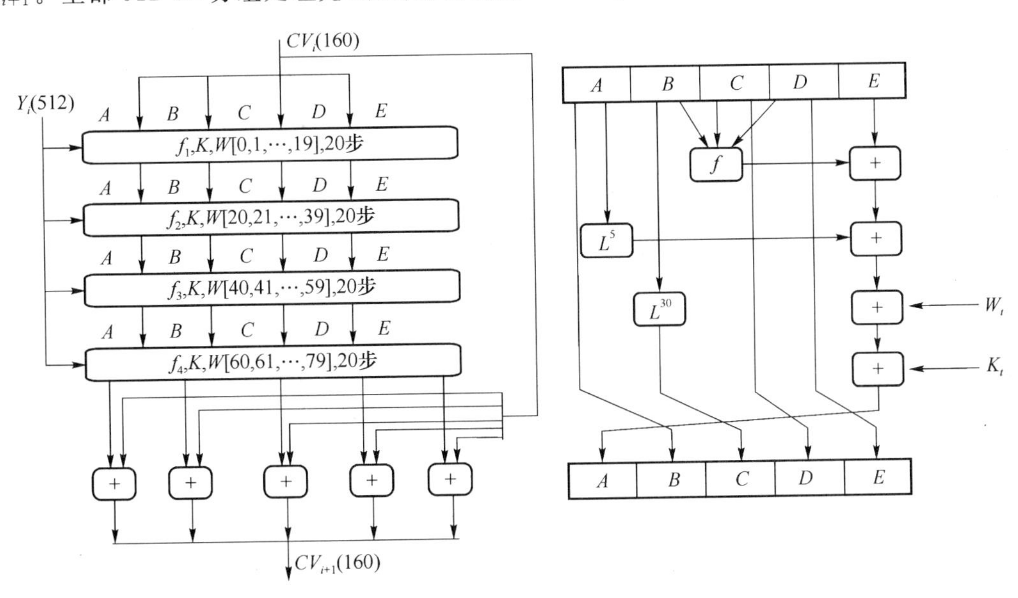

图 6.3 SHA-1 对单个 512 分组的处理流程以及压缩函数的结构

4. SHA1 压缩函数

压缩函数是 SHA-1 最重要的函数。SHA-1 一循环的形式为

$$A=[\mathrm{ROTL}^5(A)+f_i(B,C,D)+E+W_t+K_t]\bmod 2^{32}$$

$$B=A$$

$$C=\mathrm{ROTL}^{30}(B)\bmod 2^{32}$$

$$D=C$$

$$E=D$$

其中，t 是步数，$0\leqslant t\leqslant 79$。压缩函数中非线性函数对 3 个 32 bit 的变量 B、C、D 进行操作，结果产生一个 32 bit 的输出，定义如下：

$$f_i(x,y,z)=\begin{cases}\mathrm{Ch}(x,y,z)=(x\wedge y)\oplus(\rightharpoondown x\wedge z),0\leqslant t\leqslant 19\\ \mathrm{Parity}(x,y,z)=x\oplus y\oplus z,20\leqslant t\leqslant 39\\ \mathrm{Maj}(x,y,z)=(x\wedge y)\oplus(x\wedge z)\oplus(y\wedge z),40\leqslant t\leqslant 59\\ \mathrm{Parity}(x,y,z)=x\oplus y\oplus z,60\leqslant t\leqslant 79\end{cases}$$

K_t 是循环使用的额外常数，定义如下：

$$K_t=\begin{cases}0x5\mathrm{A}827999,0\leqslant t\leqslant 19\\ 0x6\mathrm{ED}9\mathrm{EBA}1,20\leqslant t\leqslant 39\\ 0x8\mathrm{F}1\mathrm{BBCDC},40\leqslant t\leqslant 59\\ 0x\mathrm{CA}62\mathrm{C}1\mathrm{D}6,60\leqslant t\leqslant 79\end{cases}$$

其实,K_t 的 4 个值分别为 2,3,5 和 10 的平方根,再乘以 2^{30},最后取结果的整数部分。

$\mathrm{ROTL}^n(x)=x\lll n$ 表示对 32 bit 的变量 x 循环左移 n bit。

W_t 是从 512 bit 的消息分组中导出的,有

$$\begin{cases} W_t = M_t^{(i)}, 0\leqslant t\leqslant 15 \\ W_t = \mathrm{ROTL}^1(W_{t-3}\oplus W_{t-8}\oplus W_{t-14}\oplus W_{t-16}, 16\leqslant t\leqslant 79) \end{cases}$$

可见,前 16 处理中 W_t 等于消息分组中的相应字,剩下的 64 步操作中,其值为前面 4 个值的异或后再循环移位得到。上述操作增加了被压缩函数的冗余度和相互关联性,故对相同分组的消息找到具有相同压缩结果额的消息会非常困难。

5. SHA-1 的安全性

由于散列值为 160 位,用穷举方法产生具有给定值的消息,需要的代价为 2^{160} 数量级,穷举方法产生两个具有相同值的消息(即一对碰撞),需要的代价为 2^{80} 数量级(根据生日迷题)。

抗密码分析的能力。2005 年 8 月的 CRYPTO 会议上,我国山东大学的王小云教授等发表了更有效率的 SHA-1 攻击法,能在 2^{63} 个计算复杂度内找到碰撞。

6. SHA-1 的修订

2002 年,NIST 修订了 FIPS180-1,发布了修订版 FIPS180-2,新增了 3 个 Hash 算法,即 SHA-256、SHA-384 和 SHA-512。散列长度分别为 256 bit、384 bit 和 512bit。NIST 指出,发布 FIPS-2 的目的是要与使用 AES 而增加的安全性相适应。表 6.1 给出 4 个 SHA 修订算法的基本性质,这 4 种算法的结构和细节描述非常相似,所以所增的 3 个 Hash 算法应和 SHA-1 具有相同的抗密码分析攻击的能力。

表 6.1 SHA 修订版本算法性质的比较

	SHA-1	SHA-256	SHA-384	SHA-512
散列值大小	160	256	384	512
消息大小	2^{64}	2^{64}	2^{128}	2^{128}
分组大小	512	512	1 024	1 024
字长	32	32	64	64
步数	80	80	80	80
安全性	80	128	192	256

6.2.2 基于分组密码构造

在介绍分组密码的工作模式 CBC 和 CFB 时,由于引入了反馈机制,一个明文块的改变,将会引起相应的密文块以及其后所有的密文块的改变。因此,这一定程度表现出一种单向性,以及抗第二原像和抗碰撞性,且如果选取最后的分组,则表现出压缩能力。因此,可利用分组密码构造 Hash 函数。

设 E_k 是一个分组长度为 n 的分组密码的加密算法,密钥为 k。对于任意消息 x,首先对

x 进行分组，每组的长度为 n。如果 x 的长度不是 n 的倍数，则在 x 的最后添加一些数据使得 x 的长度恰为 n 的倍数。设消息为 $x=x_1x_2\cdots x_L$，其中 $x_i \in \mathrm{GF}^n(2)$，$1 \leqslant i \leqslant L$。

1. 基于分组密码 CBC 工作模式构造 Hash 函数

构造过程如图 6.4 所示。首先选取一个初始值 $y_0=\mathrm{IV} \in \mathrm{GF}^n(2)$，然后依次计算

$$y_i=E_k(x_i \oplus y_{i-1}),1 \leqslant i \leqslant L$$

最后定义散列值为：$H_{\mathrm{CBC}}(x)=y_L$，即最后一个密文分组。

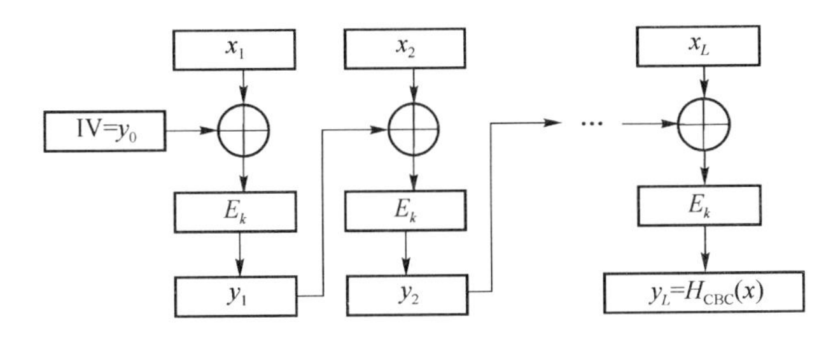

图 6.4 基于分组密码 CBC 工作模式构造 Hash 函数

2. 基于分组密码 CFB 工作模式构造 Hash 函数

如图 6.5 所示，基本设置同上类似，$y_i=x_i \oplus E_k(y_{i-1})$，$1 \leqslant i \leqslant L$，得到的散列值为：$H_{\mathrm{CFB}}(x)=y_L$。

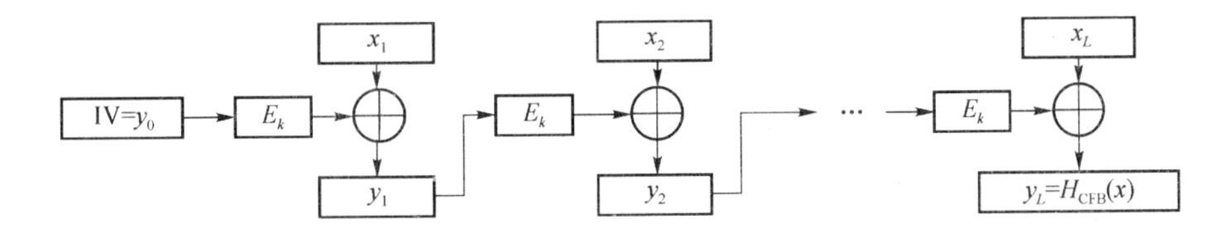

图 6.5 基于分组密码 CFB 工作模式构造 Hash 函数

思考 6.3 在密钥公开的情况下，这两种构造方法得到的 Hash 函数是否安全？

密钥公开情况下是不安全的，甚至不是弱碰撞的。理由如下：

在给定 x 和散列值 y_L 的情况下，如何寻找一个 $x' \neq x$，但有相同的散列值。因为如果密钥公开，则可以解密 y_L 并和 x_L 异或得到 y_{L-1}，同理可得 y_{L-2}。现在构造 x'。反转 X_L 的某一位(不妨设为第一位)得到 x'_L，根据 y_L 和 x'_L 计算得到 y'_{L-1}，再根据 y'_{L-1} 和 y_{L-2} 构造 x'_{L-1}，即 $x'_{L-1}=E_k(y_{L-2}) \oplus y'_{L-1}$，于是得到 x'，x' 与 x 差别是最后两个分组，但是 x' 与 x 的散列值相等。

3. 一般性讨论(PGV 通用构造方法)*

定义 6.2 将消息 $M=(M_1M_2\cdots M_n)$ 的最后一个分组 M_n 设为消息 M 的长度，这一变换过程称 MD(变换)强化(MD-Strengthening)。

归纳而言，Hash 函数的设计有两个步骤：首先，设计一个压缩函数 $f:\{0,1\}^n \times \{0,1\}^m \to \{0,1\}^n$，然后对 f 进行扩展得到 $H:\{0,1\}^* \to \{0,1\}^n$。上一节介绍了直接构造法设计压缩函数，本节介绍基于加密算法 E 通过 PGV 方法构建。PGV 是指 B. Preneel，R. Govaerts

和 J. Vandewalle 提出的设计压缩函数的方法。[①]

基于分组密码的压缩函数设计方法以前很少被使用,一方面是由于效率不高,另一方面是因为以前的分组长度对 Hash 函数应用来说太短了,而且算法存在弱密钥,使得相应的 Hash 存在很大的安全隐患。AES 的出现改变了这种状况,它有足够的分组长度,没有弱密钥,而且能有效抵抗差分攻击。因此,在没有提出其他安全高效的直接构造原则的前提下,目前的 Hash 函数的设计都倾向于使用基于分组密码的构造方法。

PVG 方法是一种利用分组密码 $E:\{0,1\}^N\times\{0,1\}^n\rightarrow\{0,1\}^n$ 构造压缩函数 $f:\{0,1\}^n\times\{0,1\}^n\rightarrow\{0,1\}^n$。具体如下:$f(h,x)=E_a(b)\oplus c$,其中 $a,b,c\in\{h,x,h,v\}$,v 是一个固定的 n 位常量,$|h|=|x|=n$。PGV 方法构造压缩函数如图 6.6 所示。

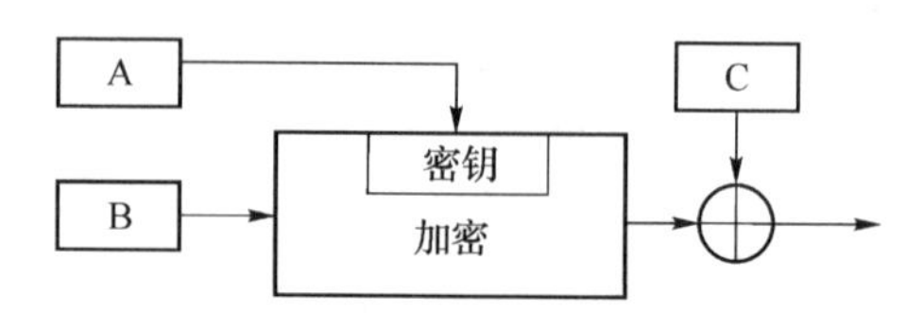

图 6.6 PGV 方法构造压缩函数

显然,共有 4×4×4=64 个方案,其中有 12 种方案能保证在 E 的黑盒模式(Black-box Model)下(即攻击者不知道任何关于 E 的结构上的弱点的情况下),f 有足够的安全性。具体而言,设压缩变换函数 E 是一个分组密码变换,Hash 函数迭代变换是 $H_i=E(H_{i-1},M_i)$,$i=1,2,\cdots,n$。H_0 是初始值,得到的 H_n 为消息 M 的散列值。根据其分析,有 5 种重要的攻击方法,即直接攻击(Direct Attack),变换攻击(Permutation Attack),前向攻击(Forward Attack),回溯攻击(Backward Attack)和不动点攻击(Fixed Point Attack),64 种加密方案中推荐了 12 种方案,其中前 4 种可以抵御 5 种攻击,后 8 种能抵御除不动点攻击外的 4 种攻击。

1. $H_i=E_{H_{i-1}}(M_i)\oplus M_i$
2. $H_i=E_{H_{i-1}}(M_i\oplus H_{i-1})\oplus M_i\oplus H_{i-1}$
3. $H_i=E_{H_{i-1}}(M_i)\oplus M_i\oplus H_{i-1}$
4. $H_i=E_{H_{i-1}}(M_i\oplus H_{i-1})\oplus M_i$
5. $H_i=E_{M_{i-1}}(H_{i-1})\oplus H_{i-1}$
6. $H_i=E_{M_{i-1}}(M_i\oplus H_{i-1})\oplus M_i\oplus H_{i-1}$
7. $H_i=E_{M_{i-1}}(H_{i-1})\oplus M_i\oplus H_{i-1}$
8. $H_i=E_{M_{i-1}}(M_i\oplus H_{i-1})\oplus H_{i-1}$
9. $H_i=E_{M_i\oplus H_{i-1}}(M_i)\oplus M_i$
10. $H_i=E_{M_i\oplus H_{i-1}}(H_{i-1})\oplus H_{i-1}$
11. $H_i=E_{M_i\oplus H_{i-1}}(M_i)\oplus H_{i-1}$
12. $H_i=E_{M_i\oplus H_{i-1}}(H_{i-1})\oplus M_{i-1}$

12 种方案中,方案 5:$H_i=E_{M_{i-1}}(H_{i-1})\oplus H_{i-1}$ 是目前使用最多的,应用于 MDx,SHA-x 等。

① B. Preneel, R. Govaerts, J. Vandewalle, Hash Function based on Blockciphers: A synthetic Approach. Crypto93, 368-378, 1994.

为方便记忆，这里给出其中前 5 种方案的示意图(图 6.7)，补足剩下的图留作练习。

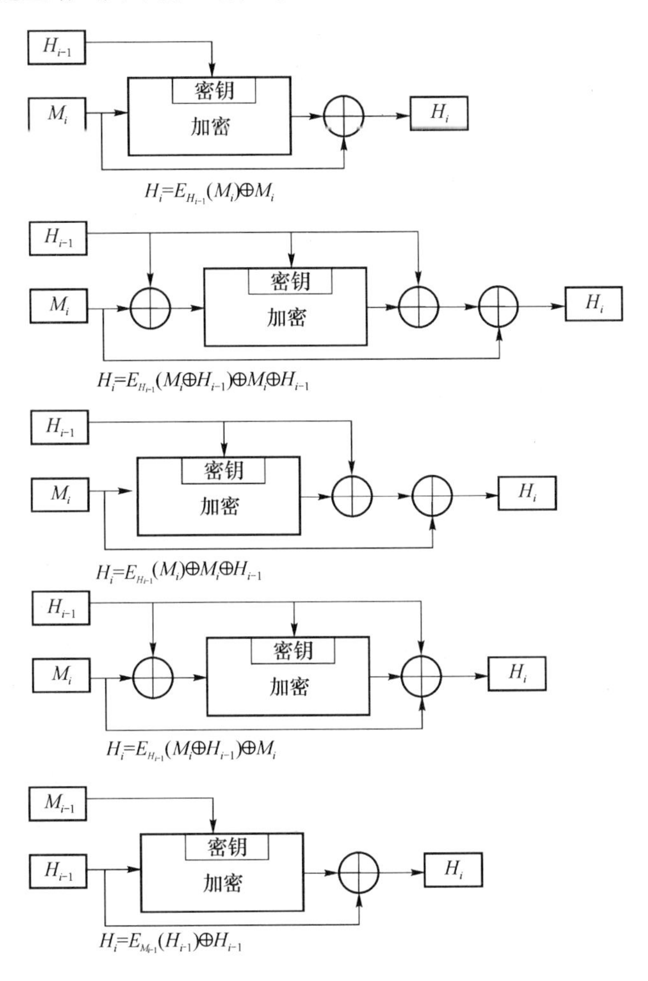

图 6.7　5 种 PGV 构造压缩函数的方法

6.2.3　基于计算复杂性方法的构造*

基于某些数论中的困难问题，如离散对数问题、因子分解问题等，可以构造 Hash 函数，其安全性(如抗强碰撞性)是可以证明安全的。

1. 基于离散对数的方法

下面介绍 Chaum、Heijst 和 Pfitzmann 在 1992 年提出的基于离散对数问题构造的 Hash 函数。这一构造方法在实际中运行速度不是很快，但基于计算复杂性的假设，可以证明是安全的。

Chaum-Heijst-Pfitzmann Hash 函数的构造方法如下：

设 p 是一个大素数，$q=(p-1)/2$ 一个素数，α 和 β 是 Z_p 的两个本原元(Primitive Element)。这里简单给出离散对数假设，即给定 Z_p 中的元素 α 和 β，计算离散对数 $\log_\alpha\beta$ 是不可行的(第 8 章将详细介绍离散对数问题)。定义 Hash 函数 h 为

$$h:Z_q\times Z_q\to Z_p^*$$

$$h(x_1,x_2)=\alpha^{x_1}\times\beta^{x_2}\bmod p$$

现在证明 Chaum-Heijst-Pfitzmann Hash 函数是抗强碰撞的。用反证法,若 Hash 函数有一对碰撞,则可以证明离散对数 $\log_{\alpha}\beta$ 能被有效计算。

设 $(x_1,x_2),(x_3,x_4)$ 是 h 的一对碰撞,即 $(x_1,x_2)\neq(x_3,x_4)$,$h(x_1,x_2)=h(x_3,x_4)$,那么

$$\alpha^{x_1}\beta^{x_2}=\alpha^{x_3}\beta^{x_4}\bmod p$$

即

$$\alpha^{x_1-x_3}=\beta^{x_2-x_4}\bmod p$$

记 $d=gcd(x_4-x_2,p-1)$。因为 $p-1=2q$,且 q 是一个素数,故 $d\in\{1,2,q,p-1\}$。下面分别对 d 的 4 种情况进行讨论。

(1) $d=1$。此时 x_4-x_2 关于模 $p-1$ 存在逆,设 $y=(x_4-x_2)^{-1}\bmod(p-1)$,则存在整数 k,使得 $(x_4-x_2)y=1+k(p-1)$,有

$$\beta=\beta^{(x_4-x_2)y-(p-1)k}=\alpha^{(x_1-x_3)y}(\beta^{p-1})^{-k}=\alpha^{(x_1-x_3)y}\bmod p$$

于是可计算离散对数

$$\log_{\alpha}\beta=(x_1-x_3)y=(x_1-x_3)(x_4-x_2)^{-1}\bmod(p-1)$$

(2) $d=2$。因为 $p-1=2q$,且 q 是奇数,故 $gcd(x_4-x_2,q)=1$。设 $y=(x_4-x_2)^{-1}\bmod q$,则存在整数 k,使得 $(x_4-x_2)y=1+kq$,于是有

$$1=\beta^{p-1}=\beta^{2q}\bmod p$$

$$\beta^{q}=-1\bmod p$$

$$\beta^{(x_4-x_2)y}=\beta^{1+qk}=(-1)^{k}\beta=\pm\beta\bmod p$$

$$\alpha^{(x_1-x_3)y}=\beta^{(x_4-x_2)y}=\pm\beta\bmod p$$

于是有

$$\log_{\alpha}\beta=(x_1-x_3)y=(x_1-x_3)(x_4-x_2)^{-1}\bmod(p-1)$$

或者

$$\log_{\alpha}\beta=(x_1-x_3)y=(x_1-x_3)(x_4-x_2)^{-1}-\log_{\alpha}(-1)\bmod(p-1)$$

由于 $\alpha^{q}=-1\bmod p$,故

$$\log_{\alpha}\beta=(x_1-x_3)(x_4-x_2)^{-1}-q\bmod(p-1)$$

容易验证这两种情况哪一个成立,总之,均能有效计算。

(3) $d=q$。因为 $0\leqslant x_2\leqslant q-1$,$0\leqslant x_4\leqslant q-1$,故 $-(q-1)\leqslant x_4-x_2\leqslant q-1$,从而 $\gcd(x_4-x_2,p-1)=q$ 不成立,即这种情况不会出现。

(4) $d=p-1$。只有 $x_2=x_4$ 才发生,于是 $\alpha^{x_1}=\alpha^{x_3}\bmod p$,故 $x_1=x_3$,$(x_1,x_2)=(x_3,x_4)$,与假设矛盾,故这种情况也不存在。

综上,如果离散对数 $\log_{\alpha}\beta$ 计算不可行,则 Chaum-Heijst-Pfitzmann Hash 函数是抗强碰撞的。证毕。 ■

2. 基于单向函数的一般性构造方法

设 f 为一单向函数,例如,RSA 函数 $f_{(N,e)}$,Rabin 函数 f_N,离散对数函数 $f_{(p,g)}$。与基于分组密码的构造方法类似,先将消息 $x\in D^t$ 分组,这里 D 为单向函数的定义域(与值域相同)。

迭代算法如下:(令 $x=x_1x_2\cdots x_t$,$x_i\in D$)

$$h_0 = \mathrm{IV}$$
$$h_i = f(h_{i-1} + x_i), i = 1,2,\cdots,t$$
$$h(x) = h_t$$

例如，若 $f = f_{(N,e)}$，则

$$D = D_{(N,e)} = \{1,2,\cdots,N\}, h_i = (x_i + h_{i-1})^e (\mathrm{mod}\ N), i = 1,2,\cdots,t$$

若 $f = f_{(p,g)}$，则

$$D = D_{(p,g)} = \{1,2,\cdots,p-1\}, h_i = g^{(x_i + h_{i-1})} (\mathrm{mod}\ p), i = 1,2,\cdots,t$$

6.3 消息鉴别码

前面学习了数据保密性，抵抗被动攻击，方法是使用对称密钥的加密。上一节又介绍了数据的完整性，抵抗主动攻击，如篡改。这一节介绍信息安全的第三个需求，认证性。对抗主动攻击中的伪装。认证性主要包括两种：一种是实体认证（第 11 章介绍），用来验证实体的身份，这种实体通常是指人。另一种是消息鉴别[①]。消息鉴别的作用，主要针对通信中传递的消息（是通信发展后对通信安全的必然需求），一般包括两个作用：一个是验证消息来源的真实性，一般称为消息源鉴别；另一个是验证消息的完整性，即验证消息在传输和存储过程中没有被篡改，伪造，甚至是重放等。正是由于需要对消息源进行鉴别，所以这里仅仅使用 Hash 函数是不够的，还需要使用学到的对称密钥加密。（其实，消息源的鉴别和消息完整性，也可以通过数字签名（第 9 章）来完成，需要使用公钥体制。）

为了区别，把用于消息完整性检测的不带密钥的 Hash 函数称为修改检测码（Modification Detection Code，MDC），或消息完整性码（Message Integrity Code，MIC），或篡改检测码（Manipulation Detection Code）。Hash 函数的输入为消息。把用于消息完整性检测以及消息源鉴别的带密钥的 Hash 函数称为消息鉴别码（Message Authentication Code，MAC）。Hash 函数的输入为消息和对称密钥。构造消息鉴别码的方法主要有两种，一种是利用分组密码构造，一种是通过 Hash 函数构造。

6.3.1 认证系统的模型

认证（Authentication），又称为鉴别，本书称 MAC 为消息鉴别码。在早期，人们以为保密性和认证性是内在关联的，但随着 Hash 函数（以及数字签名）的发现，人们才意识到保密和认证是信息系统安全的两个方面，认证不能自动提供保密性，保密性也不能自然提供认证功能。认证性包括实体认证和消息鉴别。消息鉴别主要目的是消息源鉴别和消息完整性。认证通常出现在 3 个方面：消息鉴别、实体认证和认证的密钥建立或分发（第 11 章介绍）。

消息鉴别主要涉及消息的某个声称属性；实体认证更多涉及验证消息发送者声称的身份；认证的密钥建立主要用于产生一条安全信道，用于后继的应用层的安全通信会话。

---

① 很多书籍称之为消息认证，Authentication 一词可译为认证，或者鉴别，很多书籍没有特别区分，本书根据电子工业出版社 2009 年出版的中国密码学会组织编写的《密码术语》一书，称 MAC 为消息鉴别。和后面第 11 章的实体认证相区分，同时和基于信息论的无条件安全认证码相区别。

一个认证系统的模型如图 6.8 所示。

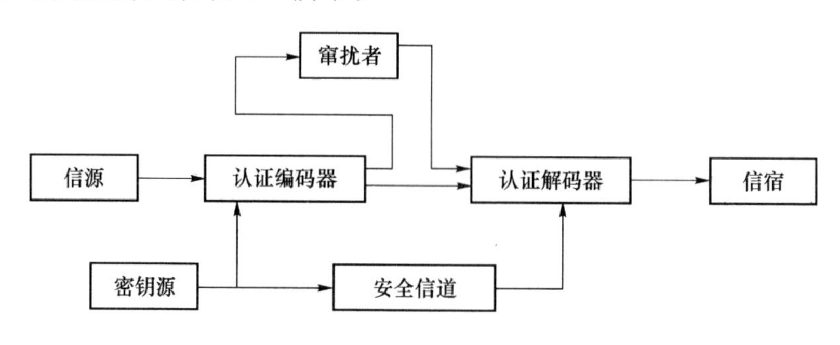

图 6.8　认证系统的模型

认证系统模型由认证编码器,密钥源和认证译码器 3 部分组成。认证编码器对发送的消息产生认证码(消息鉴别码,或数字签名,或认证协议的应答)。密钥源通常预先协商,通过安全信道分配密钥。认证译码器对接收到的消息进行验证。主要的敌手是窜扰者(tamper),而不是窃听者。窜扰者通常的攻击之伪装(Impersonation)和篡改(modification)。

消息鉴别的过程如下:首先,由发送方的认证编码器对发出的消息生成认证信息(如消息鉴别码或数字签名);然后,将消息和认证信息一起通过公开信道发送给接收方;最后,接收方收到消息和认证消息后,由认证译码器验证消息的合法性,如果消息合法便接受,否则将其丢弃。

6.3.2　MAC 的安全性

敌手的攻击目标是:预先不知道密钥 k,在给定一对或多对 $(x_i, h_k(x_i))$ 的条件下,对某个 $x \neq x_i$,计算一个新的"消息-MAC"对 $(x, h_k(x))$。

根据敌手拥有的能力,可将其分为 3 种。

(1) 已知消息攻击(Known Message Attack, KMA)。可以得到一个或多个消息的 MAC,即"消息-MAC"对 $(x_i, h_k(x_i))$,这些消息不是敌手选择的。

(2) 选择消息攻击(Chosen Message Attack, CMA)。敌手可以得到自己选择的一个或多个 x_i 的"消息-MAC"对 $(x_i, h_k(x_i))$。

(3) 自适应选择消息攻击(Adaptive Chosen Message Attack)。敌手可能按照上述方式选择 x_i,而且允许根据先前得到的结果进行后续的选择。

根据敌手攻击成功的程度,可分为 4 种。

(1) 密钥恢复(完全攻破,Total Break)。敌手可以得到使用的密钥,则可以伪造任意消息的 MAC,即完全攻破。

(2) 选择性伪造(Selective Forgery)。敌手能够对自己选择的消息(或部分由敌手控制的消息)产生一个新的"消息-MAC"对。这里"选择的"意思是指要伪造的消息。这和选择消息攻击的"选择"意思不同,那里的选择是指选择想要分析的"消息-MAC"对。

(3) 存在性伪造(Existential Forgery)。敌手能够产生一个新的"消息-MAC"对,但不能控制消息的值。

根据安全定义的原则,MAC 的安全性为:自适应选择消息攻击下的存在性不可伪造。

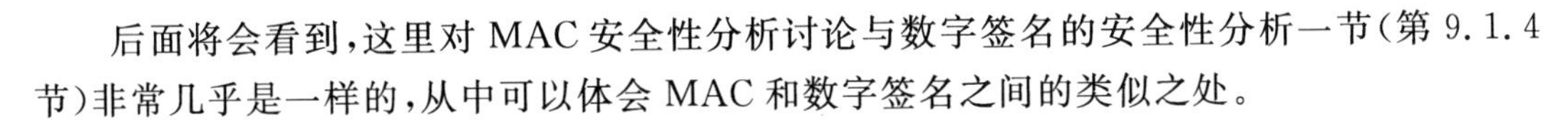
后面将会看到，这里对 MAC 安全性分析讨论与数字签名的安全性分析一节（第 9.1.4 节）非常几乎是一样的，从中可以体会 MAC 和数字签名之间的类似之处。

6.3.3　案例学习：CBC-MAC

本节介绍使用分组密码构造 MAC 的方法。首先介绍一种一般构造，然后讨论一个标准化的构造 CBC-MAC。

1. 一般性构造方法

一般来说，利用分组密码算法实现消息完整性的前提和方法如下。

(1) 文件的制造者和检验者共享一个密钥。

(2) 文件的明文必须具有检验者预先知道的冗余度。

(3) 文件的制造者用共享密钥对具有约定冗余度的明文用适当的方式加密。

(4) 文件的检验者用共享密钥对密文解密，并检验约定的冗余度是否正确。

下面介绍具体实现方法。

(1) 文件的制造者和检验者共享一个分组密码算法 E 和一个密钥 K。

(2) 文件的明文为 $m=(m_1,\cdots,m_n)$，记 $r=m_{n+1}=m_1+m_2+\cdots+m_n$，称 r 为校验码分组。其中若分组长度为 L，则运算 $+$ 为模 2^L 加法。

(3) 采用分组密码的 CBC 模式，对附带校验码的已扩充的明文 (m,r) 进行加密，得到的最后一个分组 C_{n+1} 就是鉴别码，如图 6.9 所示。

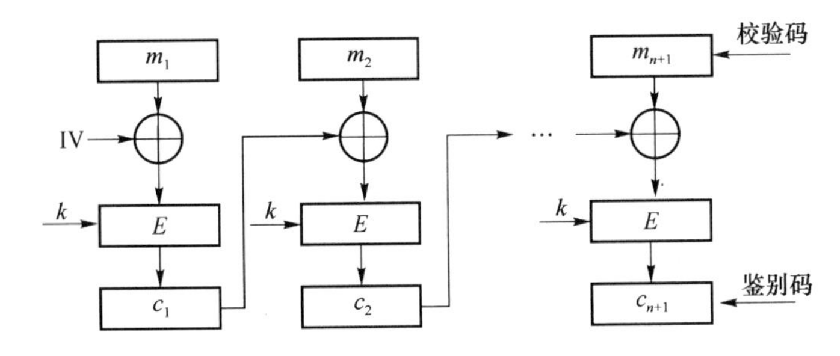

图 6.9　使用 CBC 模式验证消息的完整性

(4) 如果仅需对消息鉴别，而不需要将消息加密，传送明文 m 和鉴别码 C_{n+1}；如果需要对消息鉴别，又需要对消息加密，传送密文 $C=(c_1,c_2,\cdots,c_n)$ 和鉴别码 C_{n+1}。

(5) 验证。如果仅需消息鉴别无须加密，则收到消息 m 和鉴别码 C_{n+1}，计算 $r=m_{n+1}=m_1+m_2+\cdots+m_n$，利用共享密钥 K 使用 CBC 模式对 (m,r) 加密，得到最后一个分组，看是否与 C_{n+1} 相同，相同则消息没有改动。如果既需要消息鉴别，又需要加密，则利用共享密钥对 (C,C_{n+1}) 解密，检验最后一个明文分组是否为其他明文分组的模 2^L 和，若是则判定明文无改动。

2. CBC-MAC

基于分组密码 CBC 工作模式构造 MAC 算法是使用最广泛的 MAC 算法之一，已经成为国际标准化组织 ISO/IEC 9797 标准，它同时还是联邦标准 FIPS PUB113 和 ANSI 标准 X.917。它的主要构成为：①CBC 模式；②双密钥三重加密技术。使用 DES 作为分组密码 E 时，$n=64$，MAC 密钥就是 56 bit 的 DES 密钥。工作过程在算法 6.1 中描述（示意图如图

6.10所示)。

算法 6.1 CBC-MAC

输入:数据 x;分组密码 E 的规范说明;用于 E 的秘密 MAC 密钥 k。

输出:x 的 n 比特 MAC(n 是 E 的分组长度)。

(1) 填充和分组。必要时填充 x。将填充得到的消息分成 t 个 n 比特的分组,记为 x_1,x_2,…,x_t。

(2) 密码分组链接。令 E_k 表示以 k 为密钥的加密算法 E,用以下方式计算 H_t:

$$H_1 \leftarrow E_k(x_1)$$

$$H_i \leftarrow E_k(H_{i-1} \oplus x_i), 2 \leqslant i \leqslant t$$

(IV=0,丢弃密码分组 $C_i = H_i$)。

(3) 增加 MAC 强度的可选处理。使用第二个秘密密钥 $k' \neq k$,可选地计算:

$$H_t' \leftarrow E_{k'}^{-1}(H_t)$$

$$H_t \leftarrow E_k(H_t')$$

也就是说,对最后一个分组进行了具有两个密钥的三重加密,其目的是减少穷举密钥搜索的威胁,阻止选择消息的存在性伪造。)

(4) 输出:H_t。

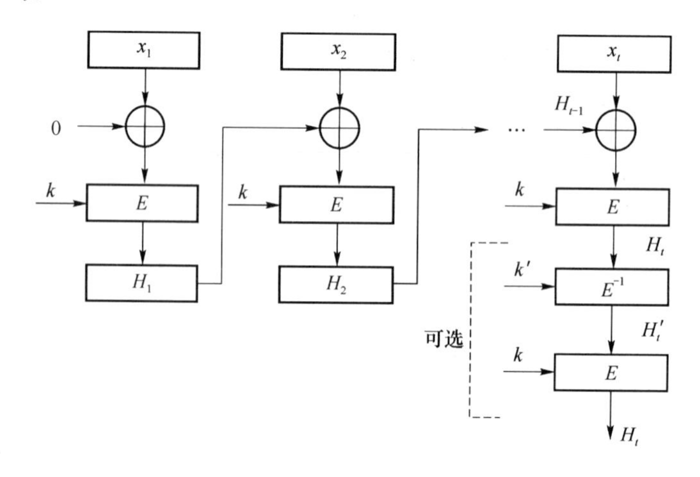

图 6.10 CBC-MAC 算法

3. CBC-MAC 的存在性伪造

虽然 CBC-MAC 对固定的分组数为 t 的消息时安全的,但假如允许可变长度的消息,则需要额外的措施(不只是简单地在尾部添加长度分组),否则存在自适应选择消息的存在性伪造。

假定 x_i 是 n bit 分组,令$(b)_2$ 是 b 的二进制表示。令(x_1, Mac_1)表示一个已知的"消息-MAC"对,易知 $\mathrm{Mac}_1 = E_k(x_1)$,由于是自适应选择消息攻击,可对单个分组的消息 $x_2 = \mathrm{Mac}_1$ 请求 MAC,从而得到了 Mac_2。于是,得到了一个 2 分组消息$(x_1 \| (0)_2)$的存在性伪造,其 MAC 为 Mac_2,原因是 $\mathrm{Mac}_2 = E_k(E_k(x_1))$也是 2 分组消息$(x_1 \| (0)_2)$的 MAC。

可采取的方法是:在 MAC 计算前预先考虑长度分组的输入,或先用密钥 K 加密长度 m 产生 $K' = E_k(m)$,然后用密钥 K'作为 MAC 的密钥。

6.3.4 嵌套MAC及其安全性证明*

前面介绍了通过分组密码构造MAC,本节讨论根据Hash函数构造MAC。既然MAC是以消息和密钥为输入的Hash函数,那么自然产生一个问题,密钥和消息组合的前后关系如何。

思考6.4:以下两种情况(秘密前缀方法和秘密后缀方法)是否安全?

(1) 秘密前缀方法(Secret Prefix Method)

假设消息是x,Hash函数为h,$MAC=h(k\|x)$。

分析这种情况,不妨设$x=x_1x_2x_t$,即有t个分组,构造h使用的压缩函数为f,令$H_0=IV$;$H_i=f(H_{i-1},x_i)$,$1\leqslant i\leqslant t$;$h(x)=H_t$。考察秘密前缀方法,即先将k添加到消息前面,然后使用Hash函数。这种方法是不安全的,因为敌手在不知道密钥k的情况下,可以伪造MAC。方法如下:在x后面添加任意的单个分组y,计算$MAC'=f(MAC\|y)$,易知,MAC'是消息$\{x\|y\}$的有效的MAC。

即使是原消息中使用了填充,如长度分组,这种伪造方法也还是可行的。或者使用$IV=k$输入到第一个压缩函数,该伪造方法仍然有效。

(2) 秘密后缀方法(Secret Suffix Method)

即$MAC=h(x\|k)$是否安全。这种情况下,可用生日攻击,在$O(2^{n/2})$次操作内找到一对消息x,x',满足$h(x)=h(x')$,这完全可以离线完成,且不需要知道k,这里n是输出的比特长度。该方法的密钥只在最后一轮被使用。

因此,MAC密钥在MAC计算的开始和最后都要用到。于是通常的方法是:

$MAC=h(k\|p\|x\|k)$。其中p是一个串,用于把k填充为一个分组长度,确保内部计算至少存在两轮迭代。

(3) 嵌套MAC

HMAC的设计用到另外一种结构,即嵌套MAC(Nested MAC,NMAC)。简单地说,就是如果有带密钥的Hash函数$h_{k_a}^a(x)$和$h_{k_b}^b(x)$是安全的(指数位置的a,b用于区别函数),则可构造新的安全的$MAC=h_{k_a}^a(h_{k_b}^b(x))$。

讨论的安全性为:自适应选择消息攻击下的存在性不可伪造。

因此,敌手的目标是:试图伪造一个消息及其有效的MAC,称为一个伪造(Forgery),即产生(x,z),使得$z=h_{k_a}^a(h_{k_b}^b(x))$。敌手的能力是:可以自适应选择消息,得到相应的MAC。即用于问询一个MAC预言机(MAC Oracle,也叫作MAC谕示器)的能力。该预言机接收消息m,返回相应的$MAC(m)$。需要证明的是:如果Hash函数$h_{k_a}^a(x)$,$h_{k_b}^b(x)$是安全的,则构造的$MAC=h_{k_a}^a(h_{k_b}^b(x))$也是安全的。这里密钥$k_a$,$k_b$均给定,且保密。

证明从逆反命题更容易入手,即:如果$MAC=h_{k_a}^a(h_{k_b}^b(x))$不是安全的,则函数$h_l(x)$,$g_k(x)$不全是安全的。为简单起见,这里的安全均指函数是抗强碰撞的。

直觉上说,这一点还是比较好理解的。如果$MAC=h_{k_a}^a(h_{k_b}^b(x))$不是抗强碰撞的,则存在$x_1\neq x_2$,满足$MAC_1=MAC_2$,即$h_{k_a}^a(h_{k_b}^b(x_1))=h_{k_a}^a(h_{k_b}^b(x_2))$。那么,要么出现$h_{k_b}^b(x_1)=h_{k_b}^b(x_2)$,要么出现$h_{k_b}^b(x_1)\neq h_{k_b}^b(x_2)$。如果出现前者,说明函数$h_{k_b}^b(x)$不是抗碰撞的;如果出现后者,说明函数$h_{k_a}^a(x)$不是抗碰撞的。

下面给出正式的证明。这个证明有利于理解所谓“预言机(Oracle)问询”的概念。

定义 6.3 嵌套 MAC 是指合成两个(带密钥的)Hash 簇的复合建立一个 MAC 的算法。假定(X,Y,K,G)和(Y,Z,L,H)是 Hash 簇,这些 Hash 簇的复合是指$(X,Z,M,G\circ H)$,其中$M=K\times L$,且$G\circ H=\{g\circ h:g\in G,h\in H\}$,对所有的$x\in X$,有$(g\circ h)_{(K,L)}=h_L(g_K(x))$。$X$可以是有限或无限的集合,若为有限的,则$|X|>|Y|$,说明是有压缩的,同理,$Y,Z$为有限集,$|Y|\geqslant|Z|$。

(ε,Q)表示法:敌手攻击的做Q次问询,敌手输出一个伪造的概率至少为ε,则记敌手为(ε,Q)敌手。由于赋予敌手自适应选择消息的能力,故敌手可以针对不同的 MAC,问询与之相关的预言机,得到相应的 MAC 应答服务。

定理 6.3 假定$(X,Z,M,G\circ H)$是一个嵌套 MAC。当密钥K是保密的,假定对随机选择的$g_K\in G$,不存在$(\varepsilon_1,q+1)$碰撞攻击,且对随机选择的$h_L\in H$,不存在(ε_2,q)伪造者,其中L是保密的,那么,对随机选择的$(g\circ h)_{(K,L)}\in G\circ H$,若嵌套 MAC 存在$(\varepsilon,q)$伪造者,则$\varepsilon\leqslant\varepsilon_1+\varepsilon_2$。

证明:假定现在向 MAC 预言机$g_K(\cdot)$问询$x_1,\cdots,x_q$和x,共$q+1$次问询。可获得一系列值$y_1=g_K(x_1),\cdots,y_q=g_K(x_q),y=g_K(x)$。若恰好$y\in\{y_1,y_2,\cdots,y_q\}$,例如,$y=y_i$,则可以输出一对$x,x_i$,是对$g_K()$的碰撞。这是一次成功的未知密钥碰撞攻击。另一方面,如果$y\notin\{y_1,\cdots,y_q\}$,则可以输出对$(y,z)$,可能是对 MAC $h_L()$的成功伪造。从q个$h_L(\cdot)$的预言机问询中得到q个答案,即$(y_1,z_1),\cdots,(y_q,z_q)$。由假设,任何未知密钥的碰撞攻击最多有$\varepsilon_1$的成功率,假定对$(g\circ h)$的攻击至少有$\varepsilon$的成功率,则$(x,z)$是有效的伪造且$y\notin\{y_1,\cdots,y_q\}$的概率至少为$\varepsilon-\varepsilon_1$。任何对$h_L$的攻击成功率最多为$\varepsilon_2$,于是$\varepsilon-\varepsilon_1\leqslant\varepsilon_2$。得证。 ■

6.3.5 案例学习:HMAC

前面学到 CBC-MAC 是利用分组密码构造 MAC 的方法,还有一种是直接利用 Hash 函数来构造 MAC,因为如 SHA1 和 MD5 等这样的 Hash 函数软件执行速度通常比分组密码要快。HMAC(Keyed-Hashing for Message Authenticatoin Code)是 H. Krawezyk、M. Bellare、R. Canetti 于 1996 年基于嵌套 MAC 提出的,并证明了其安全性。1997 年 HMAC 作为 RFC2104 发表,成为事实上的 Internet 标准,包括 SSL、IPSec 协议在内的一些安全协议都使用了 HMAC。2002 年 HMAC 被作为 FIPS198 标准。

1. HMAC 的设计目标

(1) 不用修改就可以使用合适的 Hash 函数,而且 Hash 函数在软件方面表现良好。

(2) 当发现或需要运算速度更快或更安全的 Hash 函数时,可以很容易地实现底层 Hash 函数的替换。

(3) 密钥的使用和操作简单。

(4) 保持散列函数原有的性能,设计和实现过程没有使之出现明显降低。

(5) 若已知嵌入的 Hash 函数的安全强度,则可以完全知道构造结果的安全强度。

前两个目标是 HMAC 被人们所接受的重要原因,HMAC 将散列函数看成“黑盒”有两个好处:一是实现 HMAC 时可以将现有的 Hash 函数预先封装,在需要的时候直接使用;另一好处是若希望替代 HMAC 中的 Hash 函数(如有更快的 Hash 函数、原 Hash 的安全性被破解),则只需要删去现有的 Hash 函数模块,加入新的 Hash 函数模块。目标(5)是 HMAC

的主要优势：它是可证明安全的，即只要嵌入的 Hash 函数是安全的，则可以证明 HMAC 也是安全的。

在实际应用中，把选用 MD5 时的 HMAC 记为 HMAC-MD5，选用 SHA-1 的 HMAC 记为 HMAC SHA1。

2. HMAC 的整体设计

简单说 HMAC$=h[k \parallel p_1 \parallel h(k \parallel p_2 \parallel x)]$，$p_1$，$p_2$ 是不同的填充串，用于把 k 填充成一个完整的分组长度，适合压缩函数。整个构造虽然使用了两次 Hash 函数 h，但由于外部执行的 h 只有两个分组，2 次使用压缩函数，故整个构造还是有效率的。

下面给出具体的实现细节：

$$\text{HMAC}(k,x) = h[(k^+ \oplus \text{opad}) \parallel h[(k^+ \oplus \text{ipad}) \parallel x]$$

过程如下，过程示意图如图 6.11 所示。

(1) 在 k 左边填充若干 0 得到 b 位的 k^+。

(2) k^+ 与 ipad 异或，得到 b 位的分组 S_1。

(3) 消息 x 附加到 S_1 后，使用 h 计算散列值。

(4) k^+ 与 opad 异或产生 b 位的分组 S_0。

(5) 将(3)生成的结果附在 S_0，计算散列值，输出该值。

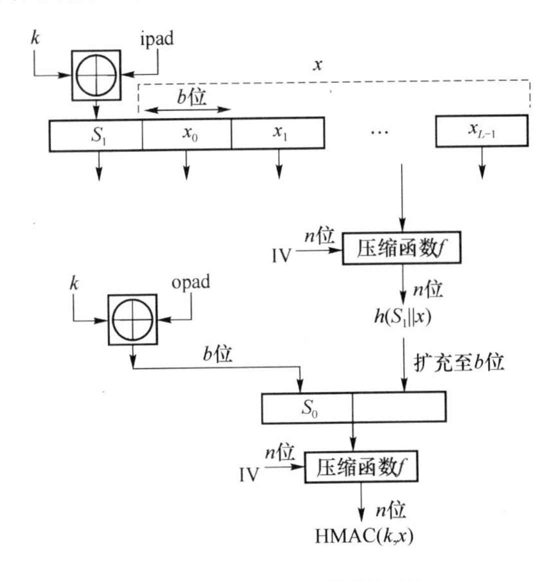

图 6.11 HMAC 操作流程

解释：opad 为外部 Hash 函数的填充（Outer Pad），相应地，ipad 为内部填充（Inner Pad）。k^+ 与 ipad 和 opad 异或后，有一半信息位发生变化。由于有填充，原始密钥 k 可以是任意长度，最小推荐长度为 n bit，即与压缩函数的输出一样长。小于 n bit 会显著降低安全性，大于 n bit 也不会增加安全性。密钥应该随机选择，如通过伪随机发生器，且需定期更新。

图中 b 表示每个分组的比特数，ipad 等于 0x36（即字节 00110110）重复 $b/8$ 次。opad 等于 0x5C（即字节 10011100）重复 $b/8$ 次。可见可使 k 一半信息位发生变化。

在实践中，为了进一步提高性能（速度），如图 6.12 所示，可以采取预先计算 $f(\mathrm{IV},(k^+ \oplus \mathrm{ipad}))$，$f(\mathrm{IV},(k^+ \oplus \mathrm{opad}))$ 这两个值，只有密钥改变时，才需要重新计算。这种改进在消息 x 较短时非常有意义，例如，x 分组为 2 个，由于预先计算可以节省 2 次压缩函数 f 的计算，故计算压缩函数从 5 次变为 3 次。

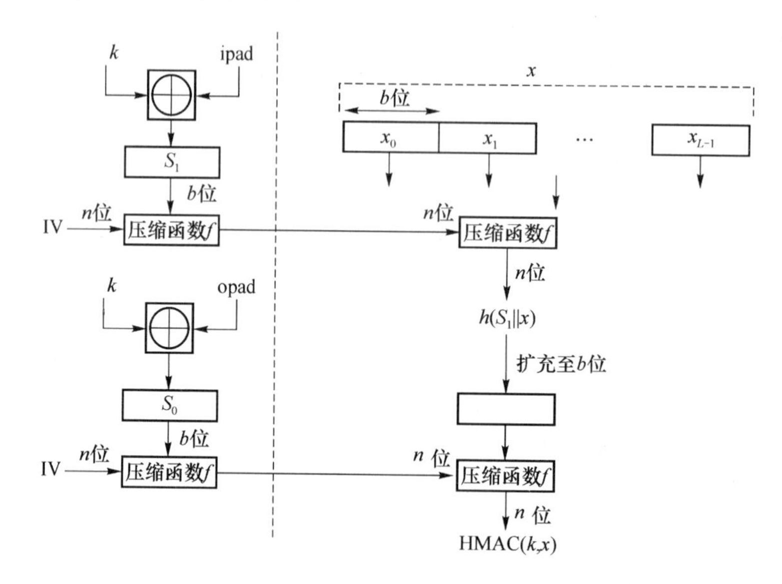

图 6.12　HMAC 的有效实现方法

6.4　对称密钥加密和 Hash 函数应用小综合*

前面已经学到了一些加密和 Hash 函数的知识，但是如何在实际中加以灵活应用。本节提供一个综合应用所学知识的机会，便于激发对学习内容的思考，加深对所学知识的理解，提高密码学习的趣味性。

密码的设计需要明确三点：

（1）现有的工具（Building Block）。目前，只学习了加密和 Hash 函数这两个工具。

（2）安全的需求（Security Requirement）。安全的需求目前考虑保密性，数据完整性，消息鉴别。这里消息鉴别＝消息完整性＋消息源鉴别。消息完整性和数据完整性的区别在于前者涉及通信，后者没有通信。交易认证。交易认证是指对消息提供唯一性和时间保证的消息鉴别。

$$交易认证＝消息鉴别＋TVP$$

这里，TVP 是指时变参数（Time Variable Parameter）。通常包括时间戳（Timestamp），序列号（Sequence Number），随机数（Nonce）等。

通常，现代密码学要求给出严格的安全定义，以明确需要达到的安全目标。例如，对 HMAC 的安全需求是自适应消息攻击下的存在性不可伪造。

（3）敌手模型（Adversary Model）。对敌手的拥有能力的假设，对敌手攻击目标明确。为简单起见，这里对敌手的考虑只考虑最简单的情形：针对加密方案的唯密文攻击，针对消息鉴别的已知消息攻击。

以上是安全性设计，通常还需要考虑实用性。这需要建立对通信（网络、系统）的假设，应用环境的资源会对密码设计中选用的算法的性能（计算、通信、存储效率）提出要求。其他与应用相关的考虑因素还包括软、硬件实现费用，专利，出口限制，标准，法律法规等。

基本的符号：M 表示消息。E_k 表示密钥为 k 的对称密钥加密。H 表示 Hash 函数。

1. 设计目标 1：数据完整性

从最简单的设计开始。使用数据的散列值即可。如软件下载时公布软件的散列值，可信计算机启动后验证关键程序的散列值是否与保持的可信值一致。

2. 设计目标 2：消息完整性

(1) 若存在安全信道（退化成数据完整性问题）。计算消息的 MDC＝$H(M)$，MDC 通过安全信道从发送方传递到接收方，消息则通过非安全信道传递。接收方接收到消息后，根据 MDC 验证消息完整性。

(2) 若没有安全信道。对抗非安全信道上的不可觉察的消息修改，有 3 种办法。

① $E_k(M \| H(M))$。攻击者没有密钥 k，无法修改消息后不被觉察。这种方法额外提供了明文保密性。计算量为 1 次加密运算，1 次 Hash 运算。

② $M \| E_k(H(M))$。攻击者没有密钥 k，无法修改消息后不被觉察。不提供明文保密性。加密的工作量少于①。计算量为 1 次加密运算，1 次 Hash 运算。

③ $M \| H_k(M)$。攻击者没有密钥 k，无法修改消息后不被觉察。计算量为 1 次 Hash 运算，效率比①②高。

注意，单独加密不能保证完整性，如 $M \| E_k(M)$。加密不能使用流密码，不能使用 ECB、CBC 等模式的分组密码。

3. 设计目标 3：消息源鉴别

(1) 若存在安全信道。通过安全信道传递消息即可。

(2) 若不存在安全信道。

① $M \| H_k(M)$。攻击者没有密钥 k，存在性不可伪造。计算量为 1 次 Hash 运算。

② $E_k(M) \| H(M)$。在特定情况下，攻击者没有密钥 k，存在性不可伪造。计算量为 1 次加密运算，1 次 Hash 运算。额外提供明文保密性（但 $H(M)$ 透露了部分保密性）。不能是流密码加密，不能是 ECB 工作模式。

③ $M \| E_k(H(M))$。计算量为 1 次加密运算，1 次 Hash 运算，对 $H(M)$ 提供了保密性。不能是流密码加密，不能是 ECB 工作模式。

4. 设计目标 4：消息鉴别

前面讨论存在安全信道的平凡情况，是为了明确概念。这里平凡情况略去，只考虑不存在安全信道的情况。消息鉴别包括消息源鉴别和消息完整性。

$M \| H_k(M)$。即 MAC。

5. 设计目标 5：消息鉴别和保密性

(1) $E_k(M \| H_{k'}(M))$。使用两个密钥，即使加密被攻破，消息鉴别仍然可保证。提供明文保密性。

(2) $E_k(M) \| H_{k'}(E_k(M))$。允许在密文情况下（不知道明文的情况下）进行消息鉴别。鉴别的是密文而不是明文。不能保证产生 MAC 的一方知道明文。

(3) $E_k(M) \| H_{k'}(M)$。这里 $H_{k'}(M)$ 需要满足不破坏 M 的保密性。

6. 设计目标 6:交易认证和保密性

$E_k(M \| H_{k'}(M \| \mathrm{TVP})$。加入 TVP,确保唯一性和时间保证,对抗重放攻击(Replay Attack)。

如果结合公钥密码系统(第 7 章开始介绍),也可以提供消息鉴别,例如 $M \| E_{sk}\{H(M)\}$。其实这就是数字签名(额外提供了不可抵赖性)。另外,$E_k(M \| E_{sk}\{H(M)\})$提供消息鉴别(数字签名)和机密性。

小　　结

本章从 Hash 函数的概念开始,介绍了一般模型,一般结构(Merkle-Damgard 变换),应用,安全性(生日攻击)。然后介绍了 Hash 函数的具体构造方法:直接构造法(用 SHA-1 举例)。基于分组密码的构造(CBC 模式,CFB 模式构造),基于计算复杂性方法的构造(基于单向函数的一般性构造,基于离散对数问题的 Chaum-Heijst-Pfitzmann Hash 函数)。最后介绍了消息鉴别码。指出安全分析的基本概念,学习案例 CBC-MAC,嵌套 MAC 及其安全性证明,学习了案例 HMAC。最后给出应用所学知识的综合训练。本章的主要内容总结如下。

- Hash 函数的概念
  - 概念　单向性,抗弱碰撞,抗强碰撞
  - 一般模型　预处理,迭代处理,输出变换
  - 一般结构　Merkle-Damgard 变换
  - 应用
    - 数据完整性,
    - 数字签名,
    - 消息鉴别码,
    - 基于口令的身份识别
    - 其他的应用包括非交互零知识证明,比特承诺协议,伪随机数生成,随机预言模型,公平投币等
  - Hash 函数的安全性(生日攻击)
- Hash 函数的构造
  - 直接构造法举例 SHA-1
  - 基于分组密码构造
    - 基于分组密码 CFB 工作模式构造
    - 基于分组密码 CBC 工作模式构造
    - 一般性讨论(PGV 通用构造方法)
  - 基于计算复杂性的构造
    - 基于离散对数的方法
    - 基于单向函数的一般性构造方法
- 消息鉴别码
  - 认证系统的模型
  - MAC 的安全性
  - 案例学习:CBC-MAC　一般性构造方法
  - 嵌套 MAC 及其安全性证明
  - 案例学习:HMAC　HMAC 的设计目标　HMAC 的整体设计
- 对称密钥加密和 Hash 函数应用小综合

各知识点之间的联系如下。

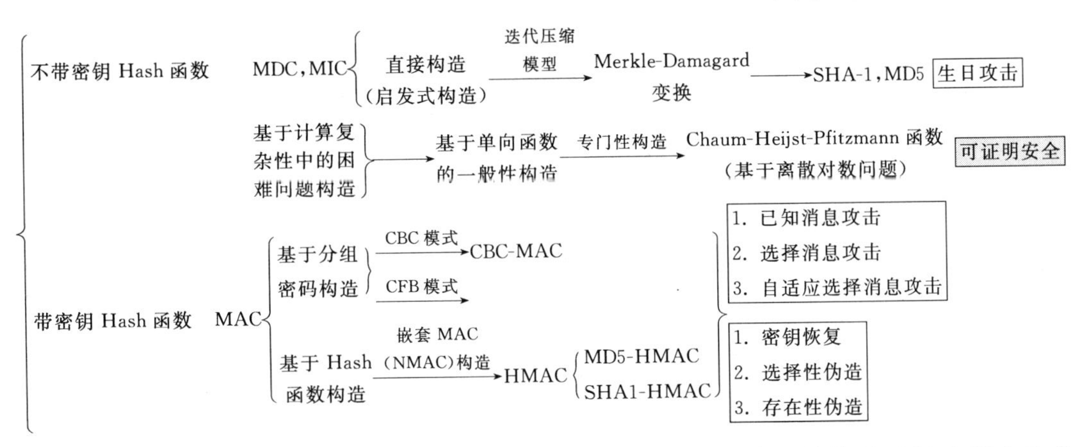

本章的重点是 Hash 函数的一般结构,生日攻击,基于分组密码的构造,MAC 安全性分析,HMAC。难点是基于计算复杂性方法的构造,嵌套 MAC 及其安全证明。

扩展阅读建议

欧洲 NESSIE 和 ECRYPT 都包括了对新的 Hash 算法的研究。Whirlpool、SHA-256、SHA-384 和 SHA-512 等都作为终选的 Hash 函数。但这些函数的安全性如何,还有待进一步探讨。ECRYPT 则把设计快速及可证安全的 Hash 函数,以及寻找安全 Hash 函数设计或已有 Hash 函数"加固"的一般准则的研究,作为重要的研究方向。NESSIE 项目推荐的 MAC 算法,除 HMAC 和 CBC-MAC 外,还有 Two-Track-Mac 和 UMAC。

我国国家密码管理局于 2010 年 12 月 17 日发布了 SM3 杂凑算法,见国家密码管理局第 22 号公告。网址为 http://www.oscca.gov.cn/News/201012/News_1199.htm。

第7章 公钥加密(基础)

公钥密码学概念的提出，是整个密码学发展史上最伟大的一次革命，被公认为是现代密码学诞生的标志。公钥密码学包括公钥密码体制、数字签名、密钥协商、身份认证等。其中公钥密码体制为密码学的发展提供了新的理论和技术基础，成功解决了密钥管理、身份认证、数字签名等问题，已成为信息安全技术中的核心技术。

本章首先概述公钥密码体制，然后以一个故事和三个基本案例作为导引，体会公钥加密设计的方法，最后介绍 RSA 密码体制及其安全性分析。

7.1 公钥密码体制概述

7.1.1 公钥密码体制的提出

随着计算机和网络的飞速发展，保密通信的需要越来越广泛，对称密钥体制的局限性逐渐显露出来，且越来越严重。其局限性主要有如下几个方面。

(1) 密钥分发问题。使用对称密钥体制进行保密通信时，通信双方需要事先通过安全(保密)信道传递密钥，但是安全信道不易实现。因此，对称密钥的分发问题一直困扰着密码专家。

(2) 密钥管理问题。对称密码体制的密钥量太大。在 n 个用户的通信网络中，每个用户想要和其他 $n-1$ 个用户进行通信，必须使用 $n-1$ 个密钥，从而系统的总密钥量达到 $n(n-1)/2$。当 n 较大时，这样庞大的密钥量在产生、保存、传递、使用和销毁等各个环节都会变得很复杂，存在安全隐患。

(3) 不可抵赖性(不可否认性)。在对称密钥体制中通信双方拥有同样的密钥，所以接收方可以伪造发送方的消息和消息鉴别码，发送方也可以否认发送过某个消息。公钥密码体制的数字签名解决了这个问题。

因此，对称密钥体制的局限性以及实际应用的需求促使一种新密码体制的出现。1976年，当时还在美国斯坦福大学就读的博士生 Whitefield Diffie 和他的导师 Martin Hellman 在一篇开创性论文“密码学的新方向”(*New Direction in Cryptography*)中第一次提出了区分加密密钥和解密密钥的思想，即非对称密钥密码体制，又叫公开密钥密码体制。(在这之前，他们在 7 月的时候写了一篇 4 页长的会议论文 *Multiuser Cryptographic Techniques*，虽然该文中概念已经解释得很清楚，但作者不满意他们所举的例子。)

但是,单就保密性而言,公钥密码体制并不能完全取代对称密码体制,这是因为公钥加密的算法相对复杂,加密、解密速度较低,而且公钥通常需要认证,即需要保证公钥的确为声称者的公钥。在实际应用中,这两种体制常结合使用,即加密、解密使用对称密码体制,密钥管理使用公钥加密体制。此外,数字签名不但提供了消息完整性、消息源鉴别,还可以提供不可抵赖性。

7.1.2 公钥密码学的基本模型

公钥密码学的基本模型主要有两个:一种是加密模型,一种是认证模型。如图 7.1(a)和(b)所示。

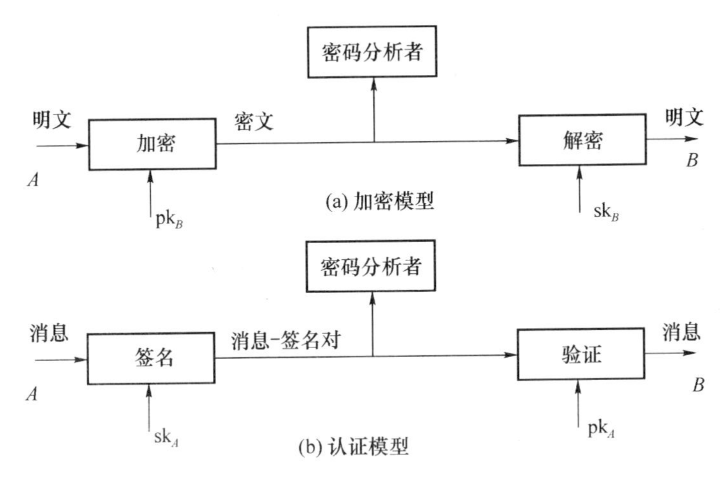

图 7.1 公钥密码学的基本模型

(1) 加密模型。用接收者的公钥作加密密钥,用接收者的私钥作解密密钥,即只有接收者才能解密密文得到明文。第 7 章和第 8 章将介绍这一模型的实现方法。

(2) 认证模型。发送者用自己的私钥对消息进行变换,产生签名,把"消息-签名"对发送给接收者。接收者用发送者的公钥对签名进行验证以确定签名是否有效。只有在拥有私钥的发送者才能对消息产生有效的签名,任何人均可以用签名人的公钥来检验签名的有效性。第 9 章将介绍这一模型的具体实现方法。

7.1.3 公钥加密体制的一般模型

一个公钥加密体制的示意图如图 7.2 所示。

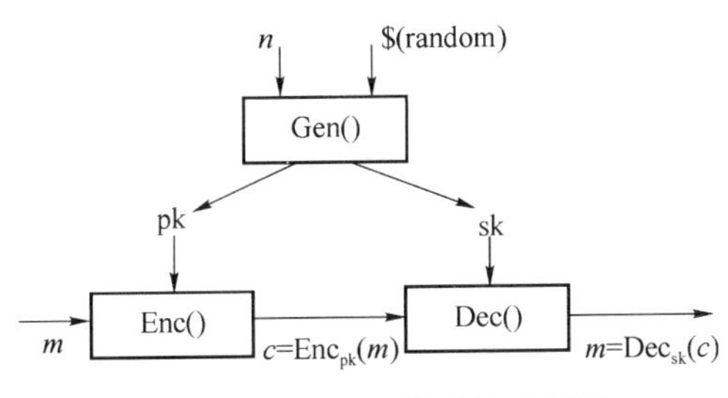

图 7.2 公钥加密体制的示意图

定义 7.1 一个公钥加密体制是这样的一个 6 元组$\langle M, C, K, \text{Gen}(), \text{Enc}_{pk}(), \text{Dec}_{sk}()\rangle$,满足如下条件:

(1) M 是可能消息的集合;

(2) C 是可能密文的集合;

(3) 密钥空间 K 是一个可能密钥的有限集;

(4) 密钥生成算法 Gen():输入安全参数,输出公钥 pk 和私钥 sk。

(5) 加密算法 $\text{Enc}_{pk}()$:根据输入的公钥 pk 和明文 m,输出密文 $c=\text{Enc}_{pk}(m)$。

(6) 解密算法 $\text{Dec}_{sk}()$:根据输入的私钥 sk 和密文 c,输出明文 $m=\text{Dec}_{sk}(c)$。

注解:

(1) 与对称加密体制的一个最大的不同是加密密钥和解密密钥是不同的,且加密密钥可以公开,解密密钥需要保密。

(2) 密钥生成算法在对称加密体制中可能是平凡的,而在公钥密码体制中却是不平凡的。密钥生成算法可能生成随机的密钥。

(3) 随机性。加密算法可能是随机的,即在算法中可以使用一个随机数,输出的密文与该随机数有关,这种算法叫作概率加密。(例如,8.1 节的 ElGamal 密码体制。)

(4) 确定性。解密算法一定是确定的。

(5) 安全性(单向性)。在已知密文 c 和公钥 pk 的情况下,推出明文 m 在计算上是不可行的。对于任意的 $k\in K$,在已知 $\text{Enc}_{pk}()$的情况下推出 $\text{Dec}_{sk}()$是计算不可行的。对于任意的 $k\in K$,在已知 pk 的情况下,推出 sk 是计算不可行的。

(6) 有效性(实用性)。公钥和私钥的产生,即密钥生成是容易的。即 Gen()是多项式时间内可计算的。已知公钥 pk 和明文 m,计算密文 $c=\text{Enc}_{pk}(m)$也是多项式时间可计算的。

(7) 一致性。对每一个 $k=(\text{pk},\text{sk})\in K$,都对应一个加密算法 $\text{Enc}_{pk}: M\to C$ 和解密算法 $\text{Dec}_{sk}: C\to M$,满足对于任意的 $m\in M$,若 $c=\text{Enc}_{pk}(m)$,则 $\text{Dec}_{sk}(c)=m$。

(8) 陷门性。若已知私钥 sk,存在多项式时间算法可以由密文 c 计算出明文 m,满足 $c=\text{Enc}_{pk}(m)$,其中私钥 sk 称为陷门信息(Trapdoor Information)。

另外,从计算的角度考察公钥加密体制中用到的算法,有如下要求。

(1) 产生一对密钥在计算上是可行的。

(2) 已知公钥和明文,产生密文是容易的。

(3) 接收方利用私钥来解密密文在计算上是可行的。

(4) 对于攻击者,利用公钥推断私钥在计算上是不可行的。

(5) 已知公钥和密文,在不知道私钥的情况下,恢复明文在计算上是不可行的。

因为通过加密密钥和密文求得解密密钥或明文并不容易,从而系统的加密算法和加密密钥都可以公开,用户只需保管好自己的解密密钥。这样,用户作为加密者和 N 个人通信,只需要获得 N 个公钥即可;用户作为解密者,只需要保存 1 个私钥。从而简化了密钥管理。公钥的传递可以公开,降低了加密密钥的分发难度,使从未谋面的双方可以互相通信。

作为一种加密的工具,公钥密码系统具有密钥管理和密钥分发方面的优势。但是它不能代替对称密钥体制,因为现有公钥系统的计算速度远低于对称密钥系统。实际应用中,常将两者结合起来,利用公钥密码系统加密会话密钥(Session Key),再用会话密钥按对称密钥算法对明文加密。

公钥体制除了提供加密工具外,还提供了数字签名(第9章)这一工具,可用于实体认证和身份识别(第10章)、密钥管理(第11章)等其他应用。

7.1.4 公钥加密体制的设计原理

(本节的学习可以延迟到第7章和第8章之后学习。)公钥加密体制的设计原理主要依靠两个方法:陷门单向函数和“可交换”单向函数,下面先通过非正式的定义得到陷门单向函数的直观印象。在介绍陷门单向函数之前,首先介绍单向函数。

单向函数:就是满足下列条件的函数 f。

(1) 给定 x,计算 $y=f(x)$是容易的。

(2) 给定 y,计算 x 使得 $y=f(x)$是困难的。

在密码学中最常用的单向函数有两类:一是公开密钥密码中使用的单向陷门函数;二是消息摘要中使用的单向散列函数。

陷门单向函数:满足下列条件的函数 f。

(1) 可计算性:给定 x,计算 $y=f(x)$是容易的。

(2) 单向性:给定 y,计算 x 使得 $y=f(x)$是困难的。

(3) 陷门性:存在 td(陷门),已知 td,对给定的任何 y,若相应的 x 存在,则计算 x 使$y=f(x)$是容易的。

简言之,知道陷门信息后,函数 f 就不是单向函数了。td 为陷门信息。f 通常为加密函数,f 可公开,相当于公开了加密密钥。td 需要保密,它是解密密钥,即私钥。条件(1)说明加密是容易的,而且是公开的,任何人均可将信息 x 加密成 $y=f(x)$。条件(2)表明在没有陷门信息的情况下,从密文 $y=f(x)$推测明文 x 是不可行的。条件(3)表明只有知道陷门信息 td,即私钥,才能从 $y=f(x)$中解密出 x。

利用陷门单向函数构造公钥加密时,陷门信息可能就是私钥,也可能是某种方法(如RSA 密码体制中大整数的素数分解方法,如背包公钥密码体制中的简单背包)。

可交换的单向函数是指:具有“可交换”特性的单向函数。例如,一个典型的“可交换”单向函数是 $f(x)=g^x \bmod p$(这里 p 为一个大素数),有 $f(x)^y=f(y)^x$。这种“可交换”特性可以用于通信双方协商一个秘密的通信密钥。

后面将介绍使用陷门单向函数构造公钥加密和“可交换”单向函数构造公钥加密的两种典型案例:RSA 和 ElGamal。

1976 年公钥密码体制的思想提出来后,国际上出现了许多公钥加密体制,如下。

(1) 基于背包问题的 Merkle-Hellman 公钥密码系统。

(2) 基于大整数因子分解问题的公钥密码系统(RSA 方案)。

(3) 基于有限域乘法群上的离散对数问题的公钥密码(ElGamal 方案)。

(4) 基于椭圆曲线上离散对数问题的椭圆曲线公钥密码系统(ECC)。

(5) 基于二次剩余问题的公钥密码系统(Goldwasser-Micali 概率加密系统)。

(6) 基于模 n 的平方根问题的公钥密码系统(Rabin 方案)。

(7) 基于格的短向量问题的公钥密码系统(NTRU 方案)。

(8) 基于代数编码问题的公钥密码系统(McEliece,以及我国学者王新梅提出的改进方案)。

(9) 基于非线性有限自动机求逆的困难性的方案——(如我国学者陶仁骥提出的基于有限自动机的方案)。

最新的可证明安全的公钥密码体制包括如下几种。

(1) 基于随机预言模型的可证明安全公钥密码体制:如RSA-OAEP体制。

(2) 基于标准模型的可证明安全公钥密码体制:如Crame-Shoup体制。

7.2 一个故事和三个案例体会

7.2.1 Merkle谜题(Puzzle)

首先在本节介绍Merkle谜题是想还原公钥加密体制提出和发展的历史进程,这可能有利于读者理解公钥密码体制的提出和设计的逻辑过程,从而体会一项重大的科学发明创造背后蕴含的逻辑原因,便于有意识地体会、模仿和培养类似的创造性思维方法。在1974年,Ralph Merkle发明了最初的公钥密码系统(B. Schneier称它为第一个公钥密码系统①)。当时,Merkle是在加州大学伯克利分校读书的学生,Merkle在Lance Hoffman教授的"计算机安全"课程上提交的学期项目计划书中给出了该方,但Hoffman不理解这一建议,没有同意这一项目计划。最终Merkle放弃了这门课,继续孜孜不倦地研究这一问题。在1975年,提交了一份论文给*Communications of the ACM*杂志,但因为"没有参考文献,且论文与主流密码学思想不符"而被拒绝。直到1978年4月*CACM*杂志才刊登了这篇论文②。

Merkle文章中的目的是想克服对称密钥加密必须事先建立共享秘密密钥的局限,设想如何在不需要事先交换密钥的情况下加密信息。其论文题目是"在不安全信道上的安全通信"。提出一个方案能在不安全的信道上传递密钥,使得窃听者即使看到密钥在传输,也无法得知密钥。其设计的基本原理是:只要发送者和接收者解决谜题比窃听者容易。

下面介绍Alice如何不需要先和Bob交换系统密钥就能把加密信息发给Bob:

(1) Bob产生大量的谜题,每个需要一定的计算才能解开。例如,这些谜题可以采用这种形式:用一个未知的密钥加密,密钥长度必须足够短,以允许蛮力攻击。

(2) Bob发送所有的谜题给Alice。

(3) Alice随机选择一个谜题然后通过穷举法(蛮力攻击)解决该谜题。解决后的谜题中包含一个标识,以及一个会话密钥,这样Alice可以用解决的谜题中的密钥与Bob进行通信(即用会话密钥加密,并传输标识给Bob,Bob于是知道Alice使用的是哪个会话密钥)。

窃听者即使看到Bob发送的谜题,以及Alice发送的密文和标识,想猜测会话密钥,必须(依靠蛮力攻击)解出所有的谜题。如果猜测每个谜题的需要的时间为$O(n)$,谜题数量为m,则Alice需要$O(n)$时间破解一个谜题,从而和Bob共享一个密钥。然而窃听者需要$O(m*n)$的时间才能破解所有的谜题,从而发现Alice和Bob之间共享的密钥。如果$m\approx$

---

① B. Schneier,吴世忠等译,应用密码学——协议、算法与C源程序,机械工业出版社,2000,第24页。

② R. C Merkle. "Secure Communications over Insecure Channels", Communications of the ACM 21(4): 294-299, April, 1978.

n,则窃听者的耗时约为 Alice 的平方。

容易发现,Merkle 的方法不太实用,因为需要传输大量的谜题。但是 Merkle 的贡献在于第一个提出了在非安全的信道上传递密钥的想法。该思想的精髓在于加密方和破解方具有不对称的工作量。

在 1976 年以前,普遍认为若首先不共享密钥则进行加密是不可行的,Merkle 的方法启发了 Diffie 和 Hellman 写成了那篇著名的论文(*New Directions in Cryptography* 一文引用的第一篇文献便是 Merkle 谜题这篇论文)。在 2002 年,Hellman 曾经提到,Diffie-Hellman 密钥交换协议"Diffie-Hellman Key Exchange"应该叫作"Diffie-Hellman-Merkle Key Exchange",因为公开进行密钥分发的想法最早源于 Merkle 的工作。

7.2.2 Pohlig-Hellman 对称密钥分组加密

1976 年 Pohlig 和 Hellman 发表了基于有限域中离散对数问题的加密系统。该算法是一个对称密钥算法,且是分组加密。

Pohlig-Hellman 对称密钥分组加密描述如下:

(1) 保密密钥的预先分发

选择一个大素数模 p,是公开的参数。密钥 K 是双方共享的保密密钥。

(2) 加密算法

$$C=M^K \bmod p, M\in[1,p-1], C\in[1,p-1], K\in[1,p-2]$$

(3) 解密算法

$$D=K^{-1}\bmod(p-1)$$
$$M=C^D \bmod p$$

方案的正确性证明如下:

$$\begin{aligned}M&=C^D \bmod p=(M^K)^D \bmod p=M^{KD}\bmod p=M^{(t(p-1)+1)}\bmod p\\&=(M^{p-1})^t M \bmod p=M \bmod p=M\end{aligned}$$

由于离散对数问题的困难性,可以抵御已知明文攻击,即从已知的明文密文对,无法求出密钥,因为需要求解有限域 GF(p)中的离散对数问题 $K=\log_M C \bmod p$。后面将看到,RSA 方案与这个方案有点"神似",这便是该方案在此介绍的原因。

7.2.3 Merkle-Hellman 背包公钥密码方案

Merkle 和 Hellman(Merkle 是 Hellman 的博士生)于 1978 年提出了第一个公钥密码系统,即背包(Knapsack)公钥密码系统。其设计思路从 NP 完全问题背包问题出发,其安全性基于背包问题的难解性。尽管 1984 年被 Adi Shamir 最终证明了 MH 背包公钥密码方案是不安全的,但介绍该方案非常优雅,设计思路清晰简洁,逻辑合理,蕴含丰富而又朴素的公钥设计思想,有利于体会如何将 NP 完全问题用于设计公钥密码学。

但是,有研究表明基于 NP 完全问题的公钥系统可能不够安全,而基于 NPI 问题(既不是 NP 完全问题也不是 P 问题的集合称为 NPI 问题)的公钥系统反而更加安全。

1. 背包问题

已知向量 $A=(a_1,a_2,\cdots,a_n)$,$a_i(i=1,2,\cdots,n)$,为正整数,称为背包向量。

给定向量 $x=(x_1,x_2,\cdots,x_n)$,$x_i\in\{0,1\}$,求和式

$$S=f(x)=\sum_{i=1}^{n}x_ia_i$$

是容易的。但是,已知 A 和 S,求 x 则非常困难,称其为背包问题。也称为子集和(Subset-Sum)问题。直观地说,就是给定多个物品每个的重量,然后选择其中几个使得总重量等于背包的载重量。它是一个 NP 完全问题。通过穷举搜索法,有 2^N 种可能,时间复杂度为 $O(2^N)$。

下面给出背包问题(或子集和问题)的正式定义。

定义 7.2 给定正整数集合$\{a_1,a_2,\cdots,a_n\}$和一个正整数 S,确定是否有 a_i 的子集,使得其中的元素的和等于 S。

2. 背包问题的陷门信息(简单背包问题)

若背包向量 $A=(a_1,a_2,\cdots,a_N)$满足:

$$a_i>a_1+a_2+\cdots+a_{i-1},i=1,2,\cdots,N$$

时,称 A 为超递增(Superincreasing)背包向量,相应的背包问题是简单背包问题。

简单背包问题容易求解,因为当给定 $A=(a_1,a_2,\cdots,a_N)$以及 S 后,有

$$x_N=\begin{cases}1, & S\geqslant a_N\\0, & S<a_N\end{cases}$$

其原因易知:如果 $S\geqslant a_N$ 时,$x_N=0$(没有 a_N),其他的加起来也不会比 a_N 大,自然也不会达到 S。

例如,$A=(1,3,5,10,22)$,$S=14$,容易求得 $x=(1,1,0,1,0)$。

3. Merkle-Hellman 背包密码算法的设计原理

Merkle-Hellman 背包密码算法构造方法如下:

(1) 密钥生成算法

随机选取一个超递增序列(简单背包向量):$(b_1,b_2,\cdots,b_n)$,随机选取一个模数 M 使得 $M>b_1+b_2+\cdots+b_n$,随机选取一个正整数 W,使得 $1\leqslant W\leqslant M-1$ 且 $\gcd(W,M)=1$,计算 $a_i=Wb_i \bmod M(i=1,2,\cdots,n)$。公钥为$(a_1,a_2,\cdots,a_n)$,私钥为$(b_1,b_2,\cdots,b_n,W,M)$。

(2) 加密算法

① 把明文表示成长度为 n 的比特串,即 $m=(m_1,m_2,\cdots,m_n)$。

② 计算密文 $c=m_1a_1+m_2a_2+\cdots+m_na_n$。

(3) 解密算法

① 计算 $d=W^{-1}c \bmod M$。

② 求出$(r_1,r_2,\cdots,r_n)$,$r_i\in\{0,1\}$,使得 $d=r_1b_1+r_2b_2+\cdots+r_nb_n$;明文即 $m=(r_1,r_2,\cdots,r_n)=(m_1,m_2,\cdots,m_n)$,这里 $m_i=r_i$,$i=1,2,\cdots,n$。

一个增强的方法是先将超递增序列重新排序再计算,即 $a_i=Wb_{\pi(i)} \bmod M$。那么解密时 $m_i=r_{\pi(i)}$,$i=1,2,\cdots,n$。

可见,其基本的设计原理是:利用背包问题的陷门,即简单背包。将简单背包进行"伪装"(一种变换),使简单背包变为非简单背包。公布非简单背包$(a_1,a_2,\cdots,a_n)$为公钥,简单背包$(b_1,b_2,\cdots,b_n)$以及伪装简单背包的变换方法(W, M)为私钥。

方案的正确性证明如下:

由于

$$d = W^{-1}c \bmod M = W^{-1}\sum_{i=1}^{n} m_i a_i \bmod M = \sum_{i=1}^{n} m_i b_i \bmod M$$

且$(b_1, b_2, \cdots, b_n)$是超增序列,所以解密者由 d 可以计算出$(m_1, m_2, \cdots, m_n)$,使得 $d = m_1 b_1 + m_2 b_2 + \cdots + m_n b_n$。

例 7.1 令递增序列为(1,3,5,10),选 $M=20, W=7, \gcd(M,W)=1$。求出 $W^{-1}=3 \bmod 20$。公钥为$(7\times1, 7\times3, 7\times5, 7\times10) \bmod 20$,即(7,1,15,10)。假设明文为 13,即 $m=(1101)$,则加密结果 $7+1+0\times15+10\times1=18$,于是 $c=10010$。

解密时,密文为 $c=10010$,即 18,计算 $d=3\times18=14 \bmod 20$,由超递增序列(1,3,5,10)和 d,得出 $m=(11101)$,即 13。

MH 背包体制在 1984 年由 Birckell 利用著名的 LLL 算法和格基规约(Lattice base Reduction)的思路证明是不安全的,即存在多项式时间的攻击方法。另外一个破解思路是:不必找出私钥中的乘数 W 和模数 M,只要能找出任意模数 W' 和乘数 M',用 W' 和 M' 乘以公开的背包向量能够产生超递增背包向量即可。

7.2.4 Rabin 公钥密码体制

在 1978 年 MH 方案提出的同一年,MIT 的三位青年密码学家提出了 RSA 公钥密码体制。但是,在介绍 RSA 之前,先体会一下 Rabin 公钥密码体制。

Rabin 公钥密码体制是 1979 年由 MIT 的 M. O. Rabin 在其论文 *Digitalized Signatures and Public-Key Functions as Intractable as Factorization* 中提出。Rabin 公钥密码体制在 RSA 公钥密码体制之后提出,看上去和 RSA 有些相像,但是其安全性是基于求解合数平方根的困难性。

1. 平方根问题

定义 7.3 平方根问题(SQROOT):给定一个合数 n 和 $a \in Q_n$(模 n 的二次剩余集合,即 a 是某个数的平方取模 n),找 a 模 n 的平方根;即找到一个整数 x,使得 $x^2 = a \bmod n$。

2. 平方根问题的陷门信息

如果知道 n 的素数因子 p 和 q,那么 SQROOT 问题就很容易求解。方法是先求解 a 模 p 和模 q 的解,然后利用中国剩余定理得到 a 模 n 的平方根。

于是,考虑 n 作为公钥,陷门信息 p 和 q 为私钥。

3. Rabin 方案的设计

(1) 密钥的产生

随机生成两个大的素数 p 和 q,满足 $p=q=3 \bmod 4$,计算 $n=p\times q$。n 为公钥,p,q 作为私钥。

(2) 加密算法

$$c = m^2 \bmod n$$

(3) 解密算法

解密就是求 c 模 n 的平方根,即解 $x^2 \equiv c \bmod n$,该方程等价于方程组

$$\begin{cases} x^2 \equiv c \bmod p \\ x^2 \equiv c \bmod q \end{cases}$$

由于 $p=q=3 \bmod 4$,可容易地求出 c 在模 p 下的 2 个方程根

$$m \equiv c^{(p+1)/4} \bmod p$$

$$m \equiv p - c^{(p+1)/4} \bmod p$$

和 c 在模 q 下的 2 个方程根：

$$m \equiv c^{(q+1)/4} \bmod q \quad m \equiv q - c^{(q+1)/4} \bmod q$$

两两组合联立，可得 4 个方程组：

$$\begin{cases} m \equiv c^{(p+1)/4} \bmod p \\ m \equiv c^{(q+1)/4} \bmod q \end{cases} \qquad \begin{cases} m \equiv p - c^{(p+1)/4} \bmod p \\ m \equiv c^{(q+1)/4} \bmod q \end{cases}$$

$$\begin{cases} m \equiv c^{(p+1)/4} \bmod p \\ m \equiv q - c^{(q+1)/4} \bmod q \end{cases} \qquad \begin{cases} m \equiv p - c^{(p+1)/4} \bmod p \\ m \equiv q - c^{(q+1)/4} \bmod q \end{cases}$$

求得 4 个 m，其中必有一个 m 为明文。这通常可以通过在明文中事先引入某些特征(如发送者的身份号、日期等)来区分。

注解：

(1) 为什么取 $p = q = 3 \bmod 4$ 呢？

目的是为了能快速地求出平方根。

思考 7.1：为什么 $p \equiv 3 \bmod 4$ 时，$x^2 \equiv c \bmod p$ 的平方根容易求出？

由 $p \equiv 3 \bmod 4$，得 $p+1=4k$，即$(p+1)/4$ 是一个整数。设 $x^2 \equiv c \bmod p$ 的根为 y，即 $y^2 \equiv c \bmod p$。

因 c 是模 p 的二次剩余，故 $c^{(p-1)/2} \equiv (y^2)^{(p-1)/2} \equiv y^{p-1} \equiv 1 \bmod p$。

于是，

$$(c^{\frac{p+1}{4}})^2 \equiv (y^{\frac{p+1}{2}})^2 \equiv c^{\frac{p+1}{2}} = c^{(p-1)/2} \cdot c \equiv c \bmod p$$

故 $c^{(p+1)/4}$ 和 $p - c^{(p+1)/4}$ 是方程 $x^2 \equiv c \bmod p$ 的两个根。同理，$c^{(q+1)/4}$ 和 $q - c^{(q+1)/4}$ 是方程 $x^2 \equiv c \bmod q$ 的两个根。

(2) 为什么解 $x^2 \equiv c \bmod n$ 方程等价于解方程组 $\begin{cases} x^2 \equiv c \bmod p \\ x^2 \equiv c \bmod q \end{cases}$？

下面证明一个一般的结论：当 p,q 是素数，$n = p \times q$ 时，$a \equiv b \bmod n$ 等价于方程组

$$\begin{cases} a \equiv b \bmod p \\ a \equiv b \bmod q \end{cases}$$

证明：若 $\begin{cases} a \equiv b \bmod p \\ a \equiv b \bmod q \end{cases}$，则 $p \mid (a-b)$，$q \mid (a-b)$，而 $\gcd(p,q)=1$，所以 $pq \mid (a-b)$，即 $a \equiv b \bmod pq$。

反之，若 $a \equiv b \bmod n$，则 $n \mid (a-b)$，由 $p \mid n$，$q \mid n$，得 $p \mid (a-b)$，$q \mid (a-b)$，即

$$\begin{cases} a \equiv b \bmod p \\ a \equiv b \bmod q \end{cases}$$

■

例 7.2 Rabin 方案的举例。假设私钥为 $p=7$，$q=11$(p,q 模 4 余 3)，公钥为 $n=pq=77$，明文 $m=32$，则密文为 $c = m^2 \bmod n = 32^2 \bmod 77 = 23$。下面分析解密密文 23 的过程。$m \equiv \sqrt{c} \bmod 77$。分别求模 p,q 的平方根。

$$23^{7+1/4} \equiv 2^2 \equiv 4 \bmod 7$$

$$23^{11+1/4} \equiv 1^2 \equiv 1 \bmod 11$$

23 模 7 和模 11 的平方根是 ± 4 和 ± 1，然后利用中国剩余定理，计算得到 23 模 77 的 4 个平方根，± 10，$\pm 32 \pmod{77}$，4 个可能的明文 10,32,45,67。在实际中，通过预先在明文中加入识别特征，可以从 4 个可能明文中选出正确的明文。

4. Rabin 密码体制的安全性

Rabin 密码体制的破解等价于大整数因子分解。由于大整数因子分解被公认是困难的，故 Rabin 密码体制不能破解。因此它是第一个可证明安全的公钥密码体制。

思考 7.2：Rabin 密码体制的困难性与大整数分解是否是等价的?

答案是肯定的。下面给出证明。

前面已经证明，已知 n 的分解 $n=pq$，且 c 是模 n 的二次剩余，则可求得 $c \bmod n$ 的 4 个平方根。

下面证明另一个方向，即已知 $c \bmod n$ 的两个不同的平方根($a \bmod n$ 和 $b \bmod n$，且 $a \neq \pm b \bmod n$)，就可以分解 n。

由 $a^2 \equiv b^2 \bmod n$ 得 $(a+b)(a-b) \equiv 0 \bmod n$，但 n 不能整除 $a+b$，也不能整除 $a-b$，所以必有 $p|(a+b), q|(a-b)$ 或者 $p|(a-b), q|(a+b)$，于是

$$\gcd(n, a+b)=p, \gcd(n, a-b)=q$$

或者

$$\gcd(n, a-b)=p, \gcd(n, a+b)=q$$

因此得到了 n 的两个因子。

随机选择一种情况，分解成功的概率为 1/2。于是平均 2 次尝试，就可以分解成功。因此，分解因子尝试的时间是多项式的。■

为了一般化，引入一个非常重要的计算复杂性的概念和符号。

定义 7.4 假设 A 与 B 是两个计算问题。A 称为在多项式时间内可以规约到 B，写成 $A \leqslant_P B$，如果存在一个可以解出 A 的算法，此算法使用一个可以解出 B 的算法作为子程序，而且如果 B 的算法时间是多项式级别的，则解出 A 的算法可以在多项式时间内完成。

也就是说，如果 A 在多项式时间内规约到 B，那么 B 至少同 A 有相同的难度。即 A 不比 B 难，B 的难度高于或者等于 A 的难度。如果 A 是一个已被深入研究的计算问题，而且公认为是困难的，那么证明 $A \leqslant_P B$ 就证明了 B 的困难性。从可证明安全的角度来说，要证明 B 方案是安全的，只需要证明 B 方案基于的问题至少比一个公认的难题 A 要难。换句话说，若 B 方案攻破，则导致 A 问题的解决。

定义 7.4 自然引出定义 7.5。

定义 7.5 假设 A 和 B 是两个计算问题，如果 $A \leqslant_P B$，且 $B \leqslant_P A$，则 A 和 B 称为计算等价问题。写作 $A \equiv_P B$。

定义 7.6 大整数因子分解问题(FACTORING)：给定一个正整数 n，找到它的素因子分解，即将 n 写为 $n=p_1^{e_1} p_2^{e_2} \cdots p_k^{e_k}$，这里 p_i 是不同的素数，且每个 $e_i \geqslant 1$。

引入符号和定义后，回顾前面的证明，可知 Rabin 密码体制就是 SQROOT 问题，已经证明 SQROOT $\leqslant_P$ FACTORING，即因子分解成功导致求出平方根。也证明了 FACTORING $\leqslant_P$ SQROOT，即求出平方根导致因子分解。于是FACTORING $\equiv_P$ SQROOT。

5. Rabin 方案的可证明安全性

一个安全方案的安全性证明，通常是指安全方案的破解导致一个公认的困难问题的求解。由于公认的困难问题是不易求解的(无多项式时间的解法)，故安全方案是安全的。这也是称这种安全性是计算安全的原因。

简单地说就是，Rabin 方案的攻破将会导致解决一个公认的困难问题。所谓"方案的攻破"，就是说给定 Rabin 方案的密文，可得到明文。即拥有一个解密函数，给定 y，返回 y 的 4 个平方根中的 1 个。这个解密函数称为解密预言机(Oracle)，名称为 Rabin-Decryption()。

下面,用解密预言机作为子函数,构造一个算法,完成大整数的因子分解。

算法:

```
Factoring-by-Rabin-Decryption(n)
/* 利用解密预言机进行大整数分解的算法 */
/* 输入:要分解的大整数 n            */
/* 输出:整数分解的结果,因子          */
{
    随机选择一个整数 r∈Z*n
    y←r^2  mod n
    x←Rabin-Decryption(y)
    IF  x≡±r(mod n)
    Return("Failure")
    Else
    {
    p←gcd(x+r,n)
    q←n/q
    Return(p,q)
    }
}
```

"Else"条件满足时,即有 $x^2 \equiv r^2 \bmod n$,$x \not\equiv \pm r \bmod n$ 因此,计算 $\gcd(x+r,n)$一定能得出 p 或者 q,这样就完成了整数的分解。

根据前面的证明易知,函数 Factoring-by-Rabin-Decryption(n)返回(p,q)的概率为 1/2。

最后,需要强调的是:Rabin 加密并不是 RSA 加密的特例。因为 RSA 加密中的私钥 e 必须有 $\gcd(e,\phi(n))=1$,而 $\phi(n)=(p-1)(q-1)$为偶数,故 e 必为奇数。Rabin 加密中使用的指数是 2,为偶数。

7.3 RSA 密码体制

通过前面介绍的 Merkle 谜题、Merkle-Hellman 背包公钥体制以及 Pohlig-Hellman 对称密钥加密方案,可以体会到如何通过陷门信息设计公钥密码体制,以及 RSA 密码体制提出的时代背景。为了寻求一些启发,再次回顾一下其历程。

1974 年,Ralph Merkle 发明了最初的公钥密码系统(公开的密钥协商协议)。当时 Ralph Merkle 是在加州大学伯克利分校读书的学生,其思想最初是"计算机安全"这门的项目计划书中提出的。但其思想正式发表于 1978 年[①]。

1976 年 Stephen Pohlig 和其导师 Martin Hellman 提交了有限域中离散对数问题的对

① R. Merkle, Secure communications over insecure channels, Communications of the ACM, 21(4): 294-299, April, 1978

称密钥加密系统的论文①。

1976年,美国斯坦福大学就读的博士生 Whitefield Diffie 和他的导师 Martin Hellman 在"密码学的新方向"一文②中第一次提出了区分加密密钥和解密密钥的思想,密钥交换协议,以及单向陷门函数的概念,但不确定单向函数是否存在,也没有给出具体公钥方案。该文给出了公钥的三种基本原语:公钥加密、公钥签名和密钥交换协议。该文献引用了自己的学生 R. Merkle 和 Pohlig-Hellman 的工作。

1977 MIT 的 Ronald L Rivest、Adi Shamir、Leonard Adleman 在 MIT 的技术报告中提出 RSA 方案,正式发表于1978年的 *Communication of ACM* 期刊上③。使用以大整数分解因数的指数函数为基础的单向函数。它是第一个实用的公钥密码系统,是目前应用最广泛的公钥密码系统。后来这三位在2002年获得了计算机领域的最高奖项——ACM 图灵奖。

1978年 Ralph Merkle 和其导师 Martin Hellman 于1978年提出了第一个根据 NP 完全问题设计的公钥密码系统——背包公钥密码系统④,具有优雅简洁的公钥加密设计思想。

1979年由 MIT 的 M. O. Rabin 提出第一个可证明安全的公钥系统,Rabin 公钥密码体制虽然在 RSA 公钥密码体制之后提出,看上去和 RSA 有些相像,但是其安全性⑤和大整数因子分解是等价的。

根据后来的1997年解密的英国机密文件,早在1973年为英国的 GCHQ 工作的 James Ellis 和 Clifford Cocks 就已经发明了类似于 DH 密钥交换的方法以及 RSA 的特例,称为非秘密加密(Non-secret Encryption)。

1992年 ISO 国际标准化组织在其颁布的国际标准 X.509 中,将 RSA 算法正式纳入国际标准。RSA 的安全性基于大整数的因子分解,其基础是数论中的欧拉定理。因子分解可以破解 RSA 密码系统,但是目前尚无人证明 RSA 的解密一定需要分解因子。

7.3.1 RSA 方案描述

(1) 密钥生成

① 选取两个大素数 p 和 q(例如,长度都接近 512 bit)。

② 计算乘积 $n=p\times q$,$\phi(n)=(p-1)(q-1)$,其中 $\phi(n)$ 为 n 的欧拉函数。

③ 随机选择整数 $e(1<e<\phi(n))$,要求满足 $\gcd(e,\phi(n))=1$,即 e 与 $\phi(n)$ 互素。

④ 用扩展的 Euclidean 算法计算私钥 d,以满足 $d\times e\equiv 1\bmod(\phi(n))$,即 $d\equiv e^{-1}\bmod(\phi(n))$。得到:公钥为 e 和 n,d 是私钥。(两个素数 p 和 q,可销毁,绝不能泄露。)

---

① S. Pohlig and M. Hellman. An improved algorithm for computing logarithms over GF(p) and its cryptographic significance, IEEE Transactions on Information Theory (24): 106-110, 1978

② W. Diffie and M. Hellman, New directions in cryptography, IEEE Transactions on Information Theory, vol. IT-22, Nov., 644-654, 1976

③ R. Rivest, A. Shamir, and L. Adleman. A method for obtaining digital signatures and public-key cryptosystems, Communications of the ACM, 21(2): 120-126, 1978

④ R. Merkle and M. Hellman, Hiding information and signatures in trapdoor knapsacks, Information Theory, IEEE Transactions on, vol. 24, no. 5, pp. 525-530, Sept. 1978

⑤ M. O. Rabin, Digital signatures and public-key functions as intractable as factorization, MIT Laboratory of Computer Science, Technical Report, Jan. 1979

(2) 加密过程

明文先转换为比特串分组,使每个分组对应的十进制数小于 n,即分组长度小于 $\log_2 n$,然后对每个明文分组 m_i 作加密运算,具体过程如下。

① 获得接收公钥(e,n)。

② 把消息 M 分组长度为 $L(L<\log_2 n)$的消息分组 $M=m_1m_2\cdots m_t$。

③ 使用加密算法 $c_i=m_i^e \bmod n(1\leqslant i\leqslant t)$,计算出密文 $c=c_1c_2\cdots c_t$。

(3) 解密过程

① 将密文 c 按长度 L 分组得 $c=c_1c_2\cdots c_t$。

② 使用私钥 d 和解密算法 $m_i=c_i^d \bmod n(1\leqslant i\leqslant t)$计算 m_i。

③ 得明文消息 $M=m_1m_2\cdots m_t$。

方案的正确性证明如下:

$$c_i^d \bmod n\equiv m_i^{ed} \bmod n\equiv m_i^{k\phi(n)+1} \bmod n$$

分两种情况讨论:

(1) $\gcd(m_i,n)=1$。由欧拉定理,得

$$m_i^{\phi(n)}\equiv 1 \bmod n, m_i^{k\phi(n)}\equiv 1 \bmod n, m_i^{k\phi(n)+1}\equiv m_i \bmod n$$

于是 $c_i^d \bmod n\equiv m_i \bmod n$。

(2) $\gcd(m_i,n)\neq 1$。由于 $n=p\times q$, $\gcd(m_i,n)\mid n$,所以$\gcd(m_i,n)=p$或 q。不妨设 $\gcd(n,m_i)=p$, $p\mid m_i$,令 $m_i=sp$, $1\leqslant s<q$。

① $\gcd(m_i,q)=1$,由 Fermat 定理可得 $m_i^{q-1}\equiv 1 \bmod q$,于是

$$(m_i^{q-1})^{k(p-1)}\equiv 1 \bmod q$$

即

$$m_i^{k\phi(n)}\equiv 1 \bmod q$$

② 另外,由 $p\mid m_i$,得 $m_i^{ed}\equiv 0\equiv m_i \bmod p$,故 $m_i^{ed}\equiv m_i \bmod p$。

由①②,且 $\gcd(p,q)=1$。由中国剩余定理,$m_i^{ed}\equiv m_i \bmod n$,于是,$c_i^d \bmod n\equiv m_i \bmod n$。

综合(1)和(2),有 $c_i^d \bmod n\equiv m_i \bmod n$。又 $m_i<n$,故 $m_i \bmod n=m_i$。

例 7.3 取 $p=11$, $q=13$ 那么 $n=pq=11\times 13=143$, $\phi(n)=(p-1)(q-1)=120$,选取 $e=17$,满足 $\gcd(e,\phi(n))=\gcd(17,120)=1$。使用扩展的 Euclidean 算法计算 $d=e^{-1}=113 \bmod 120$,所以公钥为$(n,e)=(143,17)$,私钥为 $d=113$。

设对明文 $m=24$ 进行加密,密文为 $c\equiv m^e\equiv 24^{17}\equiv 7 \bmod 143$。

密文 $c=7$ 经公开信道发送到接收方后,接收方用私钥 $d=113$ 对密文解密:$m\equiv c^d\equiv 7^{113}\equiv 24 \bmod 143$。从而恢复明文。

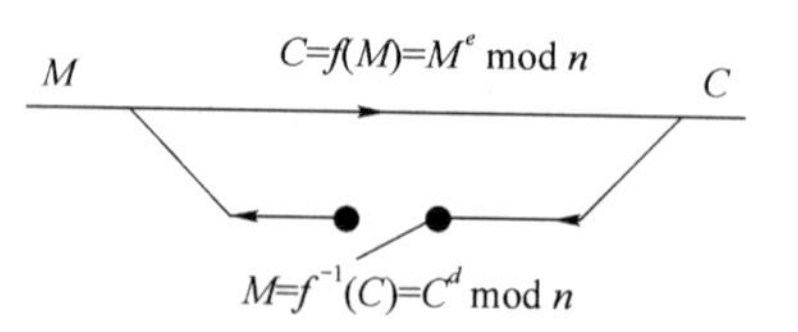

图 7.3 RSA 利用单向陷门函数的原理示意图

RSA 利用了单向陷门函数的原理,其示意图如图 7.3 所示,其中的陷门信息可以理解为大整数的素数分解,或者就是私钥 d 本身。

从代数结构角度来看 RSA 密码体制,RSA 使用了两个代数结构。一个是交换半群 $\boldsymbol{R}=<\boldsymbol{Z}_n, *>$,这个半群是公开的,用于加密和解密。一个是乘法群 $\boldsymbol{G}=<\boldsymbol{Z}^*_{\varphi(n)}, *>$,用于生成密钥,这个群是保密的。

7.3.2 RSA 方案的安全性*

首先介绍跟参数选择有关的安全性。另外将 RSA 的因子分解攻击单独作为一节介绍。

1. 共模攻击

设两个用户的公钥中的模相同，虽然加密解密密钥不同，但仍然是不安全的。设模为 n，公开的加密密钥分别为 e_1 和 e_2，通常很可能 e_1 和 e_2 是互素的，明文消息为 m，密文是 $c_1 \equiv m^{e_1} \bmod n$，$c_2 \equiv m^{e_2} \bmod n$。敌手截获 c_1 和 c_2 后，可通过如下方法恢复 m：利用扩展的 Euclidean 算法求出满足 $re_1 + se_2 = 1$ 的两个整数 r 和 s，其中必有一个为负数，不妨设是 r。再次利用扩展的 Euclidean 算法求出 c_1^{-1}，于是

$$c_1^{-1} c_2^s \equiv m^{re_1} m^{se_2} \equiv m^{re_1 + se_2} \equiv m \bmod n$$

因此公钥中每个实体的参数 n 不要相同。

2. 低加密指数攻击

假定加密参数很小，如 $e=3$，设明文为 m，密文 $c \equiv m^3 \bmod n$，如果 m 较小，则 c 有可能小于 n，则 $\bmod n$ 操作未起作用，故可对 c 直接开 3 次方得到 m。如果 m 较大，$\bmod n$ 操作起了作用，不能直接开方，仍然有可能得到 m。假设有 3 个用户接收 m，模数分别为 n_1, n_2, n_3。设明文为 m，密文分别是：

$$c_1 \equiv m^3 \bmod n_1$$

$$c_2 \equiv m^3 \bmod n_2$$

$$c_3 \equiv m^3 \bmod n_3$$

一般 $\gcd(n_i, n_j) \neq 1, i \neq j, i, j \in \{1,2,3\}$，否则可通过 $\gcd(n_i, n_j)$ 得到 n_i, n_j 的分解，于是由中国剩余定理，可求出 $m^3 \bmod n_1 n_2 n_3$。由于此时 $0 < m^3 \leqslant n_1 n_2 n_3$，可直接对 m^3 开立方得到 m。推而广之，若加密指数为 e，则得到相同明文的 e 个密文即可由该攻击方法恢复出明文。因此，同一消息发送多个实体时，不要使用小的加密指数。

对于加密指数 e 的选择，通常建议 $e = 2^{16} + 1 = 65\,537$。原因的解释要从计算模幂的快速算法说起。其实 RSA 的加密和解密就是计算模幂，因此，寻求快速求模幂的算法对于 RSA 的加密解密效率至关重要，于是平方乘算法（模重复平方法）被提出来。由于平方乘算法的循环中模乘的次数等于加密指数 e 的二进制表示中 1 的个数，故选择二进制表示中 1 较少的那种 e 将会加快加密的速度，例如，$e = 2^{16} + 1$，在平方乘算法的循环中只有 2 次模乘。

3. 低解密指数攻击

为了提高解密速度，希望选用小的 d，但是有研究表明，利用格攻击方法在 $d < n^{0.292}$ 且 $q < p < 2q$时，攻击者可以成功攻击 RSA。另外，M. Wiener 提出的一种攻击，可以成功地计算出解密指数 d，前提是当 d 不够大时，即满足条件 $3d < n^{1/4}$，$q < p < 2q$，如果 n 的二进制表示为 l 比特，那么 d 的二进制表示的位数小于 $l/4 - 1$，且 p 和 q 相距不太远时攻击有效。为安全起见，建议 $d > n^{0.5}$。

4. p－1 和 q－1 有大的素数因子

攻击者截获密文 c 后可以如下进行重复加密：

$$c^e \equiv (m^e)^e \equiv m^{e^2} \bmod n$$

$$c^{e^2} \equiv (m^e)^{e^2} \equiv m^{e^3} \bmod n$$

$$\cdots$$

$$c^{e^{t-1}} \equiv (m^e)^{e^{t-1}} \equiv m^{e^t} \bmod n$$

$$c^{e^t} \equiv (m^e)^{e^t} \equiv m^{e^{t+1}} \pmod n$$

若 $c^{e^t} \equiv c \bmod n$,则 $m^{e^t} \equiv m \bmod n$,即 $c^{e^{t-1}} \equiv m \bmod n$,所以上述重复加密的倒数第 2 步就已恢复出明文 m,这种攻击叫作循环攻击。循环攻击只在 t 较小的时候才是可行的,为抵御循环攻击,p、q 的选择应保证使 t 很大。

设 m 在模 n 下阶为 k,由 $m^{e^t} \equiv m \bmod n$ 得 $m^{e^{t-1}} \equiv 1 \bmod n$,所以 $k|(e^t-1)$,即 $e^t \equiv 1 \bmod k$,t 为满足上式的最小值(即 e 在模 k 下的阶)。又当 e 与 k 互素时,$t|\phi(k)$,为使 t 大,k 就应该大,且 $\phi(k)$ 应有大的素因子。又由 $k|\phi(n)$,所以为使 k 大,$p-1$ 和 $q-1$ 都应有大的素因子。

另外,p 和 q 的差,即值 $|p-q|$ 应该较大。

若 p 和 q 的差很小,因为 $n=pq$,所以可以估算 $(p+q)/2=\sqrt{n}$,令 $t=((p+q)/2)^2-n=((p-q)/2)^2$,在估算出 $(p+q)/2$ 的值后,便可计算出 t,由于 p 和 q 的差很小,所以 t 的值很小,可以计算出 t 的平方根,即 $\pm(p-q)/2$。结合 $(p+q)/2=\sqrt{n}$,可以得到 p 和 q。

例 7.4 假设 p 和 q 的差很小,$n=164\ 009$,$\sqrt{n}=405$,于是可以估算 $(p+q)/2=405$。计算 $((p+q)/2)^2-n=((p-q)/2)^2=405^2-n=16=4^2$,假设 $(p-q)/2=4$,于是可得 $p=409$,$q=401$。验证 $pq=409\times401=164\ 009=n$,说明估算正确。

为避免椭圆曲线因子分解方法,p 和 q 的长度相差不能太大。如使用 1 024 bit 的模数 n,则 p 和 q 的长度大致在 512 bit。通常要求 p 和 q 为 512 bit,这时 n 为 1 024 bit。对于重要的应用,则 p,q 为 1 024 bit,n 为 2 048 bit。NIST 在密钥管理指南(*Key Management Guideline*)草案中只推荐使用 1 024 位长密钥来加密保存要求不超过 2015 年保密要求期限的数据,如果保密期限超过 2015 年,则建议至少使用 n 的长度为 2 048 bit 的密钥。

5. 不动点

满足条件 $m^e=m \bmod n$ 的 m 称为不动点。显然,不动点对 RSA 的安全有一定的威胁,因此,应尽量减少。容易证明,RSA 体制下的不动点个数为:

$\gcd(e-1,p-1)\times\gcd(e-1,q-1)$。因此,为了减少不动点的个数,必须使 $p-1$ 和 $q-1$ 的因子尽可能的少。当 $p=2a+1$,a 也为素数,则称 p 为安全素数。当以安全素数 $p=2a+1$ 和 $q=2b+1$ 作为 RSA 体制中的 p 和 q 时,最多只有 4 个不动点。

6. 因子分解攻击

对 RSA 最直接的攻击就是因子分解。如果能够分解 n 得到 p 和 q,便可以得到 $\phi(n)=(p-1)(q-1)$。根据公钥 e 求得私钥 $d\equiv e^{-1} \bmod \phi(n)$,便完全攻破。

因子分解的平凡办法就是试除法,其基本思想是尝试小于 $\sqrt{n}$ 的所有素数去除 n,直到找到一个因子,这种方法当 n 较大时,在现实中是不可行的。大整数因子分解最有效的算法是 3 种:Lenstra 椭圆曲线因子分解法(Pollard $p-1$ 方法用于随机椭圆曲线群)、Pomerance 的二次筛法(Quadratic Sieve)、Pollard 数域筛法(Number Field Sieve)等(两者都来源于随机平方法)。数域筛法还有各种改进,如广义数域筛法、格数域筛法和特殊数域筛法。还有一些先驱算法,如 Pollard 提出的 Rho 方法(Rho-method),$p-1$ 算法、William 的 $p+1$ 算法等。

综上,通常选择 p 和 q 应为强素数(Strong Prime)。满足以下 3 个条件的素数为强素数:① $p-1$ 有大素数因子 r;② $p+1$ 有大素数因子;③ $r-1$ 有大素数因子。

7. 侧信道攻击(Side-Channel Attack)

侧信道攻击也称为信息泄露攻击。指攻击者利用公钥密码设备中容易获得的信息(如电源消耗、运行时间和在特意操控下的输入、输出行为等)攻击秘密信息(如私钥和随机数等)。攻击的核心思想是对加密软件和硬件运行时产生的各种泄露信息进行监测,包括程序运行的时间、能量的消耗、机器发出的声音和硬件发出的各种电磁射等,然后对监测得到的各种数据进行分析和推断,通常包括能量消耗和时间消耗,推测秘密信息。

思考 7.3:RSA 方案的破解与大整数因子分解是否等价?

注意:RSA 问题与大整数因子分解问题不是等价的。

定义 7.7 RSA 问题(RSAP):给定一个正整数 n,n 为两个不同的奇素数 p 和 q 的乘积,一个正整数 e,使得 $\gcd(e,(p-1)(q-1))=1$,以及整数 c,找到一个整数 m 使得$m^e \equiv c \bmod n$。

如果大整数因子分解问题解决,则可以立即解决 RSA 问题。因为可以通过分解的因子求得 $\phi(n)$,然后求得 $d=e^{-1} \bmod \phi(n)$。然后求 $m=c^d \bmod n$。

但是,迄今为止,没有证明需要分解 n 才能从 c 和 e 中计算出 m,可能会发现一种完全不同的方法(如不需要分解 n 的方法)来对 RSA 进行密码分析。例如:

① 不知道是否能够从 c,e,n 直接猜测出 m。

② 不知道是否能够从 c,e,n 直接猜测出 d。

③ 不知道是否能够从 c,e,n 直接猜测出 $\phi(n)$。

对于后两种情况,不会比分解 n 容易,即至少和分解 n 一样难。下面给予证明。

思考 7.4:计算 d 不会比分解 n 容易,即至少和分解 n 一样难(即情况②)。

正式地,令计算 d 为 COMPUTING$-d$,需要证明

$$\text{FACTORING} \leqslant_P \text{COMPUTING}-d$$

证明:证明需要几个背景知识。

(1) 模 n 的平方根。设 $n=pq$ 是两个不同的奇素数 p 与 q 的乘积,则同余方程 $x^2 \equiv 1 \bmod p$ 在 Z_n 中有两个解 $x \equiv \pm 1 \bmod p$;同样,$x^2 \equiv 1 \bmod q$ 在 Z_n 中有两个解 $x \equiv \pm 1 \bmod q$。因此,由中国剩余定理,1 模 n 有四个平方根,这四个平方根可以根据中国剩余定理求出。其中有两个平方根是 $x \equiv \pm 1 \bmod n$,称它们是模 1 的平凡平方根,另外两个根为模 1 的非平凡平方根,其中一个是另一个的负元(模 n)。

(2) 由模 n 的平方根分解 n。若 x 是 1 模 n 的一个非平凡的平方根,则 $n \mid x^2-1=(x-1)(x+1)$,但 n 同时不能整除 $x-1$ 和 $x+1$,所以 $\gcd(x+1,n)=p$(或者 q),或者 $\gcd(x-1,n)=q$(或者 p)。可通过欧几里得算法求出。

假想的一个算法 Get$D(e,n)$,能够从公钥 e,n 计算出是私钥 d。那么,可以构造一个算法,以 Get$D(e,n)$ 为子程序,通过寻找 1 模 n 的非平凡的平方根来分解 n,该算法为一个

Las Vegas算法,至少以 1/2 的概率分解 n。

构造的算法如下:

(1) 随机选取 w,使得 $1\leqslant w\leqslant n-1$。

(2) 计算 $x=\gcd(w,n)$。

(3) 如果 $1<x<n$,算法停止(这时,$x=p$ 或 q,分解成功)。

(4) 计算 $d=\mathrm{Get}D(e,n)$,将 ed 写成 $ed-1=2^s r$,r 为奇数。

(5) 计算 $v\leftarrow w^r \bmod n$;如果 $v\equiv 1 \bmod n$,算法停止,分解失败。

(6) 当 $v\not\equiv 1 \bmod n$,计算

$$v_0\leftarrow v$$

$$v\leftarrow v^2 \bmod n$$

(7) 如果 $v\equiv -1 \bmod n$,算法停止,分解失败。否则计算 $x=\gcd(v_0+1,n)$(这时 $x=p$ 或 q,分解 n 成功)。

步骤(6)和(7)的目的是找到一个 1 模 n 的非平凡平方根。这个算法中,只有两种情况不能分解 n:一种是 $w^r\equiv 1 \bmod n$,另一种是对某一个整数 t,$0\leqslant t\leqslant s-1$,使得 $w^{2^t r}\equiv -1 \bmod n$。可证明这两种情况发生的概率至多为 1/2,表明该算法分解 n 成功的概率至少是 1/2。如果运行算法 m 次,则 n 将至少以 $1-1/2^m$ 的概率被分解。

思考 7.5:计算 $\phi(n)$不会比分解 n 容易,即至少和分解 n 一样难(即情况③)。

正式地,令计算 $\phi(n)$为 COMPUTING$-\phi(n)$,要证明

$$\text{FACTORING}\leqslant_P \text{COMPUTING}-\phi(n)。$$

证明:假设知道了 $\phi(n)$,求解如下方程:

$$n=pq$$

$$\phi(n)=(p-1)(q-1)$$

于是

$$p+q=n-\phi(n)+1$$

故

$$p-q=\sqrt{(p+q)^2-4n}=\sqrt{[n-\phi(n)+1]^2-4n}$$

由 $p+q$,$p-q$,得到

$$p=[(p+q)+(p-q)]/2,q=[(p+q)-(p-q)]/2$$

思考 7.6 为什么 Rabin 方案是可证明安全的,但 RSA 方案不是可证明安全的?

因为 RSA 问题与大整数因子分解问题不是等价的。Rabin 方案的破解与大整数因子分解问题等价的。

小 结

本章通过概述讲解开始,旨在建立对公钥加密的整体全局认识。介绍了 2 个公钥加密的案例背包公钥体制和 Rabin 公钥体制,这 2 个案例的特点是直接利用陷门信息构造公钥加密,便于读者体会构造公钥加密的简单方法。介绍了 RSA 方案,详细讨论了其安全性。

这里的 RSA 是原始方案，有文献(如毛文波的专著《现代密码学——原理与实践》)称其为“教科书 RSA”。这样称呼的原因是为了强调“教科书 RSA”是不安全的，不能在实际中使用。本章内容总结如下。

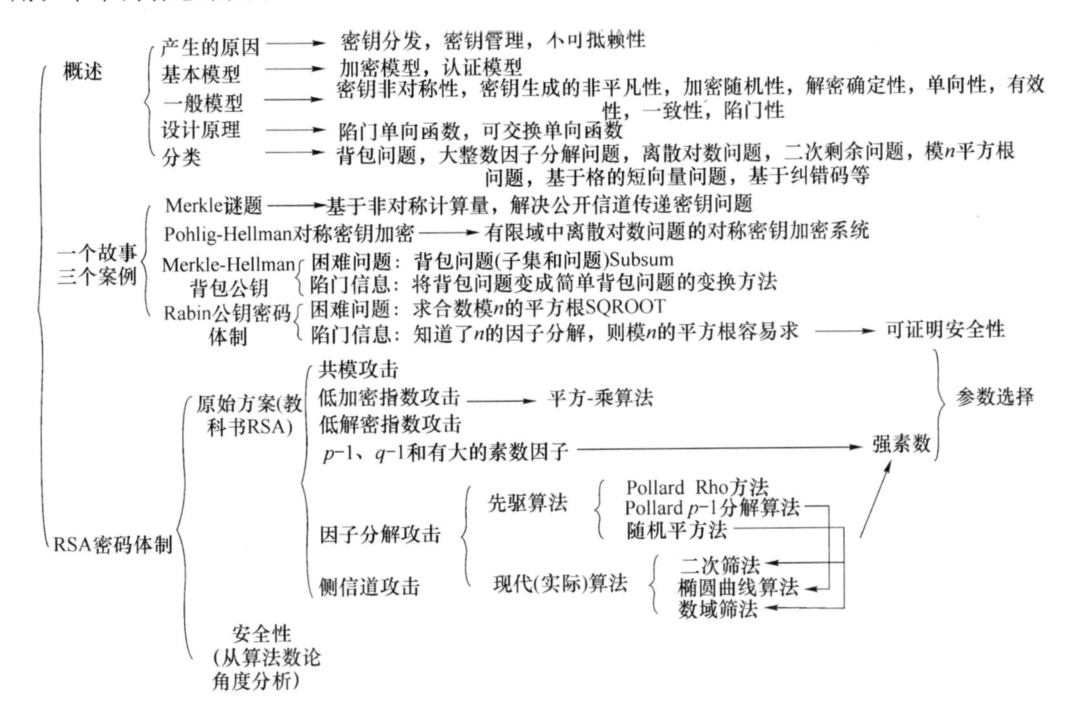

本章的重点是 RSA 方案及其安全性。难点是 Rabin 方案的可证明安全性，RSA 问题和因子分解问题的非等价性。

扩展阅读建议

阅读一下经典论文，可以感受大师的智慧，思索公钥加密产生与发展的内在逻辑性，探求解决基础问题的一种可以类比的方法论。

1. Merkle R. Secure communications over insecure channels. Communications of the ACM，1978，21(4)：294-299.

2. Pohlig S，Hellman M. An improved algorithm for computing logarithms over GF(p) and its cryptographic significance. IEEE Transactions on Information Theory，1978，24：106-110.

3. Diffie W，Hellman M. New directions in cryptography. IEEE Transactions on Information Theory，1976，22：644-654.

4. Rivest R，Shamir A，Adleman L. A method for obtaining digital signatures and public-key cryptosystems. Communications of the ACM，1978，21(2)：120-126.

5. Merkle R，Hellman M. Hiding information and signatures in trapdoor knapsacks.

Information Theory, IEEE Transactions on:1978,24(5):525-530.

6. Rabin M O. Digital signatures and public-key functions as intractable as factorization. MIT Laboratory of Computer Science, Technical Report, 1979,(1).

其他公钥密码学文献:

7. Solomaa A. Public-Key Cryptography. Berlin: Springer, 1990.

8. 曹珍富. 公钥密码学. 哈尔滨:黑龙江教育出版社,1993.

9. 张华,温巧燕,金正平. 可证明安全算法与协议. 北京:科学出版社,2012.

10. Mao Wenbo. 现代密码学理论与实践. 王继林, 等, 译. 北京:电子工业出版社,2004.

11. 祝跃飞,等. 公钥密码学设计原理与可证明安全. 北京:高等教育出版社,2010.

12. 田园. 计算机密码学——通用方案构造及安全性证明. 北京:电子工业出版社,2008.

13. Katz J, Lindel Y. Introduction to Modern Cryptography - Principle and Protocol (现代密码学——原理与协议). 任伟, 译. 北京:国防工业出版社,2010.

第8章 公钥加密(扩展)

第7章主要介绍了公钥密码体制的提出以及RSA方案,本章是第7章的拓展。首先介绍离散对数问题和Diffie-Hellman问题,引出Diffie-Hellman密钥交换协议,然后给出ElGamal公钥密码体制,简要讨论其安全性。接着介绍椭圆曲线密码体制。随后简单讨论公钥加密方案的安全性,引出语义安全的概念,介绍Goldwasser-Micali概率公钥密码体制,最后简要介绍NTRU密码体制。

8.1 ElGamal密码体制

8.1.1 离散对数问题与Diffie-Hellman问题

ElGamal密码体制由T. ElGamal于1985年提出,基于的困难问题是群中的离散对数问题。离散对数问题是在密码学中有着广泛应用的问题。ElGamal密码体制的构造方法可推广到一般的循环群中,如基于有限域和椭圆曲线的ElGamal面加密方案。ElGamal的特点是加密是概率的,即不同的明文加密后具有不同的密文。后面将看到这种加密方案的好处。同RSA一样,该密码体制不仅可用于加密,也可用于数字签名。

在介绍方案之前,先介绍离散对数问题。

定义8.1 乘法群 Z_p^* 上的离散对数问题(Discrete Logarithm Problem, DLP):给定一个素数 p,乘法群 Z_p^* 上的生成元 g,以及 Z_p^* 上的随机选取的元素 y,寻找整数 x,$1\leqslant x\leqslant p-2$,使得 $y=g^x \bmod p$。

易知,Z_p^* 中元素的个数为 $p-1$,即 $\{1,2,\cdots p-1\}$。另外一种生成有 q(q 为素数)个元素的乘法群的方法是,令 $g'=g^{(p-1)/q}$,然后取 $\{g'^i,1\leqslant i\leqslant q\}$ 即可。

其实,可以将乘法群推广到一般循环群。

定义8.2 推广的离散对数问题:给定循环群 G,设其阶为 n,生成元为 g,以及 G 上随机选取的元素 y,寻找整数 x,$1\leqslant x\leqslant n-1$,使得 $y=g^x$。

这个整数 x 记为 $\log_g y$,称为离散对数。

介绍推广的离散对数问题是因为ElGamal方案可以推广到一般循环群,例如,基于椭圆曲线的ElGamal方案(将在8.2.2节介绍)。

与离散对数问题密切相关的是Diffie-Hellman问题。

定义 8.3 Diffie-Hellman 问题(DHP):给定一个素数 p,乘法群 Z_p^* 上的生成元 g,以及 Z_p^* 上的随机选取的元素 $\alpha=g^a \bmod p$,$\beta=g^b \bmod p$ 计算 $\gamma=g^{ab} \bmod p$。

定义 8.4 推广的 Diffie-Hellman 问题:给定循环群 G,设其阶为 n,生成元为 g,以及 G 上随机选取的元素 $\alpha=g^a$,$\beta=g^b$ 计算 $\gamma=g^{ab}$。

思考 8.1:离散对数问题和 Diffie-Hellman 问题之间有何联系?

如果 DLP 可以解决,则 DHP 问题就可以解决。理由很简单,可以求出 $a=\log_g \alpha$,然后计算 $\gamma=\beta^a=g^{ab} \bmod p$。使用 7.2 节介绍的符号,DHP$\leqslant_P$DLP。

但是,还不能从理论上证明解决 DHP 的唯一方法就是解决 DLP。即不知道是否存在这样的算法,不需要从 $\alpha=g^a \bmod p$,$\beta=g^b \bmod p$ 中求出 a 或者 b,直接求出 $\gamma=g^{ab} \bmod p$。

因此,DLP 至少和 DHP 一样难。

8.1.2 Diffie-Hellman 密钥交换协议

在介绍 ElGamal 加密方案之前,先介绍 Diffie-Hellman 密钥交换协议。Diffie-Hellman 密钥交换协议是 W. Diffie 与 M. Hellman1976 年提出的。其目的是通信双方在不安全的信道上公开交换数据,并独立地计算出相同的秘密密钥。

Diffie-Hellman 密钥交换协议如下:

(1) 假设 Alice 与 Bob 要在他们之间建立一个共享的密钥。Alice 与 Bob 首先选定一个大素数 p,并选 g 为乘法群 Z_p^* 中一个生成元。

(2) Alice 秘密选定一个整数 a:$1\leqslant a\leqslant p-2$,并计算 $A=g^a \bmod p$。发送 A 给 Bob。

(3) Bob 秘密选定一个整数 b:$1\leqslant b\leqslant p-2$,并计算 $B=g^b \bmod p$。发送 B 给 Alice。

(4) Alice 计算 $k=B^a \bmod p$。

(5) Bob 计算 $k=A^b \bmod p$。

正确性:

因为 $B^a=(g^b)^a=g^{ab}=A^b \bmod p$。所以 Alice 和 Bob 计算得到的 k 相同。k 作为以后通信加密的共享密钥。

安全性:

基于 DHP 是困难的假设,即使知道了 p,g,A,B,也很难推测出 k。

例 8.1 取素数 $p=719$,$g=11$ 模 719 的一个本原根,即乘法群 Z_{719}^* 中的生成元。(719,11)是 Alice 与 Bob 的共享参数。Alice 选定 $a=18$,计算 $g_{18}=11^{18} \bmod 719=433 \bmod 719$,发送 $g_a=433$ 给 Bob;Bob 秘密选定 $b=47$,并计算 $g_b=11^{47} \bmod 719=704 \bmod 719$,发送 $g_b=704$ 给 Alice。Alice 计算 $k=704^{18} \bmod 719=391$,Bob 计算 $k=g_a^b \bmod p=433^{47} \bmod 719=391$。Alice 和 Bob 的共享密钥是 391。

最后,可以将 DH 密钥交换协议再推广到一般情况下思考,即如果能找到另外的满足"可交换"特性的单向函数,即 $f(x)$、y 和 $f(y)$、x 可以建立某种相等关系的单向函数 f,这里 x 和 y 都是随机选取的。则 DH 密钥交换可以表现为如下一般形式:Alice 随机选取 x,发送 $f(x)$给 Bob,Bob 随机选取 y,发送 $f(y)$给 Alice。Alice 和 Bob 利用各自拥有的数据生成相同的秘密密钥。

8.1.3　ElGamal 方案描述

先看针对一个明文分组进行加密的简洁版本，见表 8.1。

表 8.1　ElGamal 公钥密码体制

公钥	p:大素数,g:$g<p$,y:$y=g^d \bmod p$
私钥	d:$2\leqslant d\leqslant p-2$
加密算法	r:随机选择,$2\leqslant r\leqslant p-2$ 密文:$c\equiv g^r \bmod p$ $c'\equiv my^r \bmod p$
解密算法	明文:$m\equiv(c'/c^d) \bmod p$

下面给出一个例子来体会加密和解密的过程。

例 8.2　设 $p=2\,579$,$g=2$,$d=765$,公钥为 $y=2^{765} \bmod 2\,579=949$。

加密明文 $m=1\,299$,秘密选择一个随机整数 $r=853$。计算 $c=(c,c')$,其中 $c=2^{853} \bmod 2\,579=435$,$c'=1\,299\times 949^{853} \bmod 2\,579=2\,396$。即密文为 $c=(435,2\,396)$。

解密时,明文为 $m=2\,396/(435^{765}) \bmod 2\,579=1\,299$。

下面介绍 ElGamal 加密方案,和介绍 RSA 方案时一样,认为明文不止一个分组。ElGamal 方案的描述如下。

(1) 密钥生成

① 随机选择一个满足安全性要求的大素数 p,且要求 $p-1$ 有大素数因子,$g\in Z_p^*$,是一个生成元。

② 选一个随机数 $d(1\leqslant d\leqslant p-2)$,计算 $y=g^d \bmod p$,则公钥为(y,g,p),私钥为 e。

(2) 加密过程

与 RSA 密码体制相同,加密时首先对明文比特串分组,使得每个分组对应的十进制数小于 p,即分组长度小于 $\log_2 p$,然后对每个明文分组作加密运算。具体过程如下。

① 把消息 m 分组为长度为 $L(L<\log_2 p)$的消息分组 $m=m_1m_2,\cdots,m_t$。

② 随机选择整数 r_i,$1<r_i<p-1(1\leqslant i\leqslant t)$。

③ 计算 $c_i=g_i^r \bmod p$,$c_i'=m_iy_i^r \bmod p$。

④ 将密文 $C=(c_1,c_1')(c_2,c_2')\cdots\cdots(c_t,c_t')$发送给接收方。

(3) 解密过程

① 接收方收到的密文为 $C=(c_1,c_1')(c_2,c_2')\cdots(c_t,c_t')$。

② 使用私钥 d 和解密算法 $m_t=(c_i'/c_i^d) \bmod p(1\leqslant i\leqslant t)$。

③ 得到明文 $m=m_1m_2\cdots m_t$。

8.1.4　ElGamal 方案的设计思路

非正式地说,设计的思路是:先产生一个“掩盖(mask)”($c=g^r \bmod p$),然后用这个“掩盖”把 m 伪装起来。只有具有陷门信息 x 才可以去掉这个“掩盖”(解密)。显然,这个“掩盖”不能重复,否则会泄密。由于这个“掩盖”是随机生成的(r 是随机选择的),所以重复的概率可忽略。“掩盖”的随机性可以视为“一次一密”的加密。

从 DH 密钥交换的观点来看，产生会话密钥的 $c=g^r \bmod p$ 传递对方，对方通过私钥得到会话密钥 $(g^r)^d \bmod p$，使用该密钥进行解密 $c'/(g^r)^d \bmod p=my^r/(g^r)^d \bmod p=m$。

更一般地解释，这种方法可以视为密钥传递和对称密钥加密的联合。先用一个随机数 r 生成一个对称密钥的“种子”，然后利用公钥和随机数生成一个对称密钥，使用对称密钥加密，并将“种子”一起传递；接收方拥有陷门信息，可以和“种子”一起生成对称密钥，进行解密。

整个加密的结构如下：

$$K \leftarrow h(\mathrm{pk},r), \qquad (f(r), c=E_K(m))$$
$$K \leftarrow h(f(r),\mathrm{sk}), \qquad m=D_K(c)$$

注解：

（1）敌手观察到 $f(r)$ 却无法推测 r，故 $f(r)$ 是一个单向函数。$f(r)$ 的作用是把密钥“种子”传递给接收方。

（2）发送方和接收方能构造相同的 K，分别基于一个公开信息和自己独自拥有的一个秘密信息。例如 $K \leftarrow h(\mathrm{pk},r)$ 中，pk 是公开的，r 是秘密的；$K \leftarrow h(f(r),\mathrm{sk})$，$f(r)$ 是公开的，sk 是秘密的。由于敌手只有公开信息，没有秘密信息，所以无法构造 K。如果敌手得到一对明文和密文，则可以通过 c/m 计算出 K，但是无法推测出秘密信息 r 或者 sk。于是 $h(\cdot,\cdot)$ 必然也是单向函数。

$$f(r)=g^r, \mathrm{pk}=g^e, h(\mathrm{pk},r)=\mathrm{pk}^r, \quad E_K(m)=mK$$
$$\mathrm{sk}=e, h(f(r),\mathrm{sk})=f(r)^{\mathrm{sk}}, \qquad D_K(c)=c/K$$

从 $f(r)=g^r$，$h(t,x)=t^x$ 知道，选取该单向函数的依据是离散对数问题是困难的，计算模幂是容易的（例如，利用平方乘算法）。

从以上解释中可以体会到，ElGamal 的安全性是基于 DLP。其实更严格地说是基于 DHP。

思考 8.2：

（1）ElGamal 密码体制的一致性（正确性）。

$$c'/c^d \bmod p=my^r/(g^r)^d \bmod p=m(g^d)^r/(g^r)^d \bmod p=m$$

（2）ElGamal 加密和解密算法的有效性如何？

加密过程需要两次模幂运算，一次模乘运算。解密过程需要模幂运算和模乘运算各一次。这里解密的模乘是指乘以逆，求逆运算可以预先计算。

（3）为什么不同的明文加密后的密文不同？

由于每次加密都会随机选择一个随机数，所以密文与明文和随机数都有关系。对于同一个明文，密文不同。

（4）密文长度和明文长度之间有何关系？

密文长度为明文长度的两倍。我们把这种密文长于明文的现象称为明文扩展。这一点和 RSA 不同，RSA 没有明文扩展（密文和明文长度是相同的）。

（5）ElGamal 加密和 RSA 加密在设计思路上的差别。

ElGamal 加密其实是利用 DH 密钥交换的思想，产生随机密钥加密，然后传递生成随机密钥的“部件”，接收方利用该“部件”和自己的私钥生成随机密钥进行解密。RSA 加密则直接利用了陷门信息——大整数的分解方法，来构造加密和解密过程的。

推广的 ElGamal 密码体制

其实 ElGamal 密码体制可以在任何离散对数问题难解的有限群中实现(例如，8.2 节中椭圆曲线群的情况)，相应地，有：

(1) 密钥生成

选择一个合适的循环群 G，设其阶为 n，生成元为 g；随机选取整数 d，使得 $1 \leqslant d \leqslant n-1$，计算 $y=g^d$；公开公钥(y,g,p)，保持私钥 d。

(2) 加密算法

假设发送者 B 想把明文 m 加密发送给接收者 A，B 先选择适当地可逆映射 φ，使得 $\varphi(m) \in G$，并获取 A 的公钥(y,g,p)，再选取随机数 r，$1 \leqslant r \leqslant n-1$，然后计算 $c=g^r$，$c'=\phi(m)y^r$。密文为(c,c')。

(3) 解密算法

A 收到密文(c,c')后，利用私钥 d 计算：$\varphi(m)=c'/c^d$。

然后利用 φ 的逆映射 φ^{-1} 求出明文 m。

所谓合适的循环群，是指 G 上的群运算容易计算，求解 G 上的离散对数问题是计算不可行的。通常包括如下一些群：

① 大素数 p 取模的乘法群 Z_p^*。

② Z_p^* 的 q 阶子群 G，其中 q 是 $p-1$ 的大素数因子，G 是 Z_p^* 的唯一的 q 阶子群。

③ 有限域 F_q 上的乘法群 F_q^*，其中 $q=p^m$，p 为素数。

④ 有限域上的椭圆曲线上的点构成的群。

8.1.5　ElGamal 方案的安全性*

1. ElGamal 加密方案基于的安全问题

ElGamal 加密方案的破解是指：给定$(p,g,y=g^d,c=my^r)$，能够得出 m。如果能破解，则可以由 c/m 来得到 y^r，于是在给定 g^d，g^r 的情况下，得到了 g^{dr}，从而解决了 DHP。

另一方面，如果能够解决 DHP，则可以在给定 g^d，g^r 的情况下，计算 g^{dr}，然后 c/g^{dr} 来得到 m，从而攻破 ElGamal 加密方案。

因此，破解 ElGamal 加密方案等价于解决 DHP 问题。

但是，由于 $\text{DHP} \leqslant_P \text{DLP}$，即 DLP 不会比 DHP 容易，因而不能说破解 ElGamal 加密方案等价于解决 DLP 问题。

2. 基本的参数要求

正如前面曾经提到加密不同的消息必须使用不同的随机数 r。假如同一个 r 加密两个消息 m_1，m_2，结果为(c_1,c_1')，(c_2,c_2')，由于 $c_1'/c_2'=m_1/m_2$。如果 m_1 已知，则 m_2 很容易计算出来。

对模数 n 的要求是至少为 768 bit，为了更长久的安全，推荐使用 1 024 bit 以上，$p-1$ 应该至少有一个长度不小于 160 bit 的素因子。

3. 比特安全性

敌手能够观察到密文 $c=g^r \bmod p$ 和 $c'=my^r \bmod p$。如果 c 是二次剩余，当且仅当 r

是偶数,因而敌手可以根据密文 c 来确定 r 的奇偶性。从公钥 $y=g^d \bmod p$ 是否是二次剩余,可以确定 d 的奇偶性。从而可以计算 dr 的奇偶性。于是可以确定 $y^r=g^{dr} \bmod p$ 是否是二次剩余。加上可以确定 c' 是否为二次剩余,于是从 $c'=my^r \bmod p$ 可以确定 m 是否为二次剩余。因此,ElGamal 加密泄露了 m 是否为二次剩余这一信息。因此不是语义安全的(第 8.3.1 节介绍语义安全的定义)。即明文 m 是否为二次剩余这一比特信息不安全。

利用这一信息可以区分密文是从 m_1 还是从 m_2 加密的,如果 m_1 和 m_2 一个是二次剩余,一个不是。可以想到,一个不泄露比特信息的改进方法是:使得所有明文均为二次剩余。这可以通过选取特定的参数来达到:取 $p=2q+1$,q 是素数,从而使得在模 p 的二次剩余子群中实现 ElGamal 加密体制,这个二次剩余子群是一个 q 阶循环子群,生成元为 $g'=g^2 \bmod p$,有 $g'^q \equiv g'^{(p-1)/2} \equiv (g^2)^{(p-1)/2} \equiv g^{p-1} \equiv 1 \bmod p$。

4. 求解离散对数问题

与 RSA 问题中因子分解攻击方法类似,ElGamal 方案的破解的一个直接方法是求解离散对数问题。这是一种完全攻破,即给出公钥 g^d,可以求出私钥 d。

容易理解,在一个群中计算离散对数有效的算法,在另一个群中就不一定有效。例如在 Z_n 中求解离散对数,也就是给定 $a,b \in Z_n$,求解 x 使得 x 满足 $ax \equiv b \bmod n$,是容易的。

求解离散对数的算法分类如下:

① 在任意群上的算法,如穷举搜索法,小步大步算法,Pollard Rho 算法。

② 任意群上的算法,但是在阶只有一些比较小的素数因子的群上特别有效。如 Pohlig-Hellman 算法。

③ 指数演算方法,对于某些特殊的群有效。

8.2 椭圆曲线密码系统

基于 RSA 算法的公钥密码体制虽然得到了广泛的应用,但随着计算机计算能力的提高,要求安全的密钥也越来越长,同时 RSA 算法的加解密速度始终限制了它在计算能力受限的系统中的应用(如智能卡、移动用户终端、嵌入式系统)。1985 年,N. Koblitz 和 V. Miller 提出了椭圆曲线密码系统(Elliptic Curve Cryptography,ECC),改变了这种状况,实现了公钥密码体制在效率上的重大突破。

椭圆曲线在代数几何上已经有 150 年的研究历史,有丰富的理论基础,N. Koblitz 和 V. Miller 将椭圆曲线引入到密码学,提出了基于有限域 Z_p 的椭圆曲线上的有理数点集构成有限交换群,如果该群的阶包含一个大的素数因子,则在该群上的离散对数问题是困难的。基于椭圆曲线上的离散对数问题被公认为比整数分解问题(RSA 密码体制的基础)和模 p 离散对数问题(ElGamal 密码体制的基础)更难解。就安全强度而言,密钥长为 163 bit 的 ECC 相当于 1 024 bit 的 RSA。即在相同安全强度下,ECC 使用的密钥比 RSA 短约 84%。与 RSA 和 ElGamal 相比,ECC 有密钥、密文长度小、计算速度较快。使得 ECC 对存储空间、传输带宽、处理器的速度要求较低。这一优势对于资源受限的环境有重要的意义。

目前,ECC 开始从学术理论研究阶段走向实际应用阶段,IEEE P1363、ANSI X9.62,X9.63、ISO 14888D、IETF 等组织在 ECC 算法的标准化方面做了大量工作。由于其效率优势,目前基于离散对数问题的公钥密码标准都是在椭圆曲线上实现的。

8.2.1　ECDLP 以及 ECDHP

一个直观的类比是：定义在椭圆曲线群$(E,+)$上的加法操作对应于Z_p^*上的模p乘法操作，多次加法操作对应于模p的指数运算。

1. 椭圆曲线离散对数问题(ECDLP)

设p某个大素数，E是GF(p)上的椭圆曲线，设G是E的一个循环子群，P是G的一个生成元，$Q\in G$。已知P和Q，求满足$nP=Q$的唯一整数n，$0\leqslant n\leqslant \mathrm{ord}(P)-1$，称为椭圆曲线离散对数问题。

2. 椭圆曲线 DH 问题(ECDHP)

ECDHP 其实就是 DLP 的椭圆曲线版本，即将原来的Z_p^*群替换成椭圆曲线上 Abel 群。同 ECDLP 一样，ECDHP 问题就是在 DHP 的椭圆曲线版本。

于是可以得到类似于 8.1.2 节介绍的 DH 密钥交换协议的椭圆曲线版本，描述如下：

(1) 假设 Alice 与 Bob 要在他们之间建立一个共享的密钥。Alice 和 Bob 首先选定公共参数：取某个大素数p，E是GF(p)上的椭圆曲线，E_p是相应的 Abel 群，G是E_p中具有较大素数阶n的点。

(2) Alice 秘密选定一个整数a：$1\leqslant a\leqslant n-1$，并计算$A=aG$。发送$A$给 Bob。

(3) Bob 秘密选定一个整数b：$1\leqslant b\leqslant n-1$，并计算$B=bG$。发送$B$给 Alice。

(4) Alice 计算$k=aB$。

(5) Bob 计算$k=bA$。

容易看到，Alice 和 Bob 计算得到的k是相同的：

$$aB=a(bG)=(ab)G=b(aG)=bA$$

显然，椭圆曲线上 Diffie-Hellman 密钥交换协议的安全性基于 ECDLP 的困难性。

回顾 8.1.2 节中总结的 DH 密钥交换协议一般情况，椭圆曲线上的 DH 密钥交换协议可视为一般情况的一个特例。

8.2.2　ElGamal 的椭圆曲线版本

一个直接构造椭圆曲线上的公钥密码体制的方法是使用某种编码的方法，将明文编码为椭圆曲线上的一个点，然后利用 ElGamal 的思路，利用 DHP 的困难性，构造一个共享密钥来作为明文的“mask”，加密明文(某个椭圆曲线上的点)。

类比 ElGamal 密码体制(运算从模乘变为椭圆曲线群的加)，容易给出一种密码体制如下(ElGamal 的椭圆曲线版本)：

1. 密钥生成

设E_p是有限域GF(p)上的椭圆曲线，G是E_p中具有较大素数阶n的一个点。随机选择一个整数d，使得$2\leqslant d\leqslant n-1$，计算$P=dG$。$d$是私钥，$(P,G,E,n)$是公钥。

2. 加密算法

将明文编码为E_p中的元素P_m(即椭圆曲线上的一个点)，再选取随机数r：$1\leqslant r\leqslant n-1$，计算

$$c_1=r\cdot G=(x_1,y_1)$$

$$c_2=P_m+r\cdot P=(x_2,y_2)$$

3. 解密算法

利用私钥 d,计算出 $P_m=c_2-d\cdot c_1$。对 P_m 解码得到明文 m。

例 8.3 取 $p=751$,$E_p(-1,188)$,即椭圆曲线为 $y^2=x^3-x+188$,$E_{751}(-1,188)$的一个生成元是 $G=(0,376)$,A 的公钥为 $P=(201,5)$。假定 B 已将要发送给 A 的消息嵌入到椭圆曲线上,即点 $P_m=(562,201)$,B 选取随机数 $r=386$,由 $rG=386(0,376)=(676,558)$,$P_m+rP=(562,201)+386(201,5)=(385,328)$。得到的密文为$\{(676,558),(385,328)\}$。

思考 8.3:如何将明文编码成一个椭圆曲线上的点?

令$\{x=mk+j,j=0,1,2,\cdots\}$,取 k 为[30,50]之间的整数,例如,$k=40$ 尝试$\{40m,40m+1,40m+2,\cdots\}$,直到 $x^2+ax+b \bmod p$ 是二次剩余。解密后,从椭圆曲线上的点得到明文消息 m,只须求 $m=\lfloor x/40 \rfloor$。

例 8.4 设椭圆曲线 $y^2=x^3+3x$,$p=4\ 177$,$m=2\ 174$,则 $x=\{30\cdot 2\ 174+j,j=0,1,2,\cdots\}$,当 $j=15$ 时,$x=30\cdot 2\ 174+15=65\ 235$。$x^3+3x=65\ 235^2+3\cdot 65\ 235 \bmod 4\ 177=1\ 444 \bmod 4\ 177=38^2$,明文编码成为椭圆曲线上的点(65 235,38)。若已知椭圆曲线上的点(65 235,38),明文消息 $m=\lfloor 65\ 235/30 \rfloor=\lfloor 2\ 174.5 \rfloor=2\ 174$。

8.2.3 Manezes-Vanstone 椭圆曲线密码体制

上一节介绍的方案需要将明文编码为椭圆曲线 E 的子群 G 中的元素 P_m,这一工作有一定的难度。为避免这一编码过程,A. J. Manezes 与 S. A. Vanstone 在 1993 年提出了一种方法,即不用把明文编码成 P_m,而是使用 c_2'得到的(x_2,y_2)作为密钥加密 2 个明文分组。这里,c_1 不变,c_2 改变为 c_2'。即:

$$c_1=r\cdot G=(x_1,y_1)$$

$$c_2'=r\cdot P=(x_2,y_2)$$

1. Manezes-Vanstone 椭圆曲线密码体制的设计思路

非正式地说,就是利用 ECDHP 问题的困难性,使用自己随机选择的随机数和公钥,生成一个共享密钥,即椭圆曲线上的一个点,这个点的横坐标和纵坐标作为加密明文的"mask",进行实质性的仿射密码加密。共享密钥的"种子"也发送给解密方,解密方利用自己的陷门信息和收到的共享密钥"种子",生成共享密钥,利用共享密钥(即某个椭圆曲线的点)的横、纵坐标进行仿射密码的解密。

2. Manezes-Vanstone 椭圆曲线密码体制的具体方案

(1) 公开参数

设 p 是一个大素数,E 是有限域 GF(p)上的椭圆曲线,其相应的 Abel 群是 E_p。G 是 E_p 中具有较大素数阶 n 的一个点。

(2) 密钥生成

随机选取整数 d,$2\leqslant d\leqslant n-1$,计算 $P=dG$。d 是私钥,(P,G,E,n)是公钥。

(3) 加密运算

对任意明文 $m=(m_1,m_2)\in Z_p^*\times Z_p^*$,随机选择一个秘密整数 r:$1\leqslant r\leqslant n-1$,使得$(x,y)=rP$,满足 x 与 y 均为非零元素。计算:

$$c_0=rG$$

$$c_1=m_1x\bmod p$$
$$c_2=m_2y\bmod p$$

密文为(c_0,c_1,c_2)。密文空间为$E_p\times Z_p^*\times Z_p^*$。

(4) 解密运算

对任意密文$(c_0,c_1,c_2)\in E_p\times Z_p^*\times Z_p^*$。

计算椭圆曲线点的标量乘,$dc_0=(x,y)$。

计算

$$m_1=c_1x^{-1}\bmod p$$
$$m_2=c_2y^{-1}\bmod p$$

即得$c=(c_0,c_1,c_2)$解密后的明文(m_1,m_2)。

例8.5 设E是GF(17)上的椭圆曲线$y^2=x^3-x+5$,E_{17}是相应的Abel群。取$G=(8,4)\in E_{17}$,取$d=7$为私钥。计算$dG=7(8,4)=2(2(2(8,4)))-(8,4)=(10,3)$。公钥为$P=(10,3)$。

设明文为$m=(m_1,m_2)=(5,12)$。随机选取整数$r=6$,计算$rG=6(8,4)$,得$c_0=rG=(7,16)$。计算$rP=6(10,3)=(12,15)$。利用这个点的横纵坐标加密如下:

$$c_1=m_1x\bmod 17=5\times 12\bmod 17=9$$
$$c_2=m_2y\bmod 17=12\times 15\bmod 17=10$$

解密密文$(c_0,c_1,c_2)=((7,16),9,10)$。计算$dc_0=7(7,16)=(12,15)$,即“面罩”。

$$m_1=c_1\times 12^{-1}\bmod 17=9\times 12^{-1}\bmod 17=5$$
$$m_2=c_2\times 15^{-1}\bmod 17=10\times 15^{-1}\bmod 17=12$$

得到的明文为$(m_1,m_2)=(5,12)$。

8.2.4 ECC密码体制

Manezes-Vanstone椭圆曲线密码体制是利用共享密钥(椭圆曲线上某个点)的横、纵坐标作为仿射密码的密钥,同时加密两个明文,这两个密钥具有某种联系(已知一个可推知另外一个)。为提高其完全性,共享密钥的横、纵坐标只用来加密一个明文。下面给出ECC密码体制:

(1) 密钥生成

① 选择一个椭圆曲线E: $y^2=x^3+ax+b \bmod p$,构造椭圆曲线群$E_p(a,b)$。

② 在$E_p(a,b)$中挑选生成元$G=(x_0,y_0)$,G应使得满足$nG=O$的最小的n是一个大素数。

③ 选择一个小于n的整数n_B作为其私钥,产生其公钥$P_B=n_BG$,则B的公钥为(E,n,G,P_B),私钥为n_B。

(2) 加密算法

① A将明文编码成一个数$m<p$,在椭圆曲线群$E_p(a,b)$中选择一个点$P_t=(x_t,y_t)$。

② 在区间$[1,n-1]$内,A选取一个随机数r,计算点rG。

③ 根据接收方的公钥P_B,A计算点rP_B。

④ A计算密文$c=mx_t+y_t$。

⑤ A 传送加密数据 $c_m=\{rG,P_t+rP_B,c\}$ 给接收方 B。

(3) 解密算法

① 接收方 B 收到加密数据 $c_m=\{rG,P_t+rP_B,c\}$。

② 接收方 B 使用自己的私钥 n_B，计算：

$$P_t+rP_B-n_B(rG)=P_t+r(n_BG)-n_B(rG)=P_t$$

③ 接收方 B 计算 $m=(c-y_t)/x_t$，得到明文 m。

1. ECC 密码体制的设计思路

引入了两个随机变量，即一个是椭圆曲线上的一个随机点(随机密钥 P_t)，另一个是随机数 r。随机数用于产生共享密钥(rP_B)，即一个椭圆曲线上的点，然后这个共享密钥作为随机点的"mask"，即共享密钥加密了随机密钥。随机密钥的横纵坐标作为加密明文的仿射密码密钥($c=mx_t+y_t$)。传递 3 元组：

(1) rG——共享密码的"种子"。

(2) 随机密钥 P_t 的被共享密钥加密的结果——P_t+rP_B。

(3) c——使用 P_t 加密明文得到的密文。

接收者首先利用自己的私钥恢复 P_t，然后利用 P_t 的横纵坐标解密。

2. ECC 的优势

目前为止学习了 3 个主要的公钥密码体制：RSA、ElGamal 和 ECC。表 8.2 对三者进行了比较。

表 8.2 RSA、ElGamal 和 ECC 的简单比较

	RSA	ElGamal	ECC
数论基础	欧拉定理	离散对数	离散对数
安全性基础(困难问题)	大素数的因子分解	有限域上的离散对数问题	椭圆曲线离散对数问题
当且安全密钥的长度	1 024 位	1 024 位	160 位

同等安全条件下，ECC 所需密钥更短，这主要是得益于在椭圆曲线上离散对数问题比有限域上的离散对数问题更难解。表 8.3 给出 ECC 与 RSA 在同等安全情况下所需密钥的长度比较。表 8.4 给出一个商业级安全 AES、RSA、ElGamal 和 ECC 所需密钥长度的比较。

表 8.3 ECC 与 RSA 在同等安全情况下所需密钥的长度 bit

RSA	512	768	1 024	2 048	5 120	21 000	120 000
ECC	106	132	160	211	320	600	1 200

表 8.4 商业级安全加密需要的密钥长度

	AES	RSA, DH(ElGamal)	ECC
2002	72	1 028	139
2010	78	1 369	160
2020	86	1 881	188
2030	93	2 493	215
2040	101	3 214	244

RSA 密码算法在加密和解密算法只需要完成一种数学运算:模幂运算。解密(签名)时,计算的模幂的指数(私钥)比较大,因此,解密(签名)比加密(验证签名)慢。在 ElGamal 和 ECC 密码体制中,加密解密的数学运算是不同的,因此解密(签名)比加密(验证签名)快。而且 ECC 的计算量小,处理速度快,占用存储空间小,带宽要求低。因而,在移动通信、无线网络安全中的应用前景非常好。

最后,作为一个有益的扩展思维和讨论,这里介绍 RSA 的椭圆曲线版本,即 Messey-Omura 密码体制,简写为 ECMO。

思考 8.4:作为一个有趣的类比扩展,能否给出 RSA 的椭圆曲线版本?

设基于有限域 GF(p)的椭圆曲线为 E,N 为 E 的阶,明文 m 嵌入到椭圆曲线上的点 P_m;用户 A 的私钥为 d_A,公钥为 e_A,满足 $d_Ae_A=1\bmod N,1<e_A,d_A<N$;用户 B 使用 A 的公钥加密为:$C=e_AP_m$。用户 A 收到密文 C 后,解密为 $d_AC=d_Ae_AP_m=P_m$。

例 8.6　设椭圆曲线 $E:y^2=x^3+13x+22\bmod 23$,消息 m 编码后的点为 $P_m=(11,1)$,E 的阶为 $N=22$。用户 A 选取的私钥 $d_A=17$,公钥为 $e_A=13$,满足。用户 B 加密:$C=13P_m=13(11,1)=(14,21)$。用户 A 解密:$P_m=17C=17(14,21)=(11,1)$。

ECMO 需要计算出椭圆曲线 E 的阶 N,这并不总是容易的。

8.3　概率公钥密码体制*

8.3.1　语义安全

加密系统的基本安全性要求是:被动敌手进行唯密文攻击,恢复明文是困难的。然而,通常需要更严格的安全性。先回顾前面学习的 RSA、Rabin 和背包加密方案,它们都是确定性的。确定性方案具有以下缺点。

(1) 方案对消息空间的所有概率分布是不安全的。例如,在 RSA 中消息 0 和消息 1 总是加密成其本身,容易检测出来。

(2)由密文可计算出明文的部分信息。例如,在 RSA 中,假如 $c=m^e\bmod n$ 是明文 m 对应的密文,那么 $\left(\frac{c}{n}\right)=\left(\frac{m^e}{n}\right)=\left(\frac{m}{n}\right)^e=\left(\frac{m}{n}\right)$,这里()表示雅可比符号。由于 e 是奇数,因此敌手可获得关于 m 的 1 bit 信息,即雅可比符号 $\left(\frac{m}{n}\right)$。

(3) 当同一消息发送两次时,由于密文相同,故很容易检测出来。

一个直接的办法是,在明文中包含一个预先定义的随机串,这样就把确定性的加密方案转变为一个随机化的加密方案。然而,这种平凡方法一般不是可证明安全的。

针对确定性加密存在的问题,1982 年,S. Goldwasser 与 S. Micali 提出了概率公钥密码系统(Probabilistic Encryption Scheme,也有文献称为随机化加密)的概念,简单解释就是加密体制对同一明文进行两次加密得到的密文有可能不同。并提出了一个概率公钥密码系统,称为 Goldwasser-Micali 公钥密码系统。概率公钥密码体制可达到更严格的安全目标:语义安全(Semantic Security)。

定义 8.5　语义安全。对于消息空间的所有概率分布,被动敌手具有有限计算能力的情况下,由密文不能得到明文的任何信息。

在S. Goldwasser与S. Micali的原文献中,还首次给出了多项式安全的概念。

定义8.6 多项式安全。如果一个被动敌手不能在期望的多项式时间内完成:选择两个明文消息 m_1, m_2,并以大于1/2的概率正确区分 m_1, m_2 的加密结果。

定理8.3 一个公钥加密方案是语义安全的,当且仅当它是多项式安全的。

完善保密与语义安全的关系

在第3章学习了完善保密的概念,根据Shannon理论,若一个被动敌手(即使有无限的计算资源)除了可能从密文中知道明文的长度外,不能得到明文的任何信息,则这个方案是完善保密的。但是,达到完善保密的必要条件是密钥长度至少有消息那么长,这在实际中是不实用的。语义安全的概念可以视为完善保密的计算安全版本,一个拥有多项式计算资源的被动敌手由密文不能推知明文的任何信息。语义安全的好处便是,存在密钥比消息短的语义安全加密方案。

公钥加密不能提供无条件安全,因为对于密文 c,攻击者可以利用公钥来加密所有可能的明文 m,直到得到对应的 c 为止。因此,公钥加密只能提供计算安全。对公钥加密而言,由于加密密钥公开,故加密预言机可以被访问,故选择明文攻击是平凡的,抗选择明文攻击是公钥加密的基本要求。这里的语义安全仅考虑了被动敌手(选择明文攻击)的情况,未考虑选择密文攻击的情况,因而是不充分的。因此公钥加密的设计重点应是对抗选择密文攻击。

S. Goldwasser与S. Micali后来证明语义安全和密文不可区分性是等价的,且后者在实际中更容易操作。因此,目前公钥加密体制的设计重点是对抗选择密文攻击,具体而言就是自适应选择密文攻击下的不可区分性,简记为IND-CCA2。

8.3.2 Goldwasser-Micali加密体制

Goldwasser-Micali概率公钥加密体制是第一个概率公钥加密系统,也是第一个选择明文攻击下语义安全的方案。Goldwasser-Micali加密体制的安全性是基于平方剩余(二次剩余)问题的困难性假设。平方剩余问题是指:如果不知道 n 的素数因子分解,那么要确定模 n 的平方剩余是困难的。

该体制是概率加密,即相同的明文,加密得到的密文是不同的。因为在加密的时候,引入了随机数,加密的密文和随机数有关(这一概率加密的思想也应用到ElGamal加密和后面将要介绍的NTRU加密方案中)。方案如下:

1. 密钥生成

随机选定大素数 p 和 q,计算 $n=pq$。随机选定一个正整数 t 满足:$L(t,q)=L(t,q)=-1$,即 t 是模 p 和 q 的非二次剩余。(n,t) 是公钥,p 和 q 是私钥。这里 $L(t,p)$ 与 $L(t,q)$ 均表示Legendre符号。

2. 加密过程

设要加密的明文的二进制表示为 $m=m_1m_2\cdots m_s$。对每个明文比特 m_i 随机选择整数 x_i,$1\leqslant x_i\leqslant n-1$,计算:

$$c_i \equiv \begin{cases} tx_i^2 \bmod n, & m_i=1 \\ x_i^2 \bmod n, & m_i=0 \end{cases}$$

得到密文 $c=(c_1,c_2,\cdots,c_s)$。

3. 解密过程

待解密的密文 $c=(c_1,c_2,\cdots c_s)$。对每个密文项 c_i，先计算出 $L(c_i,p)$ 以及 $L(c_i,q)$ 的值，然后令

$$m_i=\begin{cases}1, & L(c_i,p)=L(c_i,q)=-1\\ 0, & L(c_i,p)=L(c_i,q)=1\end{cases}$$

得到解密后的明文。$m=m_1m_2\cdots m_s$。

例 8.7　假设私钥是(5,7)，即 $p=5,q=7$，选择 $t=3$，且满足其为 p 和 q 的非二次剩余，则公钥为(35,3)，明文为 $m=(11010)$，求加密、解密过程。

加密方法：$c_i=\begin{cases}tx_i^2 \bmod n, & m_i=1\\ x_i^2 \bmod n, & m_i=0\end{cases}$，明文为(11010)，$t=3$，加密过程如下：

$$c_1=3\times 8^2 \bmod 35=17 \bmod 35$$

$$c_2=3\times 4^2 \bmod 35=13 \bmod 35$$

$$c_3=3^2 \bmod 35=9 \bmod 35$$

$$c_4=3\times 6^2 \bmod 35=3 \bmod 35$$

$$c_5=7^2 \bmod 35=14 \bmod 35$$

得到的密文为(17,13,9,3,14)。

下面讲解解密过程：利用私钥(5,7)和解密算法 $m_i=\begin{cases}1, & L(c_i,p)=L(c_i,q)=-1\\ 0, & L(c_i,p)=L(c_i,q)=1\end{cases}$。

对密文(17,13,9,3,14)，进行解密：

$$L(c_1,p)=L(17,5)=17^{(5-1)/2} \bmod 5=-1$$

$$L(c_1,q)=L(5,7)=5^{(7-1)/2} \bmod 7=-1$$

故 $m_1=1$。同理可得 $m_2=m_4=1,m_3=m_5=0$，从而明文为(11010)。

讨论：如果在选取随机数的时候，恰为 p 或者 q 的倍数，则在解密时得到的 Legendre 值必有一个为 0，这时解出的明文比特视为 1，即当且仅当 $L(c_i,p)=L(c_i,q)=1$ 时，返回 0，否则为 1。

效率：Goldwasser-Micali 的加密方法的主要问题是：由于是逐比特加密，加密后数据扩展了 $\log_2 n$ 倍(从 1 个比特的明文，转变为 $\log_2 n$ 长的密文)，因此应用该密码体制进行加密时运算量大，速度慢，只适用于单个二进制比特的加密和解密。

安全性分析：

(1) 设 p 是一个奇素数，a 是 Z_n^* 的一个生成元，则 $a\in Z_p^*$ 为模 p 的二次剩余，当且仅当 $a=a^i \bmod p$，其中 i 是一个偶数，因此 $|Q_p|=(p-1)/2$，$|Q_p|=(p-1)/2$。即 Z_p^* 中二次剩余和二次非剩余各占一半。

(2) 设 n 为两个互不相同的素数 p 和 q 的乘积，则 $a\in Z_n^*$ 是模 n 的二次剩余，当且仅当 $a\in Q_p$，$a\in Q_q$(这里 Q_p，Q_q 分别表示模 p 和模 q 的二次剩余)。因此，$|Q_n|=|Q_p|\cdot|Q_q|=(p-1)(q-1)/4$，$|Q_n|=3(p-1)(q-1)/4$。

(3) 设 $n\geqslant 3$ 为一个奇整数，并令 $J_n=\left\{a\in Z_n^* \,\middle|\, \left(\frac{a}{n}\right)=1\right\}$。模 n 的伪平方集定义为

$J_n - Q_n$，以$\widetilde{Q_n}$表示。

(4) 设 $n=pq$ 为两个互不相同的奇素数的乘积，则 $|Q_n|=|\widetilde{Q_n}|=(p-1)(q-1)/4$，即 J_n 中一半元素为二次剩余，一半元素为伪平方。

由于 x 是从 Z_n^* 中随机选择的，$x^2 \bmod n$ 是模 n 的一个随机二次剩余，tx^2 是模 n 的一个随机伪平方。敌手截获者获取密文 c_i，计算雅可比符号 $\left(\frac{c_i}{n}\right)=1$。但是，不论 $m_i=0$，还是 $m_i=1$，均有 $\left(\frac{c_i}{n}\right)=1$，所以敌手得不到关于明文的任何信息，只能猜测。因此，Goldwasser-Micali 方案是语义安全的。

思考 8.5：能根据 RSA 的陷门单向函数的特性构造一个类似于 Goldwasser-Micali 的加密方案吗？

令 $h=\lfloor \lg \lg n \rfloor$，其中$(n,e)$是 A 的公钥，为了给 A 加密一个 h 比特的消息 m，选择一个满足如下条件的随机数 $t \in Z_n^*$：t 的低 h 比特等于 m，计算密文 $c=t^e \bmod n$。A 计算 $t=c^d \bmod n$，取出 t 的低 h 位比特恢复 m。这一方案比 Goldwasser-Micali 加密方案更加有效。该方案是 Alexi 方案。该方案还是有较大(线性级别)明文扩展，故没有后面介绍的 Blum-Goldwasser 方案高效(固定长度明文扩展)。

*** Goldwasser-Micali 加密体制的设计原理(一般性构造方法)：**

非正式地说，Goldwasser-Micali 加密体制设计的技巧是：利用陷门信息得到的二次剩余问题的判断结果(0 或 1 两种状态)作为解密的明文的结果。其特点是将明文的比特视为对判定的结果。其设计可以一般化，如果存在这样的函数 f，给定陷门信息 td，可以得到一个 0/1 问题的判定(或计算)结果 $f(c,\mathrm{td}) \to \{0,1\}$，没有陷门信息，则无法判定(或计算) $f(c) \to \{0,1\}$。因此，只要给定一个陷门单向函数 f，就可以构造一个基于这种函数 f 的类似于 Goldwasser-Micali 的加密方法。

严格地说，构造中要用到陷门谓词(也称为陷门预言，即具有陷门信息的困难谓词)的概念。陷门谓词是一个布尔函数 $B:\{0,1\}^* \to \{0,1\}$，满足给定一个比特 v，能够随机地选择出 x，满足 $B(x)=v$。而且，给定一个比特串 x，以大于 1/2 的概率正确计算 $B(x)$是困难的，但是如果知道陷门信息，则很容易计算出 $B(x)$。(可将陷门谓词视为特殊的陷门单向函数。)

利用陷门谓词可以构造概率加密方案。假定 Alice 的公钥是陷门谓词 B，其他实体加密时，随机选择一个 x_i 加密一个消息比特 m_i，使得 $B(x_i)=m_i$，然后将 x_i 发送给 Alice。由于只有 Alice 知道陷门信息，她就能计算出 $B(x_i)$恢复出 m_i。敌手只能猜测 m_i 的值。

此外，还有一种典型的概率公钥密码体制是 Blum-Goldwasser 密码体制。Blum-Goldwasser 概率加密是一种高效的概率加密方案，它在速度和消息扩展方面可以与 RSA 加密相比。基于大整数分解是困难的假设，可以证明其是语义安全的。该方法也被称为公钥流密码方法，也被称为公钥“一次一密”①。该方案是选择明文攻击安全的，但容易受到选择密文攻击。

---

① MOV 的《密码学手册》一书，认为流密码分为对称密钥和公开密钥两种。公开密钥流密码就是指类似于 Blum-Goldwasser 的方案。本书所述流密码一般指对称密钥流密码。在 KD 的《密码学导引：原理与应用》一书中，称其为公钥“一次一密”。

该方案的设计思路是用 Blum-Blum-Shub 随机比特生成器(11.2 节介绍)产生一个伪随机比特序列,然后用这个序列与明文进行异或运算。得到的比特序列与使用的随机种子的加密一起发送给接收者。接收者用他的陷门信息恢复出种子,随后重新构造伪随机比特序列的明文。

8.4 NTRU 密码体制*

8.4.1 NTRU 加密方案

NTRU(Number Theory Research Unit)公开密钥算法是一种新的快速公开密钥体制,1996 年在 Crypto 会议上由布朗大学的 Hoffstein、Pipher、Silverman 三位数学家提出。经过几年的迅速发展与完善,该算法的密码学领域中受到了高度的重视并在实际应用(如无线传感器网络的加密)中取得了很好的效果。

NTRU 是一种基于多项式环的密码系统,其加密、解密过程基于环上多项式代数运算和对数 p 和 q 的模约化运算,由正整数 N、p、q 以及 4 个 $N-1$ 次整系数多项式(f,g,r,m)集合来构建。N 一般为一个大素数,p 和 q 在 NTRU 中一般作为模数,这里不需要保证 p 和 q 都是素数,但是必须保证 $\gcd(p,q)=1$,而且 q 比 p 要大得多。$R=Z[X]/(X^N-1)$为多项式截断环,其元素 $f(f\in R)$为 $f=a_{N-1}x^{N-1}+\cdots+a_1x+a_0$。定义 R 上多项式元素加运算为普通多项式之间的加运算,用符号+表示,R 上多项式元素乘法运算为普通多项式的乘法运算,当乘积结果要进行模多项式 x^N-1 的运算,即 2 个多项式的卷积运算,称为星乘,用$\otimes$表示。R 上多项式元素模 q 运算就是把多项式的系数作模 q 处理,用 $\bmod q$ 表示。

NTRU 密码体制描述如下:

(1) 密钥生成

随机选择两个 $N-1$ 次多项式 f 和 g 来生成密钥。利用扩展的 Euclidean 算法对 f 求逆。如果不能求出 f 的逆元,就重新选取多项式 f。用 F_p,F_q 表示 f 对 p 和 q 的乘逆。即:$F_q\otimes f\equiv 1 \bmod q$,$F_p\otimes f\equiv 1 \bmod p$。

计算:$h\equiv F_q\otimes g \bmod q$

最后得:公钥为(N,p,q,h),私钥为(f,F_p)。

这里 F_p 可以从 f 容易地计算得到,但仍然作为私钥存储,这是因为在解密时需要使用这个多项式,而 F_q 和 q 就不需要存储了。

(2) 加密算法

首先把消息表示成次数小于 N 且系数的绝对值至多为$(p-1)/2$ 的多项式 m,然后,随机选择多项式 $r\in L$,并计算:$c\equiv(pr\otimes h+m) \bmod q$。密文是多项式 c。

(3) 解密算法

收到密文 c 后,可以使用私钥(f,F_p)对密文 c 进行解密。依次计算:

$$a\equiv(f\otimes c) \bmod q, a\in(-q/2,q/2)$$

$$b\equiv a \bmod p$$

$$m\equiv F_p\otimes b \bmod p$$

正确性证明：由于

$$\begin{aligned} a &\equiv f\otimes c \bmod q \equiv (f\otimes(pr\otimes h+m)\bmod q)\bmod q \\ &\equiv (f\otimes pr\otimes h+f\otimes m)\bmod q \\ &\equiv (f\otimes pr\otimes F_q\otimes g+f\otimes m)\bmod q \\ &\equiv (pr\otimes g+f\otimes m)\bmod q \end{aligned}$$

又因为 a 的系数在区间 $(-q/2,q/2)$，所以 $pr\otimes g+f\otimes m$ 的系数在区间 $(-q/2,q/2)$，故 $pr\otimes g+f\otimes m$ 模 q 后结果不变。因此

$$\begin{aligned} F_p\otimes b \bmod p &\equiv (F_p\otimes a \bmod p)\bmod p \equiv F_p\otimes(pr\otimes g+f\otimes m)\bmod p \\ &\equiv (F_p\otimes pr\otimes g+F_p\otimes f\otimes m)\bmod p \equiv m \bmod p \end{aligned}$$

从而解密成功。

非正式地说，该加密算法的设计思路是：利用随机多项式 r 生成一个"密钥多项式 h"，利用这个密钥多项式进行加密得到密文多项式。解密时利用多项式取模，约去随机多项式 r，利用多项式的逆，解出明文多项式。可见，同一个明文在不同的加密中会产生不同的密文。

例 8.8 设 $(N,p,q)=(5,3,16)$，以及 $f=X^4+X-1$ 和 $g=X^3-X$，求公钥私钥对以及描述加密解密过程。

由于 $(X^4+X-1)\otimes(X^3+X^2-1)\equiv 1 \bmod 3$，故有 $F_q=X^3+X^2-1$，同理可求得 $F_q=X^3+X^2-1$。又由于 $h\equiv F_p\otimes g \bmod 16\equiv -X^4-2X^3+2X^2+1$，所以公钥为 $(N,p,q,h)=(5,3,16,-X^4-2X^3+2X^2+1)$；私钥为 $(f,F_p)=(X^4+X-1,X^3+X^2-1)$。

加密过程：首先将消息 m 表示成多项式 $m=X^2-X+1$，然后选取多项式 $r=X-1$，则密文为 $c\equiv 3r\otimes h+m\equiv -3X^4+6X^3+7X^2-4X-5 \bmod 16$。

解密过程：首先计算 $a\equiv f\otimes c\equiv 4X^4-2X^3-5X^2+6X-2 \bmod 16$，计算 $F_p\otimes a\equiv X^2-X+1 \bmod 3$，这样就恢复了消息 m。

讨论：

解密过程有时候可能无法恢复出正确的明文，因为在解密过程

$$a'\equiv(f\otimes c)\bmod q\equiv f\otimes(pr\otimes h+m)\bmod q\equiv(pr\otimes g+f\otimes m)\bmod q$$

中，如果多项式 $pr\otimes g+f\otimes m$ 的系数不在区间 $(-q/2,q/2)$，则

$$f\otimes(pr\otimes h+m)\bmod q\neq pr\otimes g+f\otimes m$$

设 $f\otimes(pr\otimes h+m)=pr\otimes g+f\otimes m+qu$，$u$ 为多项式，并且 u 的系数不全为 0，计算：

$$\begin{aligned} e' &\equiv F_p\otimes a' \bmod p\equiv F_p\otimes(pr\otimes g+f\otimes m+qu)\bmod p \\ &\equiv F_p\otimes pr\otimes g+F_q\otimes f\otimes m+F_p\otimes qu \bmod p \end{aligned}$$

由于 p 和 q 互素，所以 $e'\equiv m+F_p\otimes qu \bmod p\neq m$，所以解密失败。

通过选择恰当的参数 N、p、q 就能够避免以上错误，例如，取 $(N,p,q)=(107,3,64)$ 和 $(N,p,q)=(503,3,256)$，实验表明解密错误的概率小于 5×10^{-5}，这就是通常能正确解密的原因。

8.4.2 NTRU 的安全性和效率

NTRU 算法的安全性是基于一个困难问题:在一个具有非常大的维数的格(Lattice)中寻找最短向量(Shortest Vector Problem, SVP)。所谓格是指在整数集上的一个基向量组的所有线性组合的集合。目前解决这个问题的最有效方法是 1982 年提出的 LLL(Lenstra-Lenstra-Lovasz)算法,但该算法也只能解决维度在 300 以内的。只要恰当地选择 NTRU 的参数,其安全性与 RSA、ECC 等加密算法是一样安全的。

同时,NTRU 基于的困难问题没有量子算法可解,也称为后量子时代密码(Post-quantum Cryptograph),或者量子免疫密码(Quantum Immune Cryptography),这些密码包括基于格的密码、多变量密码、基于纠错码的密码等,能够抵抗量子计算机的攻击。表 8.6 给出了 NTRU、RSA 和 ECC 安全强度的比较。

表 8.5　NTRU、RSA 和 ECC 的安全性比较(密钥长度的比较,长度为 bit)

NTRU	RSA	ECC
167	512	113
251	1 024	163
347	2 048	224
503	4 096	307

效率

由于 NTRU 只包括小整数的加、乘、模运算,在相同安全级别的前提下,NTRU 算法的速度要比其他公开密钥体制如 RSA 和 ECC 的算法快得多,产生密钥的速度也很快,密钥的位数也较小,存储空间也较少。例如,对于长度为 n 的加密明文(解密密文),NTRU 需要的运算量为 $O(n^2)$,而 RSA 为 $O(n^3)$。因此,NTRU 算法可降低对带宽、处理器、存储器的性能要求,这使得其在智能卡、无线通信等应用中有实体认证与数字签名的需求时,NTRU 公钥密码算法是目前一个很好的选择。NTRU 已被接受为 IEEE 1363 标准。表 8.6 给出一些效率的比较。

表 8.6　NTRU 与 RSA 以及 ECC 的运算次数比较

公钥体制	基本运算	需要的运算次数	
		加密	解密
NTRU	卷积	1	2
RSA	模乘	17	≈1 000
ECC	椭圆曲线上有理点标量乘	≈160	≈160

注:NTRU 与 ECC 的基本运算耗时大致相同,而 RSA 的基本运算耗时则相对少一些。

小　　结

本章介绍的知识点包括 ElGamal 密码体制、ElGamal 密码体制的安全性,介绍了椭圆曲线密码系统、概率公钥密码系统和 NTRU 密码体制。本章要点如下。

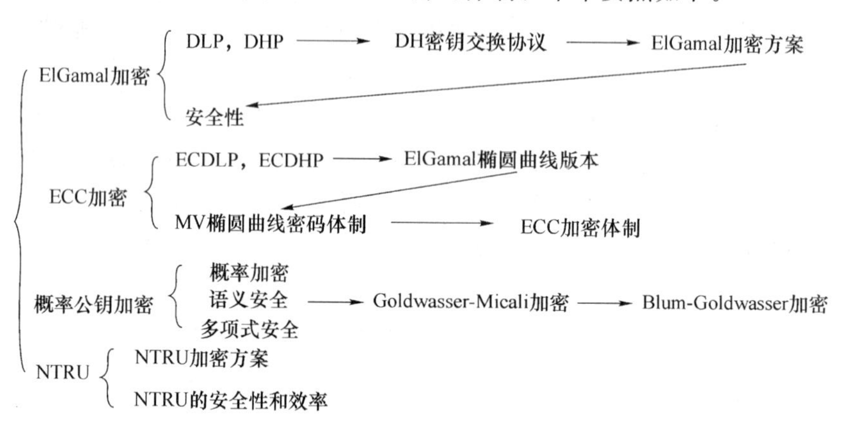

本章的重点是 ElGamal 加密体制和椭圆曲线加密体制。难点是 ElGamal 安全性讨论、语义安全以及概率公钥加密体制。

扩展阅读建议

NESSIE 把征集非对称算法作为重要内容,不过相比对称算法,非对称算法的种类和数量多不够丰富——NESSIE 共收到 17 个对称分组密码算法,却只收到 5 个公钥算法:AEC Encrypt、ECIES、EPOC、PSEC 和 RAS-OAEP。NESSIE 在评估过程中特别注重安全性,要求具有可证明的安全性。在这一准则下,经过两年共两轮的评选,最终 PSEC-KEM(PSEC 的改进版本)、ACE-KEMA(ACE 的改进版本)以及 RSA-KEM 三个算法入选。经过 RSA-KEM 没有正式提交给 NESSIE,但因为被纳入 ISO/IEC 标准 18033 中,且具有可证明的安全性,因而也受到推荐。

ElGamal 的经典论文和 Goldwasser 和 Micali 提出概率加密的那篇开创性论文值得阅读。NTRU 密码体制值得关注。

1. ElGamal T. A public key cryptosystem and a signature scheme based on discrete logarithms. IEEE Trans. Information Throry, 1985,314:469-472.

2. Goldwasser S, Micali S. Probilistic Encryption. Journal of Computer and System Sciences, 1984, 28(2): 270-299.(第一个语义安全方案,即 IND-CPA2 安全方案)

3. Blum M, Goldwasser S. An Efficient Probabilistic Public-Key Encryption Scheme which Hides all Paritial Information, 1985, 196:289-299(第一个高效率的 IND-CPA2 安全方案).

4. Alexi W, Chor B, Goldreich O, et al. RSA/Rabin Functions: Certain Parts are as

Hard as the Whole. SIAM Journal on Computing，1988，17：194-209.（Alexi 根据 RSA 和 Rabin 构造的 IND-CPA2 安全方案）

5. IEEE P1363.1：Public-Key Cryptographic Techniques Based on Hard Problems over Lattices，http://grouper.ieee.org/groups/1363/lattPK/.

6. Ding Jintai，Yang Bo-Yin. Multivariate Public Key Cryptography，in Daniel J. Bernstein，Johannes Buchmann，Erik Dahmen ed，Post-Quantum Cryptography. Berlin：Springer，2009.

7. 周福才，徐剑. 格理论与密码学. 北京:科学出版社,2013.

第9章 数字签名

前面的章节介绍了提供保密性、完整性和认证性的方法，本章介绍提供不可抵赖性的方法——数字签名(Digital Signature)。数字签名是现代密码学的主要研究内容之一。本章首先介绍数字签名的基本概念，然后从易到难介绍四个经典方案 Lamport 一次签名、基于对称加密的一次性签名、Rabin 签名、RSA 签名，接着介绍基于离散对数的数字签名，包括一系列相关的变体。随后给出离散对数类签名的设计原理，介绍根据身份识别协议转化的签名。最后介绍一种特殊签名盲签名。

9.1 数字签名概述

9.1.1 数字签名的一般模型

随着计算机网络的发展，特别是电子商务的兴起，需求对消息进行消息完整性保护，消息源鉴别，以及对交易的认证和不可抵赖性。数字签名是手写签名的数字化形式。手写签名的基本特点是：能与被签名的信息在物理上不可分割，签名者不能否认自己的签名，签名不能伪造，容易被验证。数字签名是一串二进制数，也应与被签名的信息"绑定"在一起。通常，数字签名应具有以下特性。

(1) 签名是可信的。任何人都可以验证签名的有效性。

(2) 签名是不可伪造的。除了合法的签名者之外，任何其他人伪造其签名是困难的。

(3) 签名是不可复制的。对一个消息的签名不能通过复制变为另一个消息的签名。如果对一个消息的签名是从别处复制得到的，则任何都可以发现消息与签名之间的不一致性，从而可以拒绝签名的消息。

(4) 签名的消息是不可改变的。经签名的消息不能被篡改。一旦签名的消息被篡改，则任何人都可以发现消息与签名之间的不一致性。

(5) 签名是不可抵赖的。签名者事后不能否认自己的签名。

定义 9.1 一个数字签名方案是一个 5 元组 $\langle M, S, K, \mathrm{SIGN}, \mathrm{VRFY}\rangle$，满足如下的条件：

(1) M 是一个可能消息的有限集；

(2) S 是一个可能签名的有限集；

(3) 密钥空间 K 是一个可能密钥的有限集;

(4) 对每一个 $k=(k_s,k_v)\in K$,都对应一个签名函数 $\mathrm{Sign}_{k_s}\in \mathrm{SIGN}$ 和验证算法 $\mathrm{Vrfy}_{k_v}\in \mathrm{VRFY}$。每一个 $\mathrm{Sign}_{k_s}:M\rightarrow S$ 和验证函数 $\mathrm{Vrfy}_{k_v}:M\times S\rightarrow\{\mathrm{True},\mathrm{False}\}$ 是一个对任意消息 $m\in M$ 和任意签名 $s\in S$ 满足下列方程的函数:

$$\mathrm{Vrfy}(m,s)=\begin{cases}\mathrm{True}, & s=\mathrm{Sign}_{k_s}(m)\\ \mathrm{False}, & s\neq \mathrm{Sign}_{k_s}(m)\end{cases}$$

对每一个 $k\in K$,函数 Sign_{k_s} 和 Vrfy_{k_v} 都是多项式时间可计算的函数。Vrfy_{k_v} 是一个公开函数,k_v 为公钥(验证密钥);Sign_{k_s} 是一个密码函数,k_s 为私钥(签名密钥),要秘密保存。

各国对数字签名的使用已颁布了相应的法案,如美国国会在 2000 年 6 月通过《电子签名全球与国内贸易法案》。该法案规定,电子签名与普通合同签名在法庭上具有同等的法律效力。我国于 2005 年 4 月起实施《电子签名法》,规定电子签名与手写签名或盖章具有等同等法律效力,该法律在电子商务、电子政务的发展起到了重要的促进作用。

9.1.2 数字签名的分类

基于数学难题的分类:基于离散对数问题的签名方案、基于大整数素数因子分解的签名方案、基于椭圆曲线离散对数问题的签名方案、基于离散对数和素数因子分解的签名方案、基于二次剩余问题的签名方案。

基于数字签名是否具有恢复特性的分类:不具有消息恢复(Message Recovery)特性的签名、具有消息恢复特性的签名。

基于不同的加密方法分类:基于对称加密算法(基于 Hash 函数,单向函数)的数字签名,基于公钥加密算法的数字签名。

基于签名用户的分类:分为单用户签名和多用户签名。多个用户的签名方案又称为多重签名方案。根据签名的过程不同,多重数字签名方案可分为有序多重数字签名方案和广播多重数字签名方案。

基于签名人对消息是否可见的分类:盲签名方案表示签名者对消息不可见,但事后可以证明消息的存在。又根据签名者是否可以对消息者进行追踪分为弱盲签名方案和强盲签名方案。

基于签名人是否受别人委托签名的分类:分为普通数字签名方案和代理签名方案。如果授权的不是一个人,而是多个人,这时称为代理多重数字签名方案。

基于签名是否有仲裁的分类:直接数字签名和仲裁数字签名。直接数字签名是在签名者和签名接收者之间进行的。假设签名接收者知道签名者的公钥。仲裁数字签名是在签名者、签名接收者和仲裁者之间进行的。仲裁者是签名者和签名接收者共同信任的。签名者首先对消息进行数字签名,然后送给仲裁者。仲裁者首先对签名者送来的消息和数字签名进行验证,并对验证过的消息和数字签名附加一个验证日期和一个仲裁说明,然后把验证过的数字签名和消息发送给签名接收者。因为有仲裁者的验证,所以签名者无法否认他签过的数字签名。

9.1.3 数字签名的设计原理*

(本节内容可延迟到第 9 章学完之后学习。)数字签名的设计主要依靠 3 种方法:单向陷门函数(有时甚至是单向函数)、从身份识别协议通过非交互零知识证明的机制转化而来的知识签名、利用可交换的公钥加密直接构造。

一种直接的构造方法是利用单向陷门函数,陷门信息作为签名人的私钥,签名人对私钥的拥有表明签名的真实性。这种基于单向陷门函数的数字签名,基于两条基本的假设:一是私钥是安全的,只有其拥有者才能获得;二是产生数字签名的唯一途径是使用私钥。尽管数字签名的安全性没有得到证明,但超出这种假设,也就是说使用未知的密钥而非私钥,或使用未知的算法而非数字签名算法攻击成功的例子并没有人获悉过。

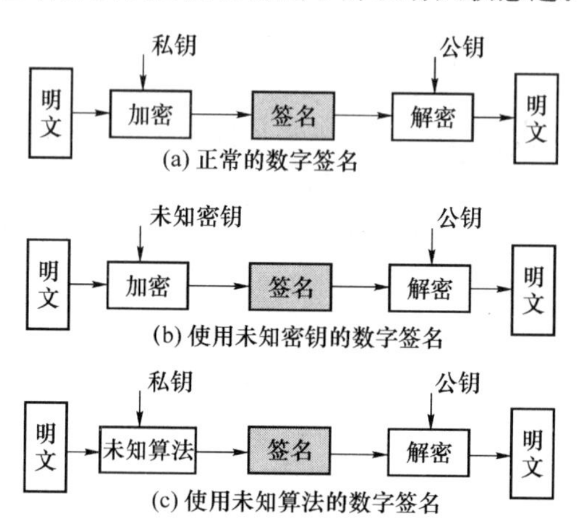

图 9.1　数字签名的假设和例外

从身份识别协议通过非交互零知识证明的机制转化而来的知识签名在 9.5 节介绍。它从身份识别协议转化而来,转化的方法主要是利用非交互零知识的方法(也称为 Fiat-Shamir 启发式,在 9.5 节介绍)。具体而言,通常包含 3 个部分,利用了单向函数的单向性构造一个承诺机制,对一个随机数进行承诺(承诺后不能再改变),然后利用 Hash 函数的单向性构造随机挑战值,该挑战值通常是消息和承诺值两者连接后的散列值,签名者利用对秘密知识的拥有构造相应的应答。该应答即是签名,签名者接收签名后验证签名的有效性。

还有一类签名可以直接利用可交换的公钥加密直接构造。可交换的公钥加密系统是指:设 E_e 是一个公钥加密算法,有消息空间 M 和密文空间 C,设 $M=C$。令 D_d 是对应 E_e 的解密算法,因 E_e 和 D_d 都是置换,且有

$$D_d(E_e(m))=E_e(D_d(m))=m, m\in M$$

称这种类型的公钥加密方案是可交换的。

于是可以简单地通过解密算法进行签名,如 RSA 签名方案和 Rabin 签名方案。

9.1.4　数字签名的安全性*

1988 年,S. Goldwasser、S. Micali 和 R. Rivest 第一次严格定义了数字签名的安全性,并提出了 GMR 签名方案,是第一个可证明满足选择消息攻击下存在性不可伪造的签名。本节简要介绍相关安全性概念。

首先需要明确安全的需求,才能设计安全的数字签名方案。在明确安全需求之前,需要先明确敌手模型。

1. 敌手的能力

(1) 唯密钥攻击(Key Only Attack)。敌手拥有公钥,以及签名验证函数 $\mathrm{Vrfy}_{kv}()$。

(2) 已知消息攻击(Known Message Attack)。敌手拥有通信方已签署的一系列消息签名的列表,例如,(m_1,s_1),(m_2,s_2),…,其中 m_i 是消息,s_i 是通信方对这些消息的签名($s_i=\mathrm{Sign}_{ks}(m_i)$,$i=1,2,\cdots$)。

(3) 选择消息攻击(Chosen Message Attack)。敌手请求通信方对一系列消息进行签名,即敌手选择消息 $m_1,m_2,\cdots$,通信方提供对这些消息的签名,它们分别是 $s_i=\mathrm{Sign}_{ks}(m_i)$,$i=1,2,\cdots$

(4) 自适应选择消息攻击(Adaptive Chosen Message Attack)。敌手在得到消息签名后,还可以选择 m_i,即允许根据先前的签名结果进行后续的消息选择。

为了简便,后面不另外区分攻击(3)和(4),将其统称为选择消息攻击。

2. 敌手的目标

(1) 完全攻破(Total Break):敌手能够确定私钥,即签名函数 $\mathrm{Sign}_{ks}()$,从而对任何消息产生有效的签名。

(2) 选择性伪造(Selective Forgery):敌手以某一个不可忽略的概率对某个消息产生一个有效的签名。也就是说,如果给敌手一个消息 m,敌手能(以不可忽略的概率)确定签名 s,使得 $\mathrm{Vrfy}_{kv}(m,s)=\mathrm{True}$,且该消息 m 不是通信方曾经签名过的消息。

(3) 存在性伪造(Existential Forgery):敌手至少能够为一则消息产生一个有效的签名。换句话说,敌手能产生一个对(m,s),其中 m 是消息,而 $\mathrm{Vrfy}_{kv}(m,s)=\mathrm{True}$。该消息 m 不是通信方曾经签名过的消息。

很明显,这里的定义和 MAC 的安全性定义(第 6.3.1 节)类似,但也有区别。MAC 安全性中没有唯密钥攻击,因为 MAC 中没有可公开的密钥。MAC 安全中具有相同的签名函数和验证函数。

一个签名方案不可能是无条件安全的,因为对一个给定的消息 m,敌手使用公开算法 $\mathrm{Vrfy}_{kv}()$测试所有可能的签名 s,直到发现一个有效的签名。因此,给定足够的时间,敌手总能对任何消息伪造通信方的签名。因此,和公钥密码体制一样,目标是找到计算上安全的签名方案。

9.2 体会4个经典方案

最早的数字签名方案是 RSA 方案,之后出现了 Lamport 一次签名方案,随后是 Rabin 签名。本节首先介绍一次签名方案,因为其非常简洁,且具有构造签名的朴素思想,便于体会签名方案构造的历史进程和基本思路。

9.2.1 基于单向函数的一次性签名

1979 年,L. Lamport 提出基于任意单向函数的一次签名方案。该方案在单向函数是双射的条件下是可证明对唯密钥攻击是安全的。

所谓一次签名是指一对公、私钥只能用于对一个消息进行签名。每次签署消息,都需要更新公钥和私钥。由于这种签名往往依赖单向函数或对称加密密钥算法,因而具有签名生成和签名验证高效的特点,故可应用在芯片卡等计算能力较低的环境。

Lamport 一次签名方案如下:

(1)密钥生成

设 k 是一个正整数,$P=\{0,1\}^k$。假定 $f:Y\to Z$ 是一个单向函数,且 $A=Y^k$。设随机选择的 $y_{i,j}\in Y, 1\leqslant i\leqslant k, j=0,1$。设 $z_{i,j}=f(y_{i,j}), 1\leqslant i\leqslant k, j=0,1$。密钥 K 由 $2k$ 个 y 和 $2k$ 个 z 构成。y 是私钥,z 是公钥。

(2) 签名生成

对于

$$K=(y_{i,j}, z_{i,j} : 1\leqslant i\leqslant k, j=0,1)$$

定义

$$s=\mathrm{Sign}_K(x_1,\cdots,x_k)=(y_{1,x_1},\cdots,y_{k,x_k})$$

(3) 签名验证

关于消息 $(x_1,\cdots,x_k)$ 的签名 $(s_1,\cdots,s_k)$ 验证如下:

$$\mathrm{Vrfy}_K((x_1,\cdots,x_k),(s_1,\cdots,s_k))=\mathrm{True}\Leftrightarrow f(s_i)=z_{i,x_i}$$

该签名方案的示意图如图 9.2 所示。根据消息的比特值,给出相应的私钥。非正式地说,有 $2k$ 套"锁——钥匙"对,即 $2k$ 把"锁"和 $2k$ 把"钥匙"。"锁"为公钥,"钥匙"为私钥(是秘密的)。明文中的每一位对应 2 套"锁——钥匙"对。根据明文中该位的比特为 0 或者为 1,亮出二个秘密"钥匙"中的一个。可见,一旦这个"钥匙"公开了,如果不更换"锁"的话,敌手就可以利用该"钥匙"伪造签名了。

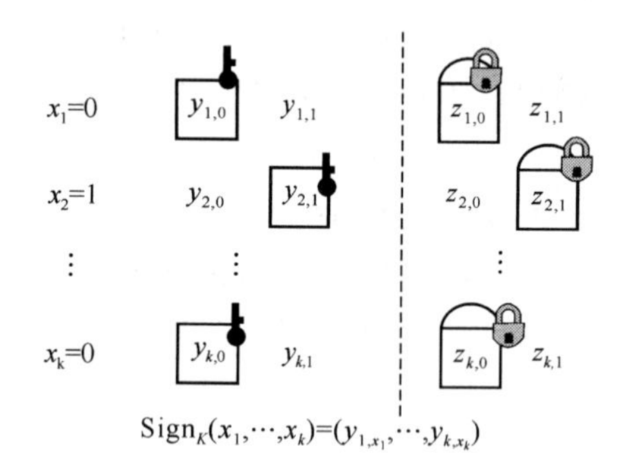

图 9.2 Lamport 一次签名方案

例 9.1 不妨设单向函数是 $f(x)=3^x \bmod 7\,879$,(3 是素数群 $Z_{7\,879}^*$ 的生成元),假定明文消息有 3 个比特,即 $k=3$。取私钥为

$$y_{1,0}=5\,831, y_{1,1}=735$$

$$y_{2,0}=803, y_{2,1}=2\,467$$

$$y_{3,0}=4\,285, y_{3,1}=6\,449$$

计算公钥为

$$z_{1,0}=3^{5\,831} \bmod 7\,879 = 2\,009,\ z_{1,1}=3\,810$$

$$z_{2,0}=4\,672,\ z_{2,1}=4\,721$$

$$z_{3,0}=268,\ z_{3,1}=5\,731$$

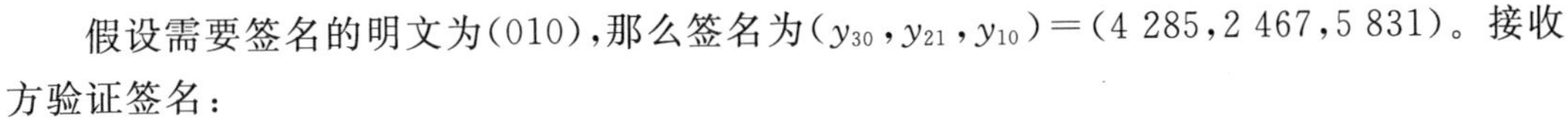

假设需要签名的明文为(010),那么签名为$(y_{30},y_{21},y_{10})=(4\ 285,2\ 467,5\ 831)$。接收方验证签名:

$$3^{5\ 831}\bmod 7\ 879=2\ 009$$

$$3^{2\ 465}\bmod 7\ 879=4\ 721$$

$$3^{4\ 285}\bmod 7\ 879=268$$

从该例可见,如果在签名一次后不更换公钥,敌手在知道 010 和 101 的签名,便可以伪造任何 3 bit 消息的签名了,因为敌手拥有了所有的私钥。

可证明安全性讨论:

定理 9.1　如果 f 是一个双射单向函数,那么 Lamport 一次签名方案满足唯密钥攻击条件下存在性不可伪造。

证明:思路是反证法。如果 Lamport 一次签名方案不是唯密钥攻击条件下存在性不可伪造,则 f 不是单向函数。这与原假设矛盾,故得证。下面给出具体的证明。

如果 Lamport 一次签名方案不是唯密钥攻击条件下的存在性不可伪造的,则存在 Lamport-Forge 算法,给定任意特定的公钥,输出一个伪造的签名。现在利用该算法作为子过程构造一个算法 F-Preimage,该算法对于任意选择的元素 $z\in Z$,输出 z 关于 f 的原像。可见,Lamport-Forge 算法可视为一个预言机(Oracle)。

算法 9.1　F-Preimage(z)

```
/* 求 z 关于函数 f 的原像,输入为像 z,输出为 z 的原像 */
{
  z1,0 = z, z1,1 <-r- Z
  z̄ = (z1,0 , z1,1)
  (x1 , a1) <- Lamport-Forge( z̄ )
  If x1 = 0 Return(a1)
  Else
  Return("Failure")
}
```

这里$\xleftarrow{r}$表示随机选择,构造一个公钥 $\bar{z}=(z_{1,0},z_{1,1})$,作为预言机的问询,预言机返回一个伪造的签名,如果该签名恰好为公钥 $z_{1,0}=z$ 的签名(私钥),则得到了 z 的原像。显然,这种情况的概率是 1/2。■

9.2.2　基于对称加密的一次性签名

一个有趣的现象是:最早的签名方案是根据对称加密算法构造的。Rabin 的一次性签名方案是最早的签名方案之一,但该方案中签名的验证需要签名者和验证者合作才能完成。后来,Lamport 使用单向函数提交密钥的方式构造了不需要交互的一次性签名方案。下面简要介绍 Rabin 的基于对称加密算法(如 DES)的一次性签名方案:

(1) 密钥产生

产生签名的密钥。签名方随机产生 $2t$ 个密钥作为签名用的密钥,所以这些密钥需要保密,$2t$ 个密钥为:$K_1,K_2,\cdots,K_{2t}$。

产生用于验证签名的数据信息(不妨视其为公钥)。首先产生 $2t$ 个随机数:$u_1, u_2, \cdots, u_{2t}$;然后用 K_i 分别加密随机数 $u_i, i=1,2,\cdots,2t$,得到 $2t$ 个密文数据:$U_1, U_2, \cdots, U_{2t}$ 其中 $U_i = E(u_i, K_i), i=1,2,\cdots,2t$。公开这 $2t$ 个随机数和 $2t$ 个密文数据,作为用于验证签名的数据。需要注意的是,公布的 u_i 序列和 U_i 序列的排列顺序应与 $K_1, K_2, \cdots K_{2t}$ 的顺序一致。

(2) 签名过程

用 K_i 对报文 M 的压缩码 $h(M)$ 加密获得签名:$S=(E(h(M),K_1), E(h(M),K_2), \cdots, E(h(M),K_{2t}))$,简记为 $S=(S_1, S_2, \cdots, S_{2t})$,其中,$h$ 表示压缩函数,E 表示加密。签名者把消息和签名(M,S)发送给验证者。

验证方索取 t 个密钥。验证者收到签名消息后,随机产生一个长为 $2t$ 的比特串,要求其中包含 t 个比特 0,t 个比特 1。然后把该比特串发送给签名者。签名者收到该长为 $2t$ 的比特串之后,发送回 t 个密钥。发送原则是:如果比特串的第 i 位为 1,则签名方把 K_i 发送给对方。发送也要求按顺序完成。

(3) 验证签名

验证方收到签名方的 t 个密钥之后,就可以验证签名的有效性。验证方法可以如下表示:

$$\begin{cases} E(u_i, K_i) = U_i \\ E(h(M), K_i) = S_i \end{cases}$$
$$i = j_1, j_2, \cdots, j_t$$

其中,K_i 表示接收方收到签名方的 t 个密钥 $i=j_1, j_2, \cdots, j_t$。

如果对于所有的 t 个密钥,上面两式均成立,则签名有效,否则签名无效。

作为最早的签名,签名的设计思路是:签名者向验证者证明自己拥有对称加密方案中的密钥(可视为陷门信息)。

一次性数字签名的缺点是要求对每一个消息都使用一个新的公钥。它的优点是签名产生和验证速度较快,特别适用于要求计算能力有限的芯片卡中。通常把它们与可信第三方相结合,并通过验证树结构来实现。

9.2.3 Rabin 数字签名

前面两个签名方案都可以视为是基于单向函数的方案。下面介绍基于陷门单向函数的数字签名。

Rabin 数字签名描述如下:

(1)密钥生成

两个随机选取的相异的大素数 p 和 q,$n=pq$,其中 n 为公钥,p 和 q 需要保密。消息空间和签名空间都是由同为模 p 平方剩余和模 q 平方剩余的正整数构成的集合。

(2) 签名生成

如果消息 $m \in Z_n$ 签名时,首先要确保 m 既是 p 的平方剩余,又是 q 的平方剩余。如果 m 不能满足这一条件,可先对 m 做一个变换,将其映射成符合要求的 m'。假设对 m 签名,$s=\text{Sign}(m)=\sqrt{m} \bmod n$。

(3) 签名验证

$$\text{Vrfy}(m,s)=\text{true} \Leftrightarrow m=s^2 \bmod n$$

由于只有签名者知道 n 的分解方法，所以只有签名者才能够签名(即求出 m 的模 n 平方根)。

可证明 Rabin 数字签名的安全性等价于大整数分解的困难性。但是，这种数字签名容易遭受选择消息攻击。攻击者选择一个 x，计算出 $x^2 = m \bmod n$，将 m 发送给签名者签名，等待签名者返回的签名 s。易知，签名者对 m 的签名可能有 4 种结果，其中包括 $\pm x \bmod n$。因此，攻击者有 1/2 的概率得到一个非 $\pm x \bmod n$ 的签名，从而解出 p 和 q，达到分解 n 的目的，从而完全攻破签名体制。

另一个缺点是它要求被签消息必须是模 n 的平方剩余，否则需要映射后签名，这给该方案的应用造成了很大的不便。

9.2.4　RSA 数字签名及其安全性分析

RSA 签名方案是目前使用较多的一个签名方案，也是已经提出的数字签名方案中最容易理解和实现的签名方案，其安全性基于大整数因子分解的困难性。该签名方法可视为基于可交换的加密方案。

RSA 数字签名方法如下：

(1) 密钥生成

首先选取两个大素数 p 和 q，计算 $n=pq$，其欧拉函数 $\phi(n)=(p-1)(q-1)$，然后随机选择整数 $e(1<e<\phi(n))$，满足 $\gcd(e,\phi(n))=1$，计算 $d \equiv e^{-1} \bmod (n)$，则签名者 A 的公钥为(n,e)，私钥为 d。p 和 q 是秘密参数，需要保密，如不需要保存，计算出 e、d 后销毁 p、q。

(2) 签名生成

待签名的消息为 $m \in Z_n$，签名为 $s=\text{Sign}(m)=m^d \bmod n$。将$(m,s)$发送给接收者。

(3) 签名验证

签名接收者 B 收到消息 m 和签名 s 后，验证等式 $m=s^e \bmod n$ 是否成立。若成立，签名有效；否则签名无效。

正确性证明：

$$s^e \bmod n = m^{ed} \bmod n = m^{h\phi(n)+1} \bmod n = m(m^{\phi(n)})^h \bmod n = m(1^h) \bmod n = m$$

安全性分析：

上述方案是一个最简单的 RSA 签名方案(也称为“教课书 RSA 签名方案”)，但是不难发现，上述方案存在一些问题：

(1) 任何人都可以随机选择一个任意的 $y \in Z_n$，计算 $x=y^e \bmod n$，于是任何人都可以伪造一个有效的消息签名对(x,y)。这种情况就是唯密钥攻击条件下的存在性伪造。

(2) 如果消息 x_1,x_2 的签名分别为 y_1,y_2，则任何知道 x_1,y_1,x_2,y_2 的人都可以伪造对消息 x_1x_2 的签名 y_1y_2，即生成一对有效的明文和签名对(x_1x_2,y_1y_2)。因为$(y_1y_2)^e=(y_1^e)(y_2^e)=x_1x_2$。签名验证成立。这种情况就是选择消息攻击下的选择性伪造，或者是已知消息攻击条件下的存在性伪造。

(3) 这种签名方案对签名的消息有限制，即 $x \in Z_n$，于是长度不能超过$\lfloor \log_2 n \rfloor$比特。通常实际应用中要签名的消息都较长，可能比 n 大。这种情况下，只能先对消息进行分组，然后对每组消息分别进行签名，这样导致签名长度变长，签名速度变慢，签名验证更耗时。

（4）利用签名服务获取明文（消息破译）。假设敌手已经截获密文 c，$c=x^e \bmod n$ 想求出明文 x。于是，先选择一个小的随机数 r，计算

$$s=r^e \bmod n$$

$$l=s\times c \bmod n=x^e r^e \bmod n$$

$$t=r^{-1} \bmod n$$

因为 $s=r^e$，所以 $s^d \bmod n=(r^e)^d \bmod n=r \bmod n$。然后，敌手设法让签名者对 l 签名，于是敌手又获得 $k=l^d \bmod n$。敌手计算

$$t\times k=r^{-1}\times l^d\equiv r^{-1}\times s^d\times c^d\equiv r^{-1}\times r\times c^d\equiv c^d\equiv x \bmod n$$

于是敌手可获得明文 x。

（5）对先加密后签名方案的攻击

这种情况的原理与情况（2）类似，是选择消息攻击下的选择性伪造，或者是唯密钥攻击条件下的存在性伪造。

假设签名者 A 采用先加密后签名的方案发送消息 x 给接收者 B，即先用 B 的公开密钥 e_B 对 x 加密，然后用自己的私钥 d_A 签名。设 A 的模数为 n_A，B 的模数为 n_B，于是 A 发送给 B 的加密后签名为：$(x^{e_B} \bmod n_B)^{d_A} \bmod n_A$。

B 可以伪造 A 的签名，方式是改变加密的消息。由于 B 知道 n_B 的分解，于是能够计算模 n_B 的离散对数，即能够找到 k 满足：$(x_1)^k=x \bmod n_B$。

然后，公开新公钥为 ke_B，声称收到的消息为 x_1，而不是 x。

由于 $(x_1^{ke_B} \bmod n_B)_A^d \bmod n_A=(x_B^e \bmod n_B)_A^d \bmod n_A$，$A$ 无法否认。

上述问题中的（2）、（4）和（5）均来自于签名函数的同态特性，即两个签名的乘积等于另一个消息的签名，也就是说 $s_1 s_2=m_1^d m_2^d=(m_1 m_2)^d \bmod n$。为了去掉这一特性，常见的方法是在签名之前，先对消息做 Hash 变换，然后对变换后的消息进行签名。即 $s=\mathrm{Sign}(m)=h(m)^d \bmod n$，这里 $h(m)$ 是一个 Hash 函数。签名验证也做相应的改动，即验证等式 $h(m)=s^e \bmod n$ 是否成立。

思考 9.1：为什么经过 Hash 变换后，攻击（1）和（2）不会发生？

攻击（1）中，即使敌手任选 y 计算出 $t=y^e \bmod n$，由于 Hash 函数的单向性，无法找到 x 使得 $h(x)=t$。

攻击（2）中，即使敌手拥有消息 x_1，x_2 的签名分别为 y_1，y_2，要想使得构造的签名 $y_1 y_2$ 为某个消息 t 的签名，需要寻找 t，使其满足 $h(t)=h(x_1)h(x_2) \bmod n=(y_1 y_2)^e \bmod n$，由于 Hash 函数的单向性，这是困难的。

同理，可说明（4）和（5）不再会发生。

因此，一个典型的签名范例如图 9.3 所示。

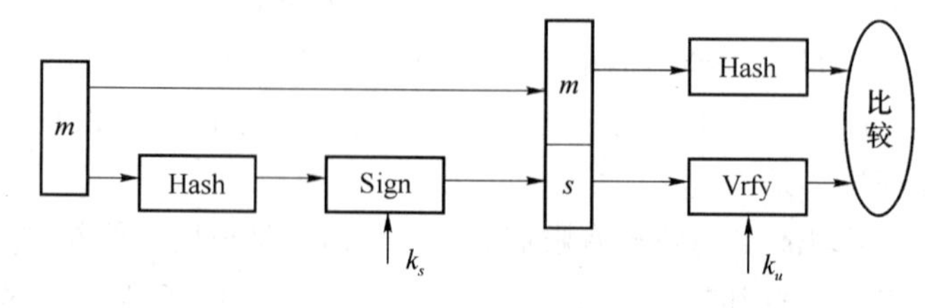

图 9.3　先散列后签名

散列后签名方案的一般安全性分析：

类似上面的方法，将待签名的消息先计算散列值，然后进行签名的方法，可一般性地描述为：$s=\mathrm{Sign}(h(m))$。下面讨论该类方法的安全性。

(1) 已知消息攻击条件下的存在性伪造

假设敌手有一个有效的数字签名(m,s)，其中$s=\mathrm{Sign}_k(h(m))$。敌手首先计算$h(m)$，如果能够找到$m'\neq m$，使得$h(m')=h(m)$，则(m,s)就是一个有效的签名，完成了一次存在性伪造。为了阻止该攻击，必须要求 Hash 函数 h 是抗第二原像的(抗弱碰撞的)。

(2) 选择消息攻击条件下的存在性伪造

敌手首先找到$m'\neq m$，使得$h(m)=h(m)$。然后将消息m发送给签名者，并让 A 对消息的散列值$h(m)$签名，从而得到$s=\mathrm{Sign}_k(h(m))$，于是敌手可以成功伪造签名(m,s)，完成了选择消息攻击条件下的存在性伪造。为阻止该类攻击，必须要求 Hash 函数 h 是抗强碰撞的。

RSA 数字签名与 RSA 加密结合使用时的问题

实际应用中，常常需要将签名和加密结合使用，由于不同的用户使用的模不一样，使用中需要注意结合的顺序。设 RSA 密码系统中，用户 A 的公钥为(N_A,e_A)，私钥的d_A，用户 B 的公钥为(N_B,e_B)，私钥为d_B，且设$N_A<N_B$，则用户 A 若想发送一个既签名又加密的消息 m 给 B，采取的步骤如下。

(1) 首先利用自己的签名密钥d_A对消息m进行签名，得到的签名为$y=m^{d_A}\bmod N_A$。

(2) 然后利用接收方 B 的公钥对其加密得到$c=y^{e_B}\bmod N_B$，得到的密文 c 中包含了对消息 m 的签名。

(3) 接收方 B 在收到密文后，先解密，然后验证签名。

上述过程在$N_A>N_B$时，会导致解密后的结果不能通过签名验证。例如，对于参数$(N_A=13\times17=221,e_A=29)$，$(N_B=11\times7=77,e_B=7)$，消息$m=100$，$m$ 的签名为$y=100^5\bmod 221=172$，用 B 的公钥加密后得$c=172^7\bmod 77=39$，B 收到密文 39 后，解密得到$y'=18\bmod 77$，验证$m'=18^{29}\bmod 221=81$，于是，$m'\neq m$。易知，发生这种情况的概率为$(N_A-N_B)/N_A$。

为解决这一问题，常用的一个方法是先加密后签名，即保证先进行模较小的运算。但该方法容易遭受攻击，攻击者可对加密的消息进行签名，从而扰乱了消息来源。另一个办法是系统中每个用户采用两个模数，一个用于加密，另一个用于签名，且保证所有用户的签名模数均小于其他用户的加密模数。这样，确保了先签名后加密这一次序不会出现问题。如可选择所有签名的模为 t 比特，所有加密的模为 $t+1$ 比特。

思考 9.2：从对称加密的 1 个密钥，到非对称加密的 2 个密钥，作为一个有趣的扩展思考，是否存在有多个密钥的密码体制？

可以将 RSA 体制推广为有多个密钥的公钥体制。

令$n=pq$，p 和 q 为素数，今选择 t 个密钥$k_1,k_2,\cdots,k_t$，使$k_1\cdot k_2\cdots k_t\equiv 1\bmod (p-1)(q-1)$。令 M 是明文，于是有$M^{k_1\cdot k_2\cdots k_t}\equiv M\bmod n$，因此可以由$k_1,k_2,\cdots,k_t$组成多种加解密组合。例如，$t=5$，则可以用$k_2,k_4$加密，有密文$C=M^{k_2\cdot k_4}\bmod n$，用$k_1,k_3,k_5$解密，有$M=C^{k_1\cdot k_3\cdot k_5}\bmod n$。

类似地，可以扩展到多签名体制。例如，选择$t=3$，可将k_1作为 A 的签名私钥，k_2是 B

的签名私钥,k_3 是验证公钥。对一给定文件,可由 A 进行签名,得 $S'=M^{k_1} \bmod n$,然后将 S' 传送给 B 签名,B 先恢复消息以证实文件内容:$M=S'^{k_2 \cdot k_3} \bmod n$,然后对其作进一步签名 $S=S'^{k_2} \bmod n$,S 就是 A 和 B 的签名结果,任何人可用公钥 k_3 验证签名:$M=S^{k_3} \bmod n$。

9.3 基于离散对数的数字签名

9.3.1 ElGamal 签名

1985 年,T. ElGamal 提出一个基于离散对数问题的数字签名体制,称为 ElGamal 数字签名体制(和加密方案同时提出),其安全性基于有限域上的离散对数问题的困难性。ElGamal 的修正版本已被美国 NIST 作为数字签名标准(Digital Signature Standard, DSS)。和 ElGamal 的加密类似,相同的消息产生的签名可能是不同的,即签名时引入了随机数。

1. ElGamal 签名方案

方案的描述如下:

(1) 密钥生成

选取大素数 p,$g\in Z_p^*$ 是一个本原元。p,g 为公开参数。随机选取整数 x,$1\leqslant x\leqslant p-2$,计算 $y=g^x \bmod p$。y 是公钥,x 是私钥。

(2) 签名生成

设 $m\in Z_p^*$ 是待签名的消息。秘密随机选取一个整数 k,$1\leqslant k\leqslant p-2$,对消息 m 的签名为 $\mathrm{Sign}(m)=(r,s)\in Z_p^*\times Z_{p-1}$,其中

$$r=g^k \bmod p$$

$$s=(m-xr)k^{-1} \bmod (p-1)$$

(3) 签名验证

对于 $m\in Z_p^*$ $(r,s)\in Z_p^*\times Z_{p-1}$,如果

$$y^r r^s\equiv g^m \bmod p$$

则确认 (r,s) 为消息 m 的有效签名。

2. 正确性证明

由于 $s=(m-xr)k^{-1} \bmod (p-1)$,于是 $xr+ks=m \bmod (p-1)$。因此,如果 $(r,s)\in Z_p^*\times Z_{p-1}$ 是消息的正确签名,则一定有 $y^r r^s\equiv g^{xr}g^{ks}\equiv g^m \bmod p$。

例 9.2 设 $p=11$,$g=2$ 是 Z_{11} 的本原元,选取 $x=8$,计算 $y=g^x \bmod p=2^8 \bmod 11=3$。$p$,$g$,$y$ 公开,x 保密。

假设 Alice 要对消息 $m=5$ 签名,Alice 首先秘密选择 $k=9$,因为 $\gcd(9,10)=1$,所以 9 模 10 的逆一定存在,有 $9^{-1} \bmod 10=9$。Alice 计算

$$r=g^k \bmod p=2^9 \bmod 11 =6$$

$$s=(m-xr)k^{-1} \bmod (p-1)=(5-8\times 6)\times 9 \bmod 10=3$$

$(r,s)=(6,3)$ 为 Alice 对消息 $m=5$ 的签名。

假设 Bob 对消息 $m=5$ 的签名 $(r,s)=(6,3)$ 进行验证,因为 $3^6\times 6^3\equiv 2^5 \bmod 11$。验证通过,确认其为有效签名。

9.3.2　ElGamal 签名的设计机理与安全性分析

思考 9.3：后验思考，已知方案的情况下验证方案的安全性。

(1) 抵御选择性伪造的安全性

① 在敌手没有签名私钥 x 的情况下，试图对给定的消息 m 伪造签名。敌手拥有的信息是 p，g 和 y。方法是首先随机选择一个值 r，然后试图找到相应的 s，满足目标方程 $y^r r^s = g^m \bmod p$，为达到这一企图，需要解关于 s 的方程，等于求解 $\log_r(g^m y^{-r})$。但这是困难的，因为是解离散对数问题。

② 如果敌手首先选择 s，然后试图找到 r，则需要求解关于 r 的方程

$$y^r r^s \equiv g^m \bmod p$$

求解该等式目前为止没有可行的办法。

③ 如果敌手已知消息 m，试图同时求(r,s)，需要求解关于 r，s 的方程

$$y^r r^s \equiv g^m \bmod p$$

目前仍没有人发现求解这一问题的方法，也没有人证明不能求解这个问题。

(2) 抵御存在性伪造的安全性

如果敌手先选择 r 和 s，然后去解 m，企图构造一次存在性伪造攻击，那么需要求解关于 m 的方程，即计算 $\log_g y^r r^s$ 来求 m，这又一次面临求解离散对数问题。

当同时选择 r，s，m，则存在性伪造是可能的(见后面的安全性分析)。但是这可通过先使用 Hash 函数来排除这种可能。

思考 9.4：先验思考，思考方案是怎么想出来的?

必然有一个关键方程建立了签名与消息 m 之间的联系，即存在一个验证签名的等式。该等式中必然包含签名和消息 m。

回顾思考 9.3，从(1)中①②的分析来看，签名的两项(r 和 s)必须至少在指数位置出现。从(2)的分析来看，m 也必须出现在指数位置。

于是，验证签名等式必然是形如 $A^r B^s \equiv C^m \bmod p$，$A$，$B$，$C$ 可取的值为验证者知道的信息，即已经公开的信息 y，g，r，s。

然后，通过验证方程反推(构造)出签名方程。例如，假设取 $A=r$，$B=g$，$C=y$，则验证方程为 $r^r g^s = y^m \bmod p$。因为总是有 $r=g^k \bmod p$，于是有 $g^{kr} g^s = g^{mx}$，故 $kr+s=mx$，即 $s=mx-kr \bmod (p-1)$。这便得到了一个签名方程。

思考 9.5：(一般性发散思维)：该签名设计方案的一般性原理是什么?

具体讨论将在 9.4.1 节基于有限域的离散对数问题的一般签名机制中介绍，这里只是简要提及。

设计中的重要环节是签名过程，回顾该过程可以发现有两个函数，一个是选取随机变量构造一个 $r=g^k \bmod p$，该函数引入随机性 k；另一个函数的一般模型是 $ak=b+cx \bmod (p-1)$，这里 a，b，c 可以是 m，r，s 的函数。计算出 s，可见 s 中蕴含了签名者对 m，x，k 的拥有。签名就是(r,s)。

更深入地解释需要用到实体认证(Entity Authentication)和身份识别(Identification)协议的概念，如零知识(Zero Knowledge)，比特承诺(Bit Commitment)。可以参见 9.5 节基于身份识别协议转化的签名。这里只作简要介绍。

签名协议可视为“承诺——挑战——应答”机制，需要交互双方共同配合，采取“挑战应答”的形式。“应答”的验证成功表明签名者知道签名密钥(私钥)x。为了将x传递到签名验证者，需要将x进行“掩盖”，“掩盖”的方法是利用随机数k。由于k是签名者随机选取的，需要将关于k的信息“同时”传递给签名验证方，这就是“承诺”，即承诺一个随机数k。在签名过程中，由于没有交互过程，“挑战”环节由签名者自己完成，但要保证“挑战”的随机性。利用随机数k计算$r=g^k \bmod p$，r作为“承诺”，“承诺”(r)本身的单向性表现出一定随机性，可视为随机“挑战”。签名方程中$ak=b+cx \bmod (p-1)$蕴含着“承诺”r，“应答”s，私钥x之间的关系(即a,b,c为m,r,s的组合)。利用签名方程$ak=b+cx \bmod (p-1)$计算变量s，s便视为“应答”。“应答”s表明对随机挑战的回答，计算应答s需要用到签名私钥x，故“应答”s表明了对私钥x的拥有，另外，由于k的随机性保证了“应答”中没有透露私钥x的信息，成功地“掩盖”了x。

更一般性的解释见基于身份识别协议转化的签名中的一节(9.5.3节)：基于知识的签名。

1. ElGamal方案的安全性分析

(1) 整体性攻击。ElGamal的安全性基础是离散对数问题的困难性，所以p必须是一个充分大的素数，否则利用穷举搜索法可以很容易地由已知(p,g,y)从同余方程$y=g^x \bmod p$算出私钥x。因此，p至少应该是二进制512位的素数(避免指数演算法攻击)，从长期安全考虑，推荐使用1 024位或者更长的密钥。另外，$p-1$最好有大的素数因子(避免Pohlig-Hellman算法攻击)，私钥x最好是Z_p^*的素数阶子群的生成元。

(2) 存在性伪造。一种是唯密钥攻击条件下的存在性伪造。伪造者可任选两数u，v：$1\leqslant u,v<p-1$，$\gcd(v,p-1)=1$，计算

$$r=g^{-u}y^{v} \bmod p$$

$$s=-rv^{-1} \bmod (p-1)$$

$$m=-us \bmod (p-1)$$

可以验证$y^{\gamma}\gamma^{\delta}=g^{xr}(g^{-u}y^{v})^{-rv^{-1}}=g^{xr+urv^{-1}}y^{-r}=g^{urv^{-1}}=g^{m} \bmod p$成立，所以$(r,s)$是对消息$m$的有效签名。由于这样的消息$m$不可事先确定，因此$m$可能毫无意义。这是唯密钥攻击条件下的存在性伪造。

另外一种是已知消息攻击条件下的存在性伪造。假定(r,s)是消息m的有效签名，那么敌手可用这个“消息-签名对”伪造其他消息的签名。设h,i,j是整数，$0\leqslant h,i,j\leqslant p-2$，且$\gcd(hr-js,p-1)=1$，计算

$$\lambda=r^{h}\alpha^{i}\beta^{j} \bmod p$$

$$\mu=s\lambda(hr-js)^{-1} \bmod (p-1)$$

$$m'=\lambda(hx+is)(hr-js)^{-1} \bmod (p-1)$$

容易验证，得到一个对m'的有效签名(λ,μ)。

(3) 随机数k要秘密选取，不可泄露，否则根据k可求得签名私钥$x=r^{-1}(m-sk) \bmod (p-1)$(如果有$\gcd(r,p-1)=1$)。

(4) 随机数k不能重复使用，否则存在重复性攻击。如用k对消息m_1和m_2分别产生了两个签名(r,s_1)和(r,s_2)，则可通过解关于未知数x与k的同余方程组

$$\begin{cases}m_1=rx+s_1k\bmod(p-1)\\m_2=rx+s_2k\bmod(p-1)\end{cases}$$

求得签名私钥 x。即

$m_1-m_2=k(s_1-s_2)\bmod(p-1)$，设 $d=\gcd(s_1-s_2,p-1)$，因为 $d\mid p-1$，且 $d\mid(s_1-s_2)$，可证明 $d\mid(m_1-m_2)$，定义 $m'=\dfrac{(m_1-m_2)}{d}$，$s'=\dfrac{(s_1-s_2)}{d}$，$p'=\dfrac{p-1}{d}$，则有 $m'=ks'\bmod p'$，且 $\gcd(s',p')=1$，那么 $k=m'(s')^{-1}\bmod p'$，$k=tp'+m'(s')^{-1}(0\leqslant t\leqslant d-1$，通过测试 $r=g^k\bmod p$ 来确定哪一个是 k。

(5) 签名者多次签名时选取的多个 k 之间应无关联，否则存在同态性攻击。例如，三个不同的签名所选取的随机数为 k_1,k_2,k_3，满足 $k_3=k_1+k_2$，故由 $s\equiv(m-xr)k^{-1}\bmod(p-1)$，可得 $m\equiv ks+xr\bmod(p-1)$。于是

$$m_1\equiv(xr_1+k_1s_1)\bmod(p-1)$$
$$m_2\equiv(xr_2+k_2s_2)\bmod(p-1)$$
$$m_3\equiv(xr_3+k_3s_3)\bmod(p-1)$$

对以上三式分别乘以 s_2s_3,s_1s_3,s_1s_2，得：

$$m_1s_2s_3\equiv xr_1s_2s_3+k_1s_1s_2s_3\bmod(p-1)\quad(1)$$
$$m_2s_1s_3\equiv xr_2s_1s_3+k_2s_1s_2s_3\bmod(p-1)\quad(2)$$
$$m_3s_1s_2\equiv xr_3s_1s_2+k_3s_1s_2s_3\bmod(p-1)\quad(3)$$

(1)+(2)−(3)，利用 $k_3=k_1+k_2$，可求出签名私钥：

$$x\equiv(m_1s_2s_3+m_2s_1s_3-m_3s_1s_3)(r_1s_2s_3+r_2s_1s_3-r_3s_1s_2)^{-1}\bmod(p-1)$$

(6)代换攻击。设(r,s)是 m 的一个签名，若 r 可逆的话，设 $k'=tk+n$，t,n 为任意两个整数，且满足 $k'\in Z_{p-1}$，$r'=r^tg^n\bmod p$，$s'=skr^{t-1}g^n(tk+n)^{-1}\bmod(p-1)$，则$(r',s')$是 m' 的签名，其中 $m'=r^{t-1}g^nm\bmod(p-1)$。从而完成已知消息攻击条件下的存在性伪造。

理由如下：(r,s)是 m 的一个签名，则有 $m=(xr+sk)\bmod(p-1)$，若 r 可逆，又有 $x=r^{-1}(m-sk)\bmod(p-1)$，由签名方程得 $m'=s'k'+xr'\bmod(p-1)$，将 s',k',x,r' 代入方程得 $m'=(r^{t-1}g^nm)\bmod(p-1)$。

由(3)～(5)可知，随机数 k 的选取和保管对私钥 x 的保密性起重要的作用。三种攻击的目标都是完全攻破。问题(2)和(5)可通过在签名之前先使用 Hash 函数来解决。

2. 性能分析

ElGamal 签名生成需要做一次模指数运算($r=g^k\bmod p$)，一次扩展的 Euclidean 算法运算(求随机数 k 的逆元)和二次模乘运算($s=(m-x\gamma)k^{-1}\bmod(p-1)$)，前两个运算可以离线进行。

3. 比较 Rabin、RSA 签名和 ElGamal 签名在设计思路上的差异

Rabin、RSA 是采用(类似于加密体制中的)解密函数进行签名，用加密函数进行验证，签名只有一项构成。而 ElGamal 签名是构造了一种“等式关系”进行签名，因此，后者的签名中拥有两个部分(一个是“真正”的签名部分 s，一个是“承诺”r)。这种“等式关系”证明了签名者对私钥的拥有。因此，如果构造含有签名，消息和私钥等信息的“等式关系”成为设计签名方案的关键。Rabin、RSA 签名和 ElGamal 签名在设计思路上的差异如图 9.4 所示。

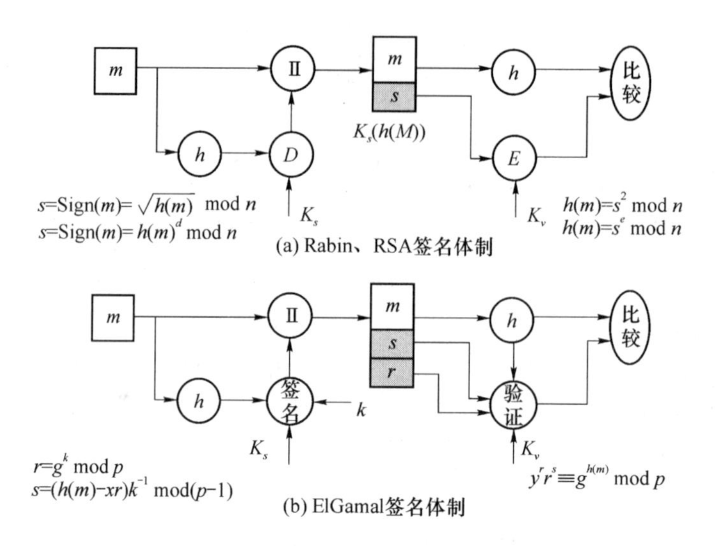

图 9.4　Rabin、RSA 签名和 ElGamal 签名在设计思路上的差异

9.3.3 Schnorr 签名

C. Schnorr 在 1989 年提出了该数字签名方案，该方案具有签名速度较快，签名长度较短等特点。下面简要介绍其方案的实现过程：

(1) 密钥生成

首先选择两个大素数 p 和 q，q 是 $p-1$ 的大素数因子，然后选择一个生成元 $g \in Z_p^*$，且 $g^q \equiv 1 \bmod p$，$g \neq 1$，最后选择随机数 $1 < x < q$，计算 $y \equiv g^x \bmod p$，则公钥为(p,q,g,y)，私钥为 x。

(2) 签名过程

签名者选择随机数 k，$1 \leqslant k \leqslant q-1$，然后计算：

$$r = g^k \bmod p$$
$$e = h(m,r)$$
$$s = (xe+k) \bmod q$$

得到的签名为(e,s)，其中 h 为安全的 Hash 函数，$h: 0,1^* \to Z_p$。

(3) 验证过程

签名接收者在收到消息 m 和签名(e,s)后，首先计算

$$r' = g^s y^{-e} \bmod p$$

然后验证等式：

$$e \stackrel{?}{=} h(m,r')$$

如等式成立，则签名有效；否则，签名无效。

1. 正确性证明

$$r' = g^s y^{-e} \bmod p \equiv g^s g^{-xe} \equiv g^{s-xe} \bmod p \equiv g^{xe+k-xe} \bmod p \equiv g^k \bmod p \equiv r$$

因此 $h(m,r') = h(m,r) = e$。

例 9.3　一个 Schnorr 签名的实际例子。

密钥生成：

Alice 选择素数 $p=129\,841$ 和 $q=541$，这里$(p-1)/q=240$。然后 Alice 选取随机数

$g=26\ 346\in Z_p^*$，并计算 $g=26\ 346^{240} \bmod p=26$。既然 $g\neq 1$，那么 g 生成 Z_p^* 中唯一的 541 阶循环子群。Alice 接着选取私钥 $x=423$，计算 $y=26^{423} \bmod p=115\ 917$。则 Alice 的公钥是($p=129\ 841, q=541, g=26, y=115\ 917$)。

签名生成：

为签署消息 $m=11101101$，Alice 选取随机数 $k=327$，$1\leqslant k\leqslant 540$，并计算 $r=26^{327} \bmod p=49\ 375$，$e=h(m,r)=155$。最后 Alice 计算 $s=423\times 155+327 \bmod 541=431$。从而签名为($s=431, e=155$)。

签名验证：

Bob 计算 $r'=26^{431}\times 115\ 917^{-155} \bmod p=49\ 375$，$h(m,r')=155=e$。故 Bob 接收该签名。

2. 性能分析

签名生成需要模 p 的一次指数运算($r=g^k \bmod p$)和模 q 的一次乘法运算($s=(xe+k) \bmod q$)。模 p 指数运算可以离线计算。计算 $h(m,r)$ 的时间应相对较少，具体与 Hash 函数的选择有关。验证过程需要模 p 的两次指数运算。采用 q 阶子群，并没有对 ElGamal 方案有很大的改进，但比 ElGamal 方案有更短的签名，因为 e 和 s 都比 p 短。

3. 安全性分析

Schnorr 数字签名方案的参数选取与 ElGamal 数字签名方案不同，ElGamal 方案中 g 为 Z_p^* 的生成元，而在 Schnorr 数字签名方案中，g 为 Z_p^* 的 q 阶子群的生成元。从穷尽搜索签名者私钥的角度而言，ElGamal 签名的安全性较高，其生成元的阶较大。除此以外安全性相似。

思考 9.6：Schnorr 数字签名的设计机理。

Schnorr 数字签名是典型的基于身份识别协议的转换形式，通过非交互零知识证明协议，证明了对签名私钥的拥有。还是基于"承诺——挑战——应答"三步骤，$r=g^k \bmod p$ 是对 k 的"承诺"，其随机"挑战"十分典型，为 $h(m,r)$，"应答"则是 $s=(xe+k) \bmod q$，从而证明了对私钥的拥有，并通过 k 的随机性"掩盖"了 x 的传递，不泄露关于 x 的信息。详细分析可见 9.5 节。

9.3.4 数字签名标准 DSS

1994 年 12 月美国 NIST 正式颁布了数字签名标准 DSS(FIPS186)。它是在 ElGamal 和 Schnorr 数字签名方案基础上设计的。DSS 最初建议使用 p 为 512 bit 的素数，q 为 160 bit 的素数，后来在众多批评下，NIST 将 DSS 的密钥 p 从原来的 512 bit 增加到介于 512～1 024 bit。当 p 选为 512 bit 的素数时，ElGamal 签名的长度为 1 024 bit，而 DSS 中通过 160 bit 的素数 q 可将签名的长度降低为 320 bit，这就减少了存储空间和传输带宽。DSS 中的算法称为 DSA(Digital Signature Algorithm)。

DSA 的实现过程如下：

(1) 密钥生成

选取一个素数 p：$2^{L-1}<p<2^L$，L 为 64 的倍数。

选取 $p-1$ 的一个素数因子 q：$2^{159}<q<2^{160}$。

取 $g=\alpha^{(p-1)/q} \bmod p$，其中 α 是使 $1<\alpha<p-1$，及 $\alpha^{(p-1)/q} \bmod p>1$ 成立的整数。随机

选取整数 x：$0<x<q$。

计算 $y=g^x \bmod p$。

选取安全的Hash函数 h：对消息 m，$h(m)$是160 bit的消息摘要。

(p,q,g)是公开参数，x,y分别是签名者的私钥和公钥。

(2) 签名生成

对消息 $m\in Z_p^*$，Alice随机选取一个整数 k：$1\leqslant k<q$，并计算

$$r=(g^k \bmod p) \bmod q$$

$$s=k^{-1}(h(m)+xr) \bmod q$$

(r,s)是Alice对消息 m 的签名。将(r,x)发送给Bob。(如果 $r=0$ 或 $s=0$，则选取新的随机数 k，重新计算出 r 和 s。当一般来说，$r=0$ 或者 $s=0$ 的出现概率极小。)

(3) 签名验证

Bob收到(r,s)后，先检验 $0<r<q$，$0<s<q$ 是否成立。如果有一个不成立，则(r,s)不是Alice的签名。如果两者成立，则用Alice的公钥 y 及公开信息(p,q,g)，计算

$$w=s^{-1} \bmod q$$

$$u_1=h(m)w \bmod q$$

$$u_2=rw \bmod q$$

$$v=((g^{u_1}y^{u_2}) \bmod p) \bmod q$$

如果 $v=r$，则Bob接受(r,s)是Alice对消息 m 的有效签名。否则，拒绝此签名。

正确性证明：

$$\begin{aligned}v&=((g^{u_1}y^{u_2} \bmod p) \bmod q)=((g^{u_1}(g^x)^{u_2} \bmod p) \bmod q\\&=(g^{u_1+xu_2} \bmod p) \bmod q=(g^{h(m)w+xrw} \bmod p) \bmod q\\&=(g^{skw} \bmod p) \bmod q=(g^{sks^{-1}} \bmod p) \bmod q\\&=(g^k \bmod p) \bmod q=r\end{aligned}$$

验证过程写成4步的目的在于清楚地表明签名验证需要求逆，求积(3次)，求幂(2次)。在 q 阶子群中运算的好处是签名长度从原来的 $2p$ 减少到 $2q$。

DSA签名方案看上去较为复杂，这里给出一个图示便于从全局上理解(如图9.5所示)。签名验证的函数分开写是为了说明验证的计算量。

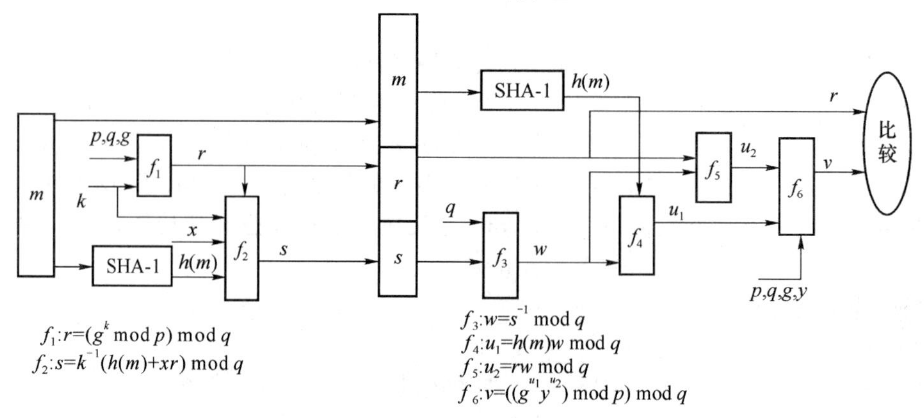

图9.5 DSA数字签名算法的框图

例 9.4　取 $q=101$，$p=78q+1=7\ 879$，3 是 $Z_{7\ 879}^*$ 中的一个本原元，取 $g=3^{78} \bmod 7\ 879=170$，显然 g 是 1 模 p 的 q 次根。假设 $x=75$，那么 $y=g^x=170^{75} \bmod 7\ 879=4\ 567$。假设 Alice 要计算对消息摘要 SHA1($m$)=22 的签名。

签名过程：计算

$$k^{-1} \bmod 101=50^{-1} \bmod 101=99$$

$$r=(g^k \bmod p) \bmod q=(170^{50} \bmod 7\ 879) \bmod 101=2\ 518 \bmod 101=94$$

$$s=(h(m)+xr)k^{-1}=(22+75\times 94)99 \bmod 101=97$$

对消息摘要 22 的签名为(94,97)。

签名验证：

$$s^{-1}=97^{-1} \bmod 101=25$$

$$u_1=22\times 25 \bmod 101=45$$

$$u_2=94\times 25 \bmod 101=27$$

$$v=(170^{45}\times 4\ 567^{27} \bmod 7\ 879) \bmod 101=2\ 518 \bmod 101=94=r$$

签名有效。

安全性讨论：

(1)DSS 的安全性基于两个离散对数问题：一是基于乘法群 Z_p^* 上的离散对数问题，二是基于其 q 阶子群上的离散对数问题。已知的最好的攻击是亚指数算法。

(2) DSS 并未很明确地指明 k 值选取的随机性，其实 k 的选取的基本要求和 ElGamal 签名方案中的类似。

(3) DSS 中使用的 Hash 函数一般采用安全 Hash 函数标准 FIPS PUB180 中公布的 SHA1。

三种基于离散对数问题的签名体制(ElGamal、Schnorr、DSA)的比较：

从方案提出的时间来看，ElGamal 签名方案是最先提出的，是后两种方案的基础。第二个提出的方案是 Schnorr 签名方案，是 ElGamal 签名方案的一种变体，主要目的是缩短了签名的长度。DSA 是 ElGamal 方案的另一种变体，并吸收了 Schnorr 签名的方案的设计思想，如缩短签名的长度。下面具体介绍三种签名方案的联系与区别。

(1) 从参数的初始化上可以看到，DSA 和 Schnorr 方案中通过引入素数 q 并选择 Z_p^* 的 q 阶子群的生成元，修改了 ElGamal 方案中直接选择 Z_p^* 本身的生成元的做法。使得方案的安全性依赖于两个不同的但又相关的离散对数问题，即 Z_p^* 上的离散对数问题和 Z_q^* 上的离散对数问题。这两种方案的签名长度较 ElGamal 方案短。

(2) 签名过程中 Schnorr 方案所用的 Hash 函数不只是消息 m 的函数，还是消息 m 和 r 的函数，这一点与另外两个方案不同。

(3) 作为标准，DSA 中限制了 q 的长度为 160 bit，p 的长度为 512 ～1 024 bit 之间 64 的任何倍数，并规定了 Hash 算法是 SHA-1。其他签名方案中没有这些具体的限制。

由于签名方程有区别，故验证方程也有差别。从性能分析角度比较三种方案的效率，性能指标是计算量和签名长度。考察的运算主要是求幂(T_E)、乘积(T_M)、Hash 函数求值(T_H)，而计算量相对较小的运算如模加、模减、求逆运算的所耗时间忽略不计。图 9.6 给出 3 种方案的总结图。效率比较结果见表 9.1。

	签名	验证
ElGamal:	$r=g^k \bmod p$ $s=(h(m)-xr)k^{-1} \bmod (p-1)$	$y^r r^s \stackrel{?}{=} g^m \bmod p$
Schnorr:	$r=g^k \bmod p$ $e=h(m,r)$ $s=(xe+k) \bmod q$	$r'=g^s y^{-e} \bmod p$ $e \stackrel{?}{=} h(m,r')$
DSA:	$r=(g^k \bmod p) \bmod q$ $s=k^{-1}(h(m)+xr) \bmod q$	$w=s^{-1} \bmod q$ $u_1=h(m)w \bmod q$ $u_2=rw \bmod q$ $v=((g^{u_1}b^{u_2}) \bmod p) \bmod q$ $v \stackrel{?}{=} r$

图 9.6　3 种离散对数签名方案的总结图

表 9.1　3 种离散对数签名方案的性能比较

签名体制	签名	验证	签名长度
ElGamal	$T_E+T_H+2T_M$	$3T_E+T_H+T_M$	$\|p\|+\|p-1\|$
Schnorr	$T_E+T_H+T_M$	$2T_E+T_H+T_M$	$\|q\|+\|h(m)\|$
DSS	$T_E+T_H+2T_M$	$2T_E+T_H+3T_M$	$2\|q\|$

可见，Schnorr 方案的签名过程计算量相对较少，速度较快，尤其有些计算与消息无关，可以预先完成，这也能够减少签名的时间。对于验证过程，同样是 Schnorr 方案的计算量相对较少。并且，Schnorr 方案的前面长度也较短。因此，该方案较适合在智能卡等环境应用。另外，其他两种方案的个别计算，如求随机数的幂 r、求 xr，也可以预先计算。

9.3.5　Neberg-Rueppel 签名体制

前面介绍的三种签名方案可视为 ElGamal 方案及其变体，它们都是带消息的签名方案，即消息作为签名验证方程的输入。1994 年，Neberg 和 Rueppel 提出一种有消息恢复功能的签名方案，且方案中在签名产生和签名验证方程中无须求逆。验证者可以从签名中恢复出原始消息，因此签名者不需要将被签消息发送给验证者。

Neberg-Rueppel 签名方案描述如下：

(1) 参数产生

p 是一个大素数；q 是一个大素数，$q|(p-1)$。$g\in Z_p^*$，随机选取，且 $g^q\equiv 1 \bmod p$。私钥为 $x\in Z_p^*$，公钥为 $y=g^x \bmod p$。

(2) 签名产生

计算 $\tilde{m}=R(m)$，这里 R 是一个单一映射，且容易求逆，称为冗余函数。

选择一个随机数 $k(0<k<q)$，计算

$$r\equiv g^{-k} \bmod p$$

$$e\equiv \tilde{m}r \bmod p$$

$$s=xe+k \bmod q$$

得到消息 m 的签名为(e,s)。

（3）签名验证

验证是否 $0<e<p, 0\leqslant s<q$。计算

$$v\equiv g^s y^{-e} \bmod p$$
$$m'\equiv ve \bmod p$$

如果 $m'\in M_R$，M_R 表示 R 的值域，恢复 $m=R^{-1}(m')$。否则拒绝该签名。

正确性证明：

$$m'=ve \bmod p\equiv g^s y^{-e} e \bmod p\equiv g^{xe+k-xe} \bmod p\equiv g^k e \bmod p=\tilde{m}$$

冗余函数可取 $R(m)=\{m \| m\}$，即简单地将原消息复制然后链接。

思考 9.7：该方案的一般设计机理。

$e\equiv\tilde{m}r \bmod p$ 其实可视为一个简单的加密，密钥为 r。签名为加密的消息 e，私钥 x 以及随机数 k 的运算组成。验证签名时先计算密钥 $v(=r)$，然后解密来恢复消息 $m'\equiv ve \bmod p$。

这种方法可推广到任何对称密钥算法：

令 $E=\{E_r : r\in Z_p\}$ 为加密变换的集合，其中 E_r 为以密钥 $r\in Z_p^*$ 为索引的加密变换，且是从 Z_p^* 到 Z_p^* 的双射。对任意 $m\in M$，选择随机整数 k，$1\leqslant k\leqslant q-1$，计算 $r=g^k \bmod p$，$e=E_r(m)$，$s=xe+k \bmod q$，则 (e,s) 是消息 m 的签名。

9.4　离散对数签名的设计原理*

9.4.1　基于离散对数问题的一般签名方案

总结前面 4 种签名方式，可以得出基于离散对数问题的一般签名方案，如下：

（1）参数产生

选取一个满足安全性要求的大素数 p，q 为 $p-1$ 的大素数因子。选取 $g\in Z_p^*$，且 $g^q\equiv 1 \bmod p$。选取随机数 $x(1<x<q)$，作为私钥。计算 $y\equiv g^x \bmod p$，(p,q,g,y) 为公钥。

（2）签名产生

计算 $h(m)$，h 为安全的 Hash 函数。选择随机数 k，满足 $1<k<q$，计算 $r\equiv g^k \bmod p$；从签名方程 $ak\equiv b+cx \bmod q$ 解出 s。这里 a,b,c 有许多种不同的选择方法，如表 9.2 所示。

表 9.2　(a,b,c)的可能置换

$\pm r$	$\pm s$	m
$\pm mr$	$\pm s$	1
$\pm mr$	$\pm ms$	1
$\pm mr$	$\pm sr$	1
$\pm ms$	$\pm sr$	1

其中，(a,b,c)可取表中某一行的三个值的任意排列。

（3）验证过程

设验证方程为 Vrfy，签名接收者收到消息(r,s)后，可以按照以下验证方程验证签名的有效性：$\mathrm{Vrfy}(y,(r,s),m)=\mathrm{True}\Leftrightarrow r^a\equiv g^b y^c \bmod p$。以表 9.2 的第一行为例，忽略负号，$(a,b,c)$的可能值为$(r,s,m)$的置换。故为 3！＝6 种情况。

表 9.3 签名方程($ak \equiv b+cx \bmod q$)和相应的验证方程

(a,b,c)	签名方程	验证方程
(r,s,m)	$rk \equiv s+mx \bmod q$	$r^r \equiv g^s y^m \bmod p$
(r,m,s)	$rk \equiv m+sx \bmod q$	$r^r \equiv g^m y^s \bmod p$
(s,r,m)	$sk \equiv r+mx \bmod q$	$r^s \equiv g^r y^m \bmod p$
(s,m,r)	$sk \equiv m+rx \bmod q$	$r^s \equiv g^m y^r \bmod p$
(m,s,r)	$mk \equiv s+rx \bmod q$	$r^m \equiv g^s y^r \bmod p$
(m,r,s)	$mk \equiv r+sx \bmod q$	$r^m \equiv g^r y^s \bmod p$

如果考虑负号的情况,则为 $6\times4=24$。如果 5 种情况都考虑进去,则共有 $24\times5=120$ 种签名方程,即签名产生的方式。

有几点需要说明:

(1) a,b,c 是关于自变量 r,s,m 的函数,且自变量的最高次数为 1;

(2) r,s,m 至少在 a,b,c 中出现一次;

(3) 通用签名方程 $ak \equiv b+cx \bmod q$ 能解出 s。

思考 9.8:已学 4 种离散对数签名方案对应通用签名方程的系数。

ElGamal 签名:$(a,b,c)=(s,m,-r)$

Schnorr 签名:$(a,b,c)=(1,-s,h(m,r))$

DSA:$(a,b,c)=(s,h(m),r)$

Nyberg-Rueppel 签名:$(a,b,c)=(1,s,-rR(m) \bmod p)$

为了更接近 DSA,如果把方程 $r\equiv g^k \bmod p$ 改为 $r\equiv(g^k \bmod p) \bmod q$,不改变签名方程 $ak\equiv b+cx \bmod q$,则验证方程变为 $(r \bmod q)^a=g^b y^c \bmod p$,这里

$$u_1=a^{a-1}b \bmod q$$

$$u_2=a^{a-1}c \bmod q$$

$$r=(g^{u_1} y^{u_2} \bmod p) \bmod q$$

这样,又可以构造 120 种方案。更多分析参见相关文献①。

9.4.2 签名多个消息

思考 9.9:ElGamal 签名方法是否可以同时对多个消息进行签名,以提高消息的传输效率?

可将 ElGamal 签名方法改造成对两个消息进行签名。令消息 M_1,M_2 的散列值为 $h(M_1),h(M_2)$,计算:

$$r\equiv g^k \bmod p$$

$$H(M_1)\equiv xH(M_2)r+ks \bmod (p-1)$$

签名为(r,s)。

1994 年 Horster 等对其进一步推广,可同时对三个消息签名,即:

$$r=g^k \bmod p$$

① P. Horster, H. Petersen, M. Michels, "Mete-ElGamal Signature Schemes", Proc. Of ACM CCS 94, pp. 96-107.

$$H(M_1) \equiv xH(M_2)r + kH(M_3)s \bmod (p-1)$$

9.4.3 GOST 签名

通过该算法的介绍了解俄罗斯的数字签名标准，它于 1995 年启动，全称为 GOST R34.10-94。与美国标准 DSA 算法很相似，与之相比，其使用的 Hash 函数不是 SHA-1，而是俄罗斯自己颁布的建立在 GOST28174-89 分组密码算法基础上的 GOSY34.11-94。GOST 是 Gosudarsvennyi Standard 的缩写，泛指一系列俄罗斯密码标准。

方案如下：

(1) 参数产生

和 DSA 一样，系统产生分为全局参数、用户公钥和私钥。P 是一个大素数，长度为 509～512 bit；q 是一个素数，且是 $p-1$ 的因子，长度为 254～256 bit，p，q 都是由标准给出的素数产生算法生成；g 是一个整数，满足条件 $g<p-1$，$g^q=1 \bmod p$。用户私钥为 x，$x<q$；用户公钥为 y，$y=g^x \bmod p$。

(2) 签名过程

① 计算 m 的哈希值 $H(m)$，哈希函数由标准给出，哈希值是一个长为 256 的比特串。如果 $H(m)=0$，那么重新设置哈希值为 $H(m)=1$。

② 选取一个随机数 k，$0<k<q$。

③ 计算 $r=(g^k \bmod p) \bmod q$，如果 $r=0$，返回①重新选取 k。

④ 计算 $s=(xr+kH(m)) \bmod q$，如果 $s=0$，返回②重新选取 k。

(r,s)为签名。

(3) 签名验证。首先检查 r 和 s 是否属于$[0,q]$，若不是，则(r,s)不是有效签名；判断$g^s=y^r r^{H(m)} \bmod p$ 是否成立，若成立，则(r,s)为合法签名。

思考 9.10：GOST 签名对应上一节中离散对数签名方案通用签名方程 $ak \equiv b+cx \bmod q$ 中的系数 a，b，c 分别是什么？

容易看到，$(a,b,c)=(H(m),s,-r)$。

9.4.4 Okamoto 签名

该方案是 1992 年日本的 Okamoto 提出的一个签名方案。其设计的扩展思维在于它在 Schnorr 签名的基础上选取了两个随机整数，以达到可证明安全的好处。

方案如下：

(1) 参数产生

系统参数 $p \geqslant 2^{512}$，大素数 $q|(p-1)$；产生两个与 q 同长度的随机整数 g_1，g_2。用户的私钥是：随机产生两个随机整数 x_1，$x_2<q$。用户的公钥是：$y=g_1^{-x_1} g_2^{-x_2} \bmod p$。

(2) 签名产生

对于消息 m，签名者选取两个随机数 k_1，$k_2 \in Z_q^*$，计算

$$r=g_1^{k_1} g_2^{k_2} \bmod p$$

$$e=h(r,m)$$

$$s_1=k_1+ex_1 \bmod q$$

$$s_2=k_2+ex_2 \bmod q$$

则(e,s_1,s_2)作为m的签名。

（3）验证过程

接收者在收到消息m和签名(e,s_1,s_2)后，计算$e'=h(g_1^{s_1}g_2^{s_2}y^e \bmod p,m)$，比较$e'=e$是否成立，若成立，则签名有效，否则无效。

正确性证明：

$$g_1^{s_1}g_2^{s_2}y^e \bmod p=g_1^{k_1+ex_1}g_2^{k_2+ex_2}(g_1^{-x_1}g_2^{-x_2})^e \bmod p=g_1^{k_1}g_2^{k_2} \bmod p$$

9.4.5 椭圆曲线签名 ECDSA

同加密方案一样，基于有限域离散对数问题的签名方案也可以移植到椭圆曲线上。数字签名方案是DSA在椭圆曲线上的实现称为ECDSA(Elliptic Curve Digital Signature Algorithm)，其困难性是基于有限域上椭圆曲线有理点群上离散对数问题的困难性。ECDSA已于1999年接受为ANSI X9.62标准，于2000年接受为IEEE P1363以及FIPS186-2标准。方案如下：

（1）参数产生

设GF(p)为有限域，E是有限域GF(p)上的椭圆曲线。选择E上的一点$G\in E$，G的阶为满足安全要求的素数n，即$nG=O$(为O无限远点)。选择一个随机数d，$d\in[1,n-1]$，计算Q，使得$Q=dG$，那么公钥为(n,Q)，私钥为d。

（2）签名过程

① 随机选择整数k，$k\in[1,n-1]$，计算$kG=(x,y)$，$r\equiv x \bmod n$。

② 计算$e=h(m)$，h为安全Hash函数。

③ 计算$s\equiv(e+rd)k^{-1} \bmod n$。如果$r=0$或者$s=0$，则另选随机数$k$，重新执行上述过程。消息$m$的签名为$(r,s)$。

（3）验证过程

① 计算
$$e=h(m)$$

② 计算

$$u\equiv s^{-1}e \bmod n$$
$$v\equiv s^{-1}r \bmod n$$
$$(x',y')=uG+vQ$$
$$r'\equiv x' \bmod n$$

③ 如果$r=r'$，则签名有效，否则无效。

正确性证明：

由于

$$Q=dG$$
$$s=(e+rd)k^{-1} \bmod n$$
$$kG=(x,y)$$
$$u\equiv s^{-1}e \bmod n$$
$$v\equiv s^{-1}r \bmod n$$
$$(x',y')=uG+vQ$$

故$k\equiv(e+rd)s^{-1}\equiv(s^{-1}e+s^{-1}rd)\equiv(u+vd) \bmod n$，于是$(x,y)=kG=uG+vdG=uG+vQ=(x',y')$，$r'=x' \bmod n=x \bmod n=r$，即$r=r'$。

例9.5 假设椭圆曲线为Z_{23}上的$y^2=x^3+x+4$，参数分别为$p=23$，$G=(0,2)$，$n=29$，

$d=9, Q=dG=(4,7)$。

签名过程：Alice 签名，选取随机数 $k=3$，假设 $h(m)=4$，计算

$$(x,y)=kG=3(0,2)=(11,9)$$

$$r=x\bmod n=11\bmod 29=11$$

$$s=(e+rd)k^{-1}\bmod n=(4+11\times 9)3^{-1}\bmod 29=15$$

对 m 的签名为(11,15)。

签名验证：Bob 接收到签名后

$$u\equiv s^{-1}e\bmod n=15^{-1}\times 4\bmod 29=8$$

$$v=s^{-1}r\bmod n=15^{-1}\times 11\bmod 29=22$$

$$(x',y')=uG+vQ=8G+22Q=(11,9)$$

$$r'=x'\bmod n=11\bmod 29=11=r$$

Bob 接受签名。

思考 9.11：能否给出基于椭圆曲线离散对数问题签名的一般版本？

主要的区别在于：在签名阶段，使用的是 $kG=(x,y)$ 的横坐标作为“承诺”。签名方程依然是形如“$ak\equiv b+cx \bmod q$”，这里群的阶 q 改为 n，x 为私钥 d，$(a,b,c)=(s,h(m),r)$。验证方程不同，这是因为基于的困难问题不同导致的，用到的验证方程是 $(x',y')\equiv uG+vQ$。即这里用到的是椭圆曲线上的标量乘，而不是前面用到的有限域上的指数函数。

因此，一般地，对于签名方程 $ak\equiv b+cd\bmod n$，(a,b,c) 为 $(s,h(m),r)$ 的置换，则验证方程为 $(x',y')=(a^{-1}bG+a^{-1}cdG)=(a^{-1}bG+a^{-1}cQ)$，然后比较横坐标。

对于 ECDSA 而言，$(a,b,c)=(s,h(m),r)$。基于离散对数或其他困难问题的签名几乎可以类比地“平移”到椭圆曲线签名体制上来，这一“平移”变换值得思考和体会。

安全性讨论：

(1) 离散对数问题攻击。即通过解离散对数问题获得签名私钥。

(2) 如果 k 暴露，则敌手可获得签名私钥 $r^{-1}(ks-h(m))\bmod n$。故 k 必须保密。

(3) 如果重复使用 k 用于 m_1, m_2 的签名，则由于 k 相同，故 r 相同，有

$$s_1k=h(m_1)+dr \bmod n, s_2k=h(m_2)+dr\bmod n$$

于是

$$k=(s_1-s_2)(h(m_1)-h(m_2))\bmod n$$

性能讨论：

椭圆曲线密码具有密钥短、存储空间小，计算速度快，软硬件实现节省资源。特别适用于计算能力和存储空间有限、带宽受限、要求高速实现的场合(如智能卡、传感器节点的应用中)。

9.5　基于身份识别协议的签名*

建议本节与 10.4 节对照学习。关于身份识别的概念见第 10 章。

任何涉及“承诺(证据)——挑战——应答”交互序列的身份识别方案可以转化为签名方案：即用证据 x 和要签署的消息 m 的连接，计算其单向 Hash 函数值，即 $e=h(x\parallel m)$，该值代替验证者的随机挑战 e(这里 h 实质上起挑战者的作用)。将交互式身份识别方案转换为非交互数字签名方案是，挑战 e 的比特大小通常要增加到能排除对 Hash 函数的离线攻击。

9.5.1 Feige-Fiat-Shamir 签名方案

该方案根据 Feige-Fiat-Shamir 身份识别协议（将在 10.4.2 小节介绍）转换而来。FFS 数字签名的安全性基于模 n 平方根的困难性（还记得 Rabin 加密体制）。方案中需要使用单向 Hash 函数 $h:\{0,1\}^* \to \{0,1\}^k$，其中 k 是给定的正整数。

(1) 密钥生成

① 随机产生不同的秘密素数 p,q，并计算 $n=pq$；

② 选取正整数 k，及互不相同的随机整数 $s_1,s_2,\cdots,s_k \in Z_n^*$；

③ 计算 $v_j=(s_j^2)^{-1} \bmod n, 1\leqslant j\leqslant k$（即有 $v_j s_j^2=1 \bmod n, 1\leqslant j\leqslant k$）；

A 的公钥是 k 维向量 $(v_1,v_2,\cdots,v_k)$ 和模数 n；A 的私钥是 k 维向量 $(s_1,s_2,\cdots,s_k)$。

(2) 签名生成

实体 A 执行如下操作。

① 随机选择一个整数 $r, 1\leqslant r\leqslant n-1$；

② 计算 $u=r^2 \bmod n$；

③ 计算 $e=(e_1,e_2,\cdots,e_k)=h(m \parallel u)$，其中 $e_i\in\{0,1\}$；

④ 计算 $s = r\cdot\prod_{j=1}^{k} s_j^{e_j} \bmod n$。

A 对 m 的签名是 (e,s)。

(3) 验证签名（即实体 B 验证 A 对 m 的签名 (e,s)）

① 获得 A 的可信公钥 $(v_1,v_2,\cdots,v_k)$ 和 n；

② 计算 $u' = s^2\cdot\prod_{j=1}^{k} v_j^{e_j} \bmod n$，以及 $e'=h(m \parallel u')$；

③ 当且仅当 $e=e'$ 时接受签名。

正确性证明：

$$u' \equiv s^2\cdot\prod_{j=1}^{k} v_j e_j \equiv r^2\cdot\prod_{j=1}^{k} s_j 2e_j \prod_{j=1}^{k} v_j e_j \equiv r^2 \prod_{j=1}^{k} (s_j^2 v_j)\, e_j \equiv r^2 \equiv u \bmod n$$

因此，$u'=u$，于是 $e=e'$。

例 9.6 设 $n=35, k=4$，用户 A 的 4 个私钥为 $(s_1,s_2,\cdots,s_k)=(3,4,9,8)$，公钥为 $(v_1, v_2,\cdots,v_k)=(3^{-2},4^{-2},9^{-2},8^{-2}) \bmod 35=(4,11,16,29)$。

取 $r=16$，计算 $u=r^2 \bmod 35=16^2 \bmod 35=11$。为了简化，不妨设 $e=h(m \parallel u)=1011_2$，即 1011 是二进制表示。于是 $s = r\cdot\prod_{j=1}^{k} s_j^{e_j} \bmod n = 16\times 3^1\times 4^0\times 9^1\times 8^1 \bmod 35 = 26$，得到的签名为 $(e,s)=(1011_2,26)$。

验证签名如下：由于

$$w^2 = s^2\prod_{j=1}^{4} v_j^{e_j} \bmod n = 26^2\times 4^1\times 11^0\times 16^1\times 29^1 \bmod 36 = 11 = u$$

故签名有效。

安全性讨论：

与 RSA 签名方案不同的是，FFS 方案中所有实体可使用相同的整数 n。在这种情形

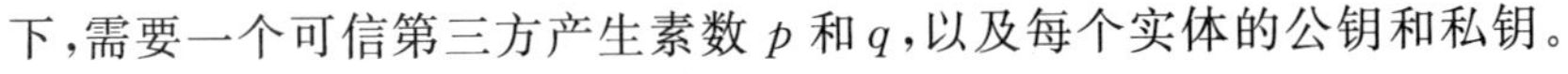

下，需要一个可信第三方产生素数 p 和 q，以及每个实体的公钥和私钥。

性能讨论：

与 RSA 签名方式相比较，FFS 签名方式的优势是速度快。如在 RSA 方案中，模数的比特长度为 768，则生成签名需要 768 次模平方运算和 384 次模乘运算。而 FFS 方案中，相同的模数，随机数 k 为 128，则签署一条消息平均需要 64 次模乘运算，少于 RSA 签名所需工作量的 6%。但是，如果公钥为 3，则 RSA 签名验证需要一次模乘运算，而 FFS 签名验证平均需要 64 次模乘运算。因此，对于需要快速签名生成且不限制密钥空间存储量的应用，FFS 方案可能比 RSA 签名更合适。

9.5.2 Guillou-Quisquater 签名方案

该方案根据 Guillou-Quisquater 身份识别协议（将在 10.4.3 小节介绍）转换而来。FFS 方案是基于的陷门单向函数为 $u=r^2 \bmod n$，GQ 方案则是基于陷门单向函数 $u=r^e \bmod n$。

方案如下：

(1) 密钥生成

① 随机选取两个不同的大素数 p,q，计算 $n=pq$；

② 选择整数 $e\in\{1,2,\cdots,n-1\}$，使得 $\gcd(e,(p-1)(q-1))=1$；

③ 随机选择整数 $v\in Z_n^*$，$\gcd(v,n)=1$；（v 可视为 A 的身份识别号，如身份证号等）。

④ 确定整数 $a\in Z_n$，满足 $va^e\equiv 1 \bmod n$。

于是公钥为 (n,e,v)，私钥为 a。

(2) 签名产生

实体 A 执行如下过程：

① 随机选择一个整数 r，计算 $u=r^e \bmod n$；

② 计算 $l=h(m\parallel u)$；

③ 计算 $s=ra^l \bmod n$；

得到对消息 m 的签名 (s,l)。

(3) 签名验证

验证 A 对 m 的签名 (s,l)，B 执行如下操作：

① 获得 A 的可信公钥 (n,e,v)；

② 计算 $u'=s^e v^l \bmod n$，以及 $l'=h(m\parallel u')$；

③ 当且仅当 $l=l'$ 时接受签名。

正确性证明：

由于 $u'=s^e v^l \bmod n = (ra^l)^e v^l \bmod n = r^e (va^e)^l \bmod n = r^e \bmod n = u \bmod n$，因此 $u=u'$，故 $l=l'$。

思考 9.12：上述 GQ 签名方案能否变换为带消息恢复的签名方案？

GQ 签名方案可以变换为带消息恢复的签名方案。方法是令 $l=mu \bmod n$，而不是 $l=h(m\parallel u)$，即消息包含在签名中，其他操作保持不变。这样，在验证时有 $u'=s^e v^l \bmod n = (ra^l)^e v^l \bmod n = r^e (va^e)^l \bmod n = u \bmod n$。消息 $m=lu^{-1} \bmod n$ 恢复。

总结 FFS 方案和 GQ 方案，会发现其中的一般规律，两者的设计方法类比如表 9.4 所示。

表 9.4　FFS 方案和 GQ 方案的类比

方案组成	FFS	GQ
密钥产生(利用单向陷门函数)	$v_j s_j^2 = 1 \bmod n, 1 \leqslant j \leqslant k$($s_j$ 为私钥,v_j 为公钥,基于 Rabin 问题)	$va^e \equiv 1 \bmod n$(a 为私钥,v 为公钥,基于 RSA 问题)
计算对 r 的承诺 u(再次利用陷门单向函数)	$u = r^2 \bmod n$	$u = r^e \bmod n$
生成随机挑战(利用单向 Hash 函数 h,以及消息 m 和承诺 u)	$e = (e_1, e_2, \cdots, e_k) = h(m \parallel u)$	$l = h(m \parallel u)$
签名生成(利用已承诺的随机值 r "掩盖"私钥,证明对私钥的拥有)	$s = r \cdot \prod_{j=1}^{k} s_j^{e_j} \bmod n$	$s = ra^l \bmod n$
签名验证(根据公钥和私钥关系代入承诺与随机值之间的关系)	$u' = s^2 \cdot \prod_{j=1}^{k} v_j^{e_j} \bmod n$	$u' = s^e v^l \bmod n$

思考 9.13:10.4.4 小节介绍的 Schnorr 身份识别协议和 10.4.5 小节介绍的 Okamoto 身份识别协议如何转化为签名方案?

转化为 Schnorr 签名见 9.3.3 小节。

转化为 Okamoto 签名见 9.4.4 小节。

9.5.3　知识签名

建议本节与零知识证明协议结合学习。零知识证明是指出示者想验证者证明他知道某个秘密知识,而没有向验证者泄露有关秘密知识的任何有用信息。交互零知识证明可以通过 Hash 函数转换成非交互证明或签名。

知识签名是由签名者将自己知道某知识(私钥)的信息附在消息的签名之上,但不泄露任何相关知识的内容。知识签名的本质是一种非交互式的零知识证明。这里简单介绍几种知识签名。假设有安全 Hash 函数:$H: \{0,1\}^* \rightarrow \{0,1\}^k$。

定义 9.2　满足等式 $c = H(m||y||g||g^s y^c)$ 的数组 (c, s),即为关于消息 m 的,y 以 g 为底的离散对数的知识签名,表示为

$$\mathrm{SPK}\{\alpha : y = g^\alpha\}(m)$$

其中,α 表示签名者持有的秘密。

这样一个知识签名 (c, s) 只有在知道秘密 $x = \log_g y$ 的情况下才能生成,当知道 x 时,签名者随机选取 $r \in Z_n^*$,然后进行计算

$$c = H(m \parallel y \parallel g \parallel g^r)$$
$$s = r - cx \bmod n$$

得到签名 (c, s),能生成这样一个签名说明了签名者知道 y 以 g 为底的离散对数 x,不知道 x 的情况下任何人想伪造一个签名都必须能够解决离散对数问题,所以这样一个知识签名可以证明 y 有 $y = g^x$ 形式,并且签名者知道关于 $y = g^x$ 的秘密值 x。

定义 9.3　满足等式 $c = H(m \parallel y \parallel g \parallel h \parallel g^{s_1} h^{s_2} y^c)$ 的数组 (c, s_1, s_2),即为关于消息 m 的,y 以 g,h 为底的离散对数的知识签名,表示为

$$\mathrm{SPK}\{(\alpha, \beta) : y = g^\alpha h^\beta\}(m)$$

只有在知道满足等式 $y = g^{s_1} h^{s_2}$ 的秘密 (x_1, x_2) 才能生成这样一个知识签名 (c, s_1, s_2),

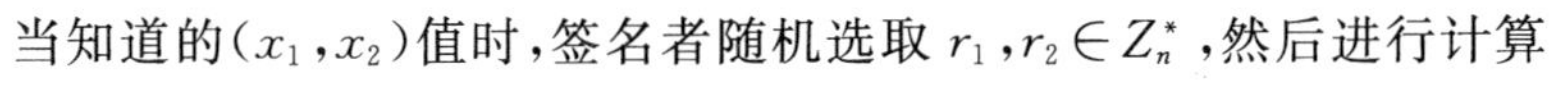
当知道的(x_1,x_2)值时，签名者随机选取$r_1,r_2\in Z_n^*$，然后进行计算

$$c=H(m\parallel y\parallel g\parallel h\parallel g^{r_1}h^{r_2})$$

$$s_1=r_1-cx_1 \bmod n$$

$$s_2=r_2-cx_2 \bmod n$$

得到签名(c,s_1,s_2)，由于任何不知道(x_1,x_2)的人都无法生成签名(c,s_1,s_2)，所以这样一个签名可以证明y有着$y=g^{s_1}h^{s_2}$这样的形式，并且签名者知道秘密值(x_1,x_2)。

回顾前面介绍的基于离散对数的数字签名，定义9.2是Schnorr签名的一般化，定义9.3是Okamoto签名的一般化。

9.6　特殊签名案例学习：盲签名*

在现实生活中，数字签名的应用领域十分广泛，因此能适应某些特殊要求的数字签名技术也应运而生。如为了保护消息拥有者的隐私，要求签名人不能看见所签的消息，于是就有了盲签名的产生；签名人委托另一个人代表他签名，于是就有代理签名的概念等。由于实际应用的需求，各种各样的特殊的数字签名研究一直是数字签名领域非常活跃的部分，并产生了很多分支。特殊数字签名包括：

- 盲签名(Blind Signature)。一种让签名人不知道所签名文件内容的签名形式。它能使所签名文件的内容不被签名者获知，保护了个人的隐私。盲签名这一性质能结合到其他签名方式中，形成新的签名方式，如群盲签名、盲代理签名、代理盲签名、盲环签名等。
- 代理签名(Proxy Signagture)。将签名权委托给代理签名者，由他去代替自己行使签名。在电子商务中有着广泛的应用，相关研究主要集中在对代理签名者签名权的控制问题上，也是一个与其他签名技术结合较多的一种签名形式。
- 多重签名(Multiple Signature)。有多人参与对同一文件进行分别签名。可与其他方案结合派生出代理多重签名、多重盲签名等。
- 环签名(Ring Signature)。一种与群签名有许多相似处的签名形式，它的签名者身份是不可追踪的，具有完全匿名性。

此外，还有失败-停止签名(Fail-Stop Signature)，不可否认签名(Undeniable Signature)等分支。

本节提供的案例用于体会特殊数字签名设计的思路，展现密码学设计的逻辑性，趣味性和创造性。本节仅介绍一个典型的特殊签名——盲签名。

首先看一个场景：如果你想别人为你签署一份文件，但你又不想让别人看到这份文件，该如何办。例如，你想让公证员签一个文件，公证员也不关心文件的内容，只是证明在某一个时刻公证过这个文件。

9.6.1　基于RSA构造的Chaum盲签名

盲签名(Blind Signature)的概念是1982年D. Chaum在Cypto82上首次提出的一种特殊的数字签名。D. Chaum形象地把盲签名比喻成在信封上签名，要签名的数据好比书信的内容,为了不使签名者看到数据,给信纸加一个具有复写能力的信封。这一过程成为盲化过程。经过盲化的文件,别人是不能读的。在盲化后的文件上签名,好比是使用硬笔在信封上签名。虽然在信封上签名,但因信封具有复写能力,所以签名也会签到信封内的信纸上。

盲签名是公钥密码学中的一个重要的协议,可应用在电子货币中保护顾客的消费隐私以及在电子选举中保密投票人的身份(匿名性)。例如,在电子货币的应用场景中,顾客 A 得到银行 B 对钱款 m 的盲签名后,自己算出银行的真正签名 $S_B(m)$。在支付时提交 m 和 $S_B(m)$,银行能验证 $S_B(m)$ 是否为 m 的合法签名,但不知道是谁的消费。从而保护了消费者的隐私。

盲签名方案中涉及连个主体:签名者和使用者。假设使用者有一条秘密消息需要签名者签名,但又不想让签名者知道该消息的内容。按照 Chaum 定义的盲签名协议,一个盲签名应该满足以下 3 个性质:

(1) 盲性(Blindness)。签名者不知道他所签消息的内容。

(2) 不可追踪性(Untraceablility)。在签名公开后,签名者无法将他所签的消息与签名使用者联系起来。

(3) 无关性(Unlinkability)。同一使用者的两条不同消息的签名不能建立起联系。

Chaum 盲签名的设计思想是:先随机选一个或多个整数作为置盲因子,将他的秘密消息 m 盲化成消息 m' 再发送给签名者。签名者用其私钥对消息 m' 进行签名。使用者将签名者收到的签名脱盲,并对此签名用签名者的公钥进行验证。如验证正确,则使用者就得到 m 的一个有效签名,如图 9.7 所示。

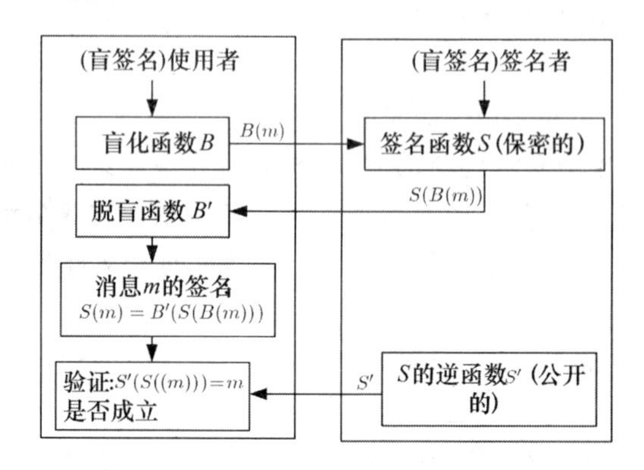

图 9.7 Chaum 盲签名方案的设计思路

下面给出基于 RSA 公钥密码系统的 Chaum 盲签名。A 为签名者,B 为使用者。

(1) 密钥生成

选取素数 p,q,令 $n=p\times q$,随机选取 e:$1<e<\phi(n)$ 且 $\gcd(e,n)=1$,计算 d:$1<d<\phi(n)$,使得 $d\times e\equiv 1 \bmod \phi(n)$。将 (n,e) 作为 Alice 的公钥公开,(p,q,d) 或者 $(n,\phi(n),d)$ 作为 Alice 的私钥保密。

(2) 盲签名生成

① 设 Bob 有消息 $m\in Z_n$,Bob 随机选择 k:$1<k<n$ 及 $\gcd(k,n)=1$,置盲消息 m:$\overline{m}=mk^e \bmod n$,将 $\overline{m}$ 发送给 Alice。

② Alice 对消息 $\overline{m}$ 进行签名:$\overline{s}=\overline{m}^d \bmod n$,将 $\overline{s}$ 发送给 Bob。

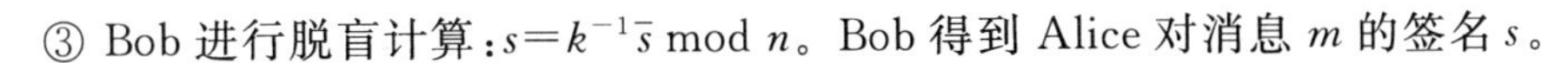

③ Bob 进行脱盲计算：$s=k^{-1}\bar{s} \bmod n$。Bob 得到 Alice 对消息 m 的签名 s。

(3) 盲签名验证

Bob 验证 $m=s^e \bmod n$。若成立，则接受签名，否则拒绝。

容易验证其正确性。

Chaum 盲签名需要两个基本构件。

(1) 签名者 A 知道的盲化函数 B 以及脱盲函数 B'。B 与 B' 必须满足

$$B'(S(B(m)))=S(m)$$

(2) 签名者 B 的数字签名方案 S_B。

9.6.2 基于 ElGamal 构造的盲签名

下面介绍基于 ElGamal 签名构造的盲签名。使用者为 B，让签名者为 A 对消息 m 进行盲签名，执行以下过程。

(1) 密钥生成

签名者 A 随机选取两个足够大的素数 p,q，使得 Z_p^* 和 Z_q^* 上的离散对数问题都是困难的，例如 $p\geqslant 2^{160}$，且 p,q 满足 $q\mid(p-1)$，$g\in Z_p^*$ 满足 g 的阶为 q，即 $g^q=1 \bmod p$。秘密选取私钥 $x\in Z_q^*$，计算：$y=g^x \bmod p$，(p,q,g,y) 作为公钥。

(2) 盲签名生成

① 签名者 A 随机选择 $\bar{k}\in Z_q^*$，计算：$\bar{r}=g^{\bar{k}} \bmod p$，把 r 发送给 B；

② 使用者 B 随机选择两个数 $\alpha,\beta\in Z_q^*$，将消息置盲(盲化)：

$$r=g^{\alpha}\bar{r}\beta \bmod p$$

$$\overline{m}=\beta m\,\bar{r}r^{-1} \bmod q$$

这里，把 $\overline{m}$ 发送 A；

③ A 利用自己的私钥计算签名：$\bar{s}=(x\bar{r}+\bar{k}\overline{m}) \bmod q$，并把 $\bar{s}$ 发送给 B；

④ B 进行脱盲计算：$s=(\bar{s}r\,\bar{r}^{-1}+\alpha m) \bmod q$，这样 (r,s) 就是对消息 m 的一个盲签名。

(3) 盲签名验证

签名验证过程为 $g^s\equiv y^r\cdot r^m \bmod p$。若成立，则接受签名，否则拒绝。

验证正确性。因为：

$$\begin{aligned}s&\equiv(\bar{s}r\,\bar{r}^{-1}+\alpha m)\equiv(x\bar{r}+\bar{k}\,\overline{m})r\,\bar{r}^{-1}+\alpha m\\&\equiv xr+\bar{k}\,\overline{m}r\,\bar{r}^{-1}+\alpha m\equiv xr+\alpha m+\bar{k}\beta m \bmod q\end{aligned}$$

故

$$\begin{aligned}g^s&\equiv g^{xr+\alpha m+\bar{k}\beta m \bmod q}\equiv g^{xr}g^{(\alpha+\bar{k}\beta)m}\\&\equiv y^r(g^{\alpha}(g^{\bar{k}})^{\beta})^m\equiv y^r(g^{\alpha}\bar{r}^{\beta})^m\equiv y^r r^m \bmod p\end{aligned}$$

9.6.3 ElGamal 型盲签名方案的一般构造方法*

参数产生方法类似，重点讨论签名方案和去盲方程的设计方法。

设签名者 A 对盲消息的签名方程的模型为 $\alpha'k=b'+c'x \bmod q$，其中 $(a',b',c')=(\pm\bar{r},\pm\overline{m},\pm\bar{s})$ 的某一置换或线性组合。

使用者 B 脱盲后的签名变量 s,r 也必须满足相应的签名方程 $ak=b+cx \bmod q$，其中

$(a,b,c)=(\pm\bar{r},\pm\bar{m},\pm s)$的线性组合。

就上例(基于ElGamal签名构造的盲签名)而言，签名者A的盲签名方程为$\bar{s}=(x\bar{r}+\bar{k}\bar{m}) \bmod q$，如果要求脱盲后的签名方程为$s=rx+km \bmod q$，又因为$r=g^{\alpha}\bar{r}^{\beta} \bmod p$，即$r=g^{\alpha}\bar{r}^{\beta} \bmod p=g^{\alpha+\bar{k}\beta} \bmod p$，即有$k=\alpha+\bar{k}\beta \bmod q$(因为在非盲签名中有$r=g^{k} \bmod q$)，于是得到方程组：

$$\bar{s}=(x\bar{r}+\bar{k}\bar{m}) \bmod q \tag{1}$$

$$s=rx+km \bmod q \tag{2}$$

$$k=\alpha+\bar{k}\beta \bmod q \tag{3}$$

解此方程组，由(2)得$x=r^{-1}(s-km)$，代入到(1)得(为简洁，省去写出 mod p)

$$\bar{r}r^{-1}(s-km)+\bar{k}\bar{m}-\bar{s}=0$$

将(3)代入此式

$$\bar{r}r^{-1}(s-(\alpha+\bar{k}\beta)m)+\bar{k}\,\bar{m}-\bar{s}=0$$

该式为关于$\bar{k}$的恒等式，所以有

$$\bar{r}r^{-1}(s-\alpha m)-\bar{s}=0$$

$$-\bar{r}r^{-1}\beta m+\bar{m}=0$$

于是

$$s=\bar{s}r\,\bar{r}^{-1}+\alpha m \bmod q$$

$$\bar{m}=\beta m\,\bar{r}r^{-1} \bmod q$$

这就是方案中所使用的。

如此类推，可以设计18种广义ElGamal盲签名。有兴趣的读者可参阅相关文献。

9.6.4 盲签名的应用

盲签名广泛应用在电子选举和电子货币中。这里以电子选举为例说明其如何应用。

设A是选举管理中心，B是选民，v是选票，$\mathrm{ID_B}$是选民B的身份信息。B不想让A知道其选票的内容。但是，任何一张选票产生后，必须先经过管理中心对投票的选民身份进行确认，然后对选票进行签名后，才能生效。因此，选民B填好选票v后，先对选票v用盲变换Blind进行盲化，得到Blind(v)，然后对Blind(v)签名，得到$s=\mathrm{Sig_B}(\mathrm{Blind}(v))$，再将($\mathrm{ID_B}$、Blind($v$)，$s$)发送给A。

选举管理中心A收到($\mathrm{ID_B}$，Blind(v)，s)后，执行如下步骤：

① 检查B有无权利参加选举。若B无权参加选举，则将B的选票Blind(v)作废，不予签名。否则进行下一步。

② 检查B是否已经参加过投票，即检查Blind(v)是否为重复投票。若已投过票，则将B的选票作废，不予签名。否则，进行下一步。

③ 检测s是否是选票Blind(v)的有效签名。若不是，则将B的选票Blind(v)作废，不予签名。否则，对B的选票签名，得到$s'=\mathrm{Sig_A}(\mathrm{Blind}(v))$，并把$s'$发送给选民B。

最后，选举管理中心A宣布对选票签名总人数，并公布($\mathrm{ID_B}$，Blind(v)，s)的列表。

选民B获得s'后，验证A的签名是否有效。若无效，要重新向A申请对自己的选票进行签名。如果A的签名有效，则B将从s'中获得A对v的签名s''，然后匿名地将(s''，v)发送给计票站。

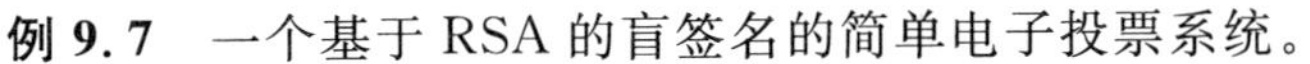

例 9.7 一个基于 RSA 的盲签名的简单电子投票系统。

假设 A 和 B 采用的都是基于 RSA 签名算法，A 的公钥为 e_A，私钥为 d_A，模数为 n_A；B 的公钥为 e_B，私钥为 d_B，模数为 n_B；设 h 是一个安全 Hash 算法。B 可向 A 提出申请，A 先检查 B 的选民身份是否合格，如合格，则发送给 B 一个随机数 $0 < r_B < \min(n_A, n_B)$。B 收到参数 r_B 后，再选择一个随机数 $r < \min(n_A, n_B)$，如下产生 $T(v)$ 和 s：

$$\text{Blind}(v) = h(v) r^{e_A} \bmod n_B, \quad s = (\text{Blind}(v))^{d_B} r_B \bmod n_B$$

A 收到 B 的数据(ID_B, Blind(v), s)后，验证下式是否成立

$$\text{Blind}(v) = (s/r_B)^{e_B} \bmod n_A$$

如果成立，则计算签名

$$s' = \text{Blind}(v)^{d_A} \bmod n_A$$

B 收到 s′后，容易验证签名是否有效。然后计算

$$s'' = s'/r = h(v)^{d_A} \bmod n_A$$

这是因为

$$s' = (h(v) r^{e_A})^{d_A} = h(v)^{d_A} \text{r} \bmod n_A$$

最后，B 将(s'', v)匿名发送给计票站。

这个过程中，A 虽然对 $h(v)$ 做了签名，当 A 并不知道 v 的内容，也不知道签名 s''。方案中加上随机数 r，是为了即使在投票结束后，A 也无法通过比较 v 和 Blind(v)来获知 v 的投票者 B 的身份。而增加随机数 r_B，是为了防止重放 B 过去的投票，致使 B 无法参与投票。

小　　结

本章介绍了数字签名的基础知识。涵盖的主要知识点如下：

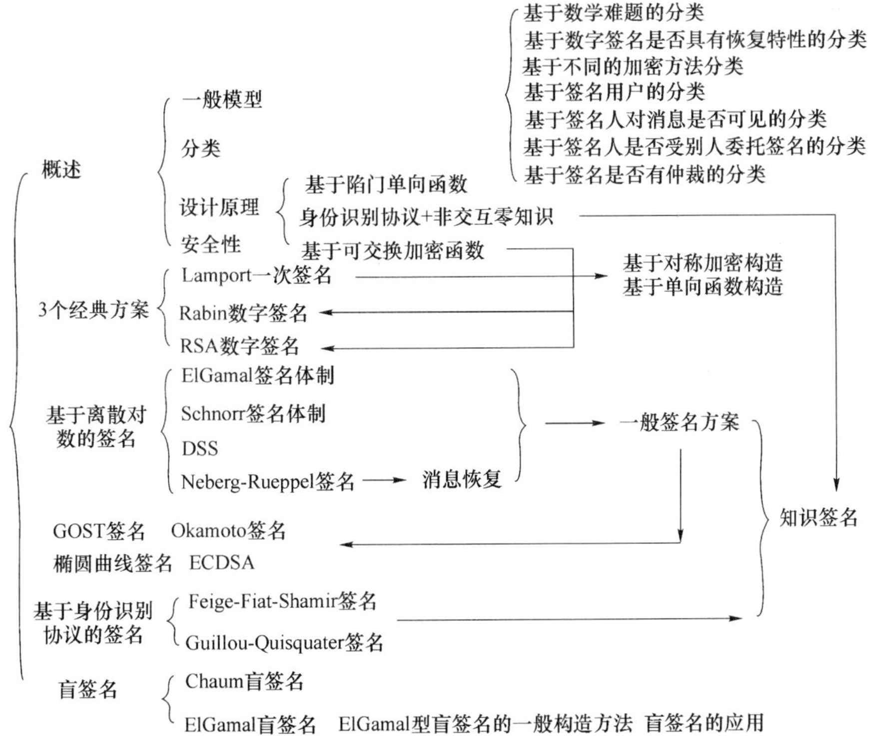

本章的重点是基于离散对数的签名,椭圆曲线数字签名。难点是基于身份识别协议的签名。

扩展阅读建议

1. Lamport L. Constructing digital signatures from a one-way function. Technical Report SRI-CSL-98, SRI International Computer Science Laboratory, 1979. (L. Lamport 签名)

2. Merkle Ralph. A certified digital signature. In Gilles Brassard, ed., Advances in Cryptology—CRYPTO '89, vol. 435 of Lecture Notes in Computer Science, pp. 218-238, Spring Verlag, 1990. (Merkle 树)

3. Michael O. Rabin, Digitalized signatures as intractable as factorization. Technical Report MIT/LCS/TR-212, MIT Laboratory for Computer Science, Jan. 1979(Rabin 签名)

4. Shafi Goldwasser, Silvio Micali, and Ronald Rivest, A digital signature scheme secure against adaptive chosen-message attacks, SIAM Journal on Computing, 17(2):281-308, Apr. 1988. (GMR 签名)

5. T. ElGamal, A public key cryptosystem and a signature scheme based on discrete logarithms, IEEE Trans information Theory, 31 (4): 469-472, 1985. (ElGamal 签名)

6. Claus-Peter Schnorr, Efficient Signature Generation by Smart Cards, Journal of Cryptology 4(3), pp161-174, 1991 (Schonrr 签名)

7. K. Nyberg, R. A. Rueppel Message recovery for signature schemes based on the discrete logarithm problem, Designs, Codes and Cryptography 7 (1-2): 61-81, 1996 (Nyberg-Rueppel 签名)

更多关于签名的集中论述可以参见如下参考文献:

8. 赵泽茂. 数字签名理论. 北京:科学出版社,2007.(各种具有附加属性的签名的集中介绍)

9. 曹正军,刘木兰. 唯签名的数字签名模型的分类. 中国科学 E,2008 年 2 期.(讨论签名模型的分类)

10. 曹珍富,Classifieation of Signature-only Signature models, http://eprint.iacr.org/2006/164,2006-05

11. Katz J. 数字签名. 任伟,译. 北京:国防工业出版社,2012.(关注数字签名的可证明安全性)

12. 胡亮. 基于身份的密码学. 北京:高等教育出版社,2011.

13. Guilin Wang, Bibliography on Digital Signatures, http://www.uow.edu.au/~guilin/bible.htm

14. H. Lipmaa, Cryptographic Signature Schemes, http://www.adastral.ucl.ac.uk/helger/crypto/link/signature

第10章 实体认证与身份识别

前面章节讨论了消息鉴别，主要是认证“消息”的来源和“消息”的完整性。本章介绍用于允许一方（验证者）得到另一方（声称者）所声称的“实体”的保证技术，由此可防止身份假冒。例如，当用户A登录到计算机（或者自动取款机、电话银行等）时，计算机怎么知道A不是由其他人假冒的呢？特别是在开放的网络环境下，该问题尤为突出。验证者最常用的技术是检测用来证明声称者拥有和真实方相关联的秘密的正确性。这种计算包括身份识别（Identification），实体认证（Entity Authentication）和身份验证（Identity Verification）。与身份识别相关联的概念包括消息源鉴别（Data-origin Authentication，如基于对称密码的消息鉴别码和基于公钥的数字签名），认证的密钥建立（Authenticated Key Agreement，即密钥建立之前先验证密钥建立双方实体的真实性）。

第6章介绍了消息鉴别码。那么值得思考的是：实体认证与消息鉴别有何异同。

实体认证和消息鉴别的主要不同在于：消息鉴别在产生消息时，本身不提供时效性保证，而实体认证一般是实时的，能保证协议执行时确认声称者实体。实体认证通常证实实体本身，而消息鉴别除了鉴别消息源和验证完整性外，通常关心消息的具体内容。换言之，实体认证所涉及的通常是没有意义的消息；消息鉴别涉及的是特定实体所声称的有意义的消息。认证的密钥建立协议包括实体认证协议和密钥建立协议两个部分，密钥建立本质上是消息认证，其中消息就是密钥。实体认证和消息鉴别联系在于，在实体认证协议中将A的身份当作一条消息来处理，这样就可以使用消息鉴别机制来实现实体认证，这也是构造实体认证协议的一种合适方法。

本章首先介绍实体认证与身份识别的概念，然后介绍基于口令的实体认证，基于“挑战应答”协议的实体认证，主要利用对称密码加密、公钥密码加密、散列函数等基本模块来构造协议，最后介绍身份识别协议。

10.1 实体认证与身份识别概述

10.1.1 实体认证的基本概念

身份识别协议的一般设置涉及证明者（或声称者Claimant）A和验证者（Verifier）B。验证者表现或预先假定为声称者所声称的身份。目的是确认声称者的身份的确是A，即提供实体认证。

定义 10.1:实体认证。实体认证是这样一个过程,即其中一方(通过获得证实的证据)确信参与协议的另一方的身份,并确信另一方真正参与了该过程(即在证据获得之时或之前是活动的)。

实体认证的基础。实体认证可分为三大类,具体取决于:

(1) 已知的事物(Knowledge)。如口令、个人识别码 PIN 以及在挑战应答协议中已被证实的秘密或私钥。

(2) 已拥有的事物(Possession)。通常是物理器具,如磁卡、芯片卡、智能卡以及提供按时间变化的口令手持式定制计算机器(口令生成器)。

(3) 固有事物(Characteristics)。包括利用人类物理特征的方法,如手写签名、指纹、声音、虹膜、手掌纹等特征。这些技术通常是非密码学的,这里不作进一步讨论。

10.1.2 身份识别的基本概念

1. 身份识别协议的目的

从验证者的角度,身份识别协议的结果或者接受声称者的身份是可信的(完全接受),或者是终止接受(拒绝)。具体而言,身份识别协议的目的是:

(1) 就诚实方 A 和 B 而言,A 可成功地向 B 认证自己,即 B 完成协议接受 A 的身份。

(2) B 不能重新使用和 A 交换的身份识别协议来成功地向第三方 C 假冒 A。(不可传递性 Non-Transferability)

(3) 任何不同于 A 的实体 C 执行协议并担当 A 的角色,使得 B 完成协议接受 A 的身份的概率可忽略。(假冒 Impersonation)

上述几点永真,即使 A 和 B 之间的大量(多项式数量)的认证被观察到;敌手 C 参与了与 A 和 B 一方或双方的上述协议的执行;由 C 发起的协议的多个实例可能同时运行。

2. 身份识别协议的性质

身份识别协议有许多特性,通常包括:

(1)身份识别的交互性。一方或双方可对其他方确认他们的身份,分别由单向认证或者双向认证。

(2)计算效率。执行协议所需要的计算量。

(3)通信效率。包括传输(消息交换)的步数和需要的带宽(总传输的比特数)。

3. 身份识别与实体认证的区别

身份识别和实体认证意思基本相同,很多地方没有严格区分两者,其含义略有区别:身份识别只是声称身份,而实体认证则是确认身份。两者之间有着微妙的关系:

(1) 从概念上看,身份识别是一种声称自己身份的行为,而实体认证是验证所声称身份真实的过程。前者强调声称,后者强调验证。身份识别中,所声称的身份信息是公开的;而在实体认证中交互双方可能会用到只有他们才知道的共享秘密信息(如口令等)。

(2) 从能抵抗的威胁来看,对于实体认证,当声称者和验证者共享秘密需要合作的时候,认证协议只能抵抗来自外部的威胁,一般不考虑内部攻击,即验证者不诚实的情况;身份识别协议可以考虑来自内部的攻击,即验证者可以是不诚实的。

(3) 假设两类协议都是安全的,则从协议执行结束时的效果来看,对于实体认证,声称者A能够向验证者B证明自己确实是A,设计目标是:其他人则无法冒充A使B相信其正在和A会话(但B可以假冒A);对于身份识别,声明自己身份的A可以使验证者B相信他确实是A,但B事后无法使其他人相信自己是A,即无法成功假冒A。即设计目标是:身份的可识别,且不透露任何可被将来用于身份假冒的信息。

(4) 从使用场合来看,实体认证有时会结合密钥交换一起使用以产生一个经过认证的会话密钥,而身份识别则一般不考虑具体目的。

10.1.3 对身份识别协议的攻击

(1) 假冒:一个实体声称是另一个实体。

(2) 重复攻击:针对同一个或不同的验证者,使用从以前执行的单个协议得来的信息进行假冒或其他欺骗。

(3) 交织攻击:对从一个或多个以前的或同时正在执行的协议(并行会话)得来的消息进行有选择的组合,从而假冒或进行其他欺骗,其中的协议包括可能由敌手自己发起的一个或多个协议。

(4) 反射攻击:从正在执行的协议将消息发送回该协议的发起者的交织攻击。

(5) 强迫攻击:敌手截获一个消息(一般包括一个序列号),并在延迟一段时间后重新将该消息放入协议,使协议继续,此时强迫延时发生。

(6) 选择挑战攻击:该攻击是对挑战-应答协议的攻击,其中敌手有策略地选择挑战以尝试提取声称者的长期密钥的信息。选择挑战攻击是指将声称者作为一个预言机,即获得的信息不能单独从声称者的公钥计算出来。假如协议要求声称者对挑战进行加密或者MAC,则攻击可能包含选择明文攻击;假如协议要求声称者对挑战进行签名,则攻击可能包含选择消息攻击;假如协议要求声称者对挑战进行解密,则攻击包含选择密文攻击。表10.1给出了对身份识别协议的攻击及其应对措施。

表 10.1 对身份识别协议的攻击及其应对措施

攻击类型	避免攻击的原理
重放	用挑战-应答技术;使用临时值;在应答中加入目标身份
交织	从协议运行链接所有信息(如使用里链接的临时值)
反射	在挑战-应答协议中嵌入目标实体的标识符;用每个不同形式的消息构造协议(避免消息的对称性);单向密钥的使用
选择挑战	用零知识技术,在每个挑战-应答中嵌入自选择的随机数(混淆者)
强迫延时	随机数与短应答超时结合使用;时戳加上适当的附加技术

10.2 基于口令的实体认证

传统的基于口令的认证协议(Password Authentication Protocol,PAP)也称为弱认证,口令简单易记,因而是一种使用广泛的认证技术,特别适用于用户远程访问计算机系统的模式。通常在通信连接建立的阶段进行,在数据传输阶段不进行PAP认证。由于其使用方便,费用低廉,因此在一般的系统(如 UNIX、Windows NT、NetWare 等)都提供了对基于口令的认证的支持。在这种类型的认证中,用户和计算机共享某个口令,这个口令相当于一个长期使用单有相对较短的对称密钥。如果用户 U 希望使用主机 H 的服务,H 必须事先对 U 进行初始化,发给 U 一个口令 PWD_U,或者 U 自己选择一个口令。

10.2.1 基于口令的认证协议

一个最简单的形式就是主机 H 在初始化用户 U 之后,建立一个保存所有用户口令的文档(称为口令表),其中每一条记录形如(ID_U,PWD_U),分别对应用户的身份和该用户的口令。用户每次登录 H 时,H 都要求其输入口令,然后从自己存储的用户口令表中查找以判定 U 的输入是否正确。过程如下:

1 U→H:ID_U

2 H→U:"Input Your Password"

3 U→H:PWD_U

4 Check PWD_U in Table

该协议非常简单。在 20 世纪 70 年代,由于终端和主机之间的通信链路是不可攻击的专线,所以该协议在当时的环境下确实能够提供从用户到主机的认证。但是该协议不适用于现在的网络通信环境:由于身份和口令均为明文传输,故在开放信道上容易被窃听者窃听,窃听者可用该身份发起认证协议,并利用该口令完成认证过程,从而得到 H 的服务。另外,主机 H 中的口令明文存储也增加了口令泄露的可能,如果系统攻击者窥探了口令表(如通过软件漏洞,渗透到主机系统,得到管理员权限,留下后门程序,发送口令表给攻击者),则所有的用户的口令均泄露。因此,这里主要面临两种敌手模型,一个是窃听者,另一个是系统攻击者(还可进一步划分为终端系统攻击者和主机系统攻击者)。

思考 10.1:如何解决口令表泄露问题?

如图 10.1 所示。

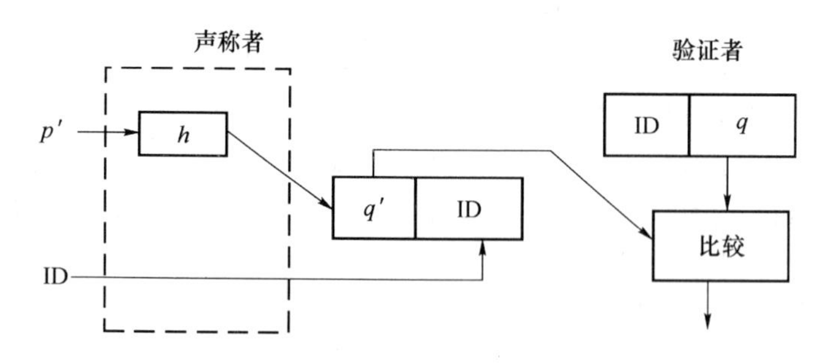

图 10.1 引入单向函数的口令认证协议

为了解决上个协议中的主机口令表中的口令泄露问题,防御系统攻击者,可以采取的办法是将口令进行单向函数(例如 Hash 函数)计算,然后保存到口令表中。即口令表中保存的是(ID_U,OWF(PWD_U))。这是可行的,因为主机只需要区分有效口令和无效口令,无须知道口令本身。即使口令表泄露,由于单向函数的性质,从 OWF(PWD_U)也得不到 PWD_U。该改进措施也可以抵御在线窃听者,因为在线窃听者只能窃听到散列值。但是由于口令的长度限制为便于记忆的长度范围,例如 6 位,则攻击者可能在得到口令表后,离线尝试所有可能的密钥,试图找到一个满足 OWF(PWD_U)的 PWD_U。该攻击方式称为字典攻击(Dictionary Attack)。或者进行在线字典攻击,即在线尝试对口令的猜测集合(称为字典)。

思考 10.2:为了消除字典攻击,可采取什么方法?

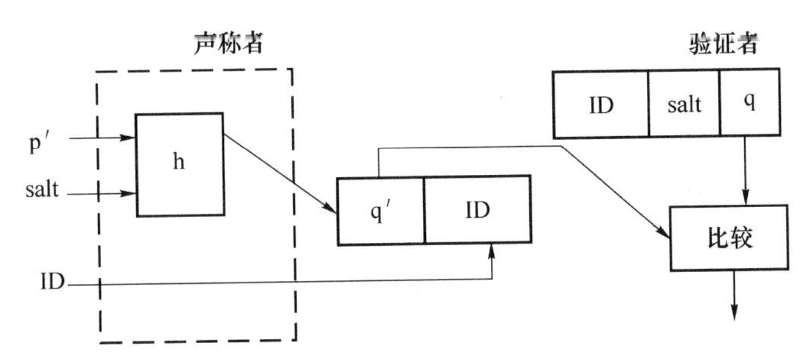

图 10.2 加 Salt 机制的认证示意图

目标是增加口令熵,即使用不易猜测的口令。另一个增加口令熵的方法是将口令表设计成(ID_U,salt,OWF(PWD_U,salt)),这样,如果 salt 足够大的话,在进行在线字典攻击时不容易找到 PWD_U,因为要尝试所有可能的 salt。同时虽然 salt 是明文存储,没有增加穷举的计算量,但因为 PWD_U 和 salt 前后组合的方式未知的话,穷举 PWD_U 找到满足 OWF(PWD_U,salt)的难度会增大,使得离线字典攻击的难度加大,另外,使得攻击者无法进行成批量的口令猜测。

对于抵抗在线字典攻击,通常的办法是限制尝试口令次数,延迟响应,或者 CAPTCHA 方法。CAPTCHA 系统使用人工智能难题的图形码技术,服务器端生成随机字符串 R,经变换成 $F(R)$后发送给用户,由于机器无法识别变形图片中的字符串 R,只有人才能识别。保证了客户端参与者必须是人,因此避免了工作者利用机器进行自动在线字典攻击。

10.2.2 基于 Hash 链的认证协议

为防御在线口令窃听者和重放攻击,L. Lamport 在 20 世纪 80 年代首次提出一个简单的动态口令方法,也称为强认证和一次口令(One-Time Password)方案。该方法描述如下。

主机保持用户的初始口令为(ID_U,n,$Hash^n$(PWD_U)),其中 n 是一个较大的数,如 1 000,Hash()为一个 Hash 函数,$Hash^n$(PWD_U)=Hash(…(Hash(PWD_U))…)。用户 U 只需记住口令 PWD_U,每次用户 U 登录时,H 都会更新自己保存的用户 U 的口令记录。H 和 U 首次运行口令认证协议时,用户端对 PWD_U 重复计算 Hash 函数 $n-1$ 次,得到 $Hash^{n-1}$(PWD_U),计算结果发送给 H,H 对该结果执行一次 Hash 运算后,与保存的 $Hash^n$(PWD_U)进行比较,如果相同则认证通过。然后将(ID_U,n,$Hash^n$(PWD_U))更新为(ID_U,$n-1$,$Hash^{n-1}$(PWD_U))。如此反复,在第 c 次认证过程中,发送 $Hash^{n-c}$(PWD_U),接收者接收后,进行一次 Hash 运算,与保存的 $Hash^{n-c+1}$(PWD_U)进行比较,如果相同则认证通过,然后将保存的 $Hash^{n-c+1}$(PWD_U)更新为 $Hash^{n-c}$(PWD_U)。

例 10.1 这一设计思想可应用到 S/KEY 认证协议中。

图 10.3 给出了 S/KEY 一次性口令认证的示意图。

下面描述 S/KEY 认证过程描述如下:

1 U→H:ID_U

2 H→U: seed, t

3 U→H: $\text{Hash}^t(\text{PWD}_U \| \text{seed})$

4 $\text{Hash}(\text{OTP}_{t-1}) \overset{?}{=} \text{Hash}^{t+1}(\text{PWD}_U \| \text{seed})$;

Save $\text{Hash}^t(\text{PWD}_U \| \text{seed})$; $t=t-1$

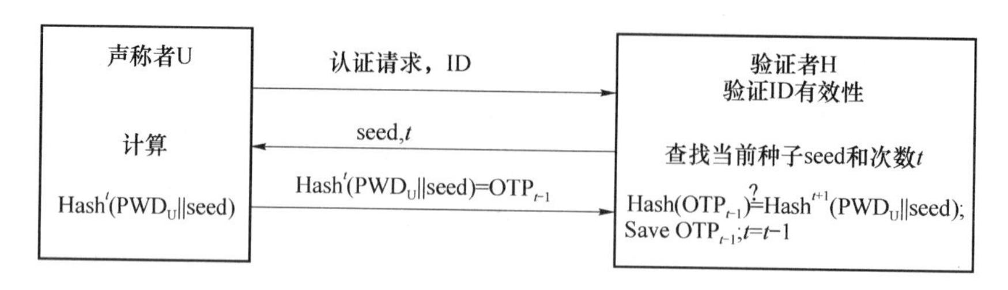

图 10.3 S/KEY 一次性口令认证示意图

当计数器 c 的值从 n 递减到 1 时，用户 U 和主机 H 需要重新初始化以设置口令。这种一次口令系统也称为 S/KEY，已经成为标准的协议 RFC1760。Hash 函数可以选择 MD5 算法或者 SHA-1 算法。由于计数器的存在，有利于保持用户主机间的同步，但是攻击者可能通过将传输中的计数器改小来发起中间人攻击：攻击者将计数器改小发送给用户，得到用户的应答后，可用于计数器较大的应答，从而得到该用户一系列的有效口令，进而在一段时间内假冒合法用户而不被觉察(这就是小数攻击)，这一缺陷的来源是 S/KEY 认证协议中缺乏完整性保护。

10.2.3 基于口令的实体认证连同加密的密钥交换协议

基于口令的认证协议可用于进行加密的密钥交换(Encrypted Key Exchange, EKE)，Bellovin 和 Merritt 在 1992 年设计了一个基于口令认证的 EKE。在该协议中，用户 U 和计算机 H 共享口令 PWD_U，这个口令短小易于记忆。另外，用户和计算机事先约定一种对称密钥加密体制 SE 和一种公钥加密体制 AE，$\text{SE}_K(\cdot)$表示用密钥 K 进行对称加密，$\text{AE}_{PK}(\cdot)$表示用公钥 PK 进行公钥加密。协议如下：

(1) U 生成一个随机数 PK，将自己的身份 ID_U 和 $\text{SE}_{\text{PWD}_U}(\text{PK})$发送给 H。

(2) H 对 $\text{SE}_{\text{PWD}_U}(\text{PK})$进行解密操作，得到 PK，将 $\text{SE}_{\text{PWD}_U}(\text{AE}_{\text{PK}}(K))$发送给 U，其中 K 为 H 产生的随机对称密钥。

(3) U 从 $\text{SE}_{\text{PWD}_U}(\text{AE}_{PK}(K))$从恢复出 K，将 $\text{SE}_K(N_U)$发送给 H，其中 N_U 为用户 U 选取的随机数。

(4) H 从 $\text{SE}_K(N_U)$中恢复出 N_U，将 $\text{SE}_K(N_U, N_H)$发送给 U，其中 N_H 为 H 选取的随机数。

(5) U 从 $\text{SE}_K(N_U, N_H)$中恢复出 N_H，将 $\text{SE}_K(N_H)$发送给 H。

(6) 如果 H 能够从 $\text{SE}_K(N_H)$中恢复出 N_H，则认证通过，并使用 K 作为共享密钥进行安全通信。

容易看出，步骤(1)是通过共享的口令传送一个随机数 PK，使得密钥信息熵扩大。步骤(2)类似步骤(1)，传递一个随机数 K 作为后续步骤的共享密钥，进一步扩大了共享密钥

的信息熵并且保证了密钥的“新鲜性”。因此,步骤(1)和(2)可视为2次对 PWD_U 的加盐(salt)操作,使窃听者看到的数据与 PWD_U 保持统计独立。另外,步骤(3)~(5)是基于对称密钥的双向认证协议(见10.3.1小节),可以用任意基于对称密钥的双向认证协议替代。加密的密钥交换协议如图10.4所示。

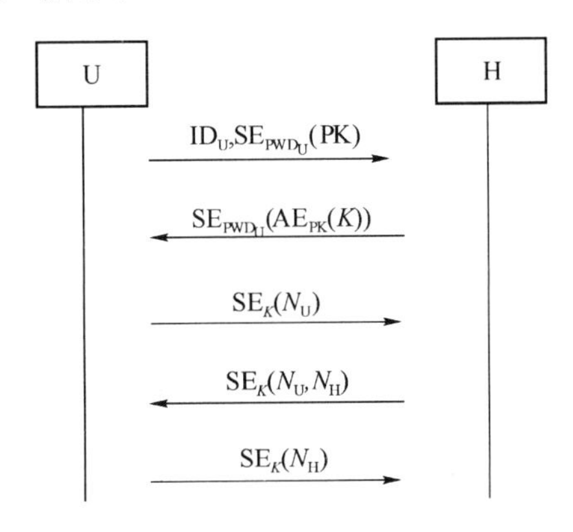

图10.4　加密的密钥交换协议

图10.5给出以上构造的具体实例,基于DH的EKE协议。P 是一个大素数,至少1 024 bit。

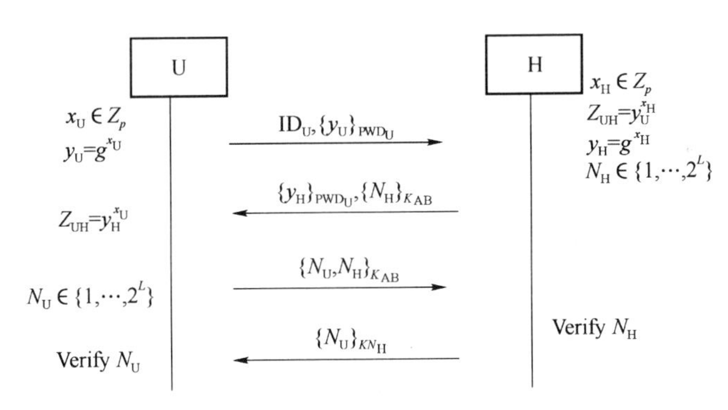

图10.5　基于DH的EKE协议

10.3　基于“挑战应答”协议的实体认证

10.3.1　基于对称密码的实体认证

基于“挑战应答”协议的认证也称为强认证。国际标准ISO/IEC9798-2详述了6个使用对称密码算法的协议,其中有4个协议仅用来提供实体认证,另外2个提供实体认证和密钥建立。4个认证协议中,有2个是单向认证协议,2个是双向认证协议。约定通信双方为A和B,$\{M\}_K$ 表示密钥 K 加密消息 M,并提供完整性保护。

1. 一路(one pass)单向(one-way)认证协议

一路表示一条消息,发起者A发送一条消息,验证者B验证A的身份,为单向认证。B

由时间戳 T_A 判断 A 是否有效,包含身份标识 B 能保证 A 知道 B 是期望的验证实体。

$$A \to B: \{T_A, B\}_{K_{AB}}$$

2. 两路单向认证协议

与上一个协议类似,只是用随机数替代时间戳。

$$B \to A: N_B$$

$$A \to B: \{N_B, B\}_{K_{AB}}$$

3. 两路双向认证协议

思考 10.3:能否利用协议 1 设计该协议。

由第一条协议的两个实例组成,提供双向认证。

$$A \to B: \{T_A, B\}_{K_{AB}}$$

$$B \to A: \{T_B, A\}_{K_{AB}}$$

4. 三路双向认证协议

与第三条协议类似,提供双向认证,只是用随机数代替了时间戳。

$$B \to A: N_B$$

$$A \to B: \{N_A, N_B, B\}_{K_{AB}}$$

$$B \to A: \{N_B, N_A\}_{K_{AB}}$$

协议 4 不是两个协议 2 的组合,消息从 4 个减少到 3 个。

以上 4 个协议中,从 A 发出的加密消息中是否含有 B 的标识是可选的,协议 3 中从 B 发出的消息中是否包含 A 的标识也是可选的。标准建议包含实体的标识用于防御反射(reflection)攻击。

若协议 4 中消息 2 中的标识 B 被省略了,将会遭受如下所示的反射攻击。

1. $B \to C(A): N_B$

1′. $C(A) \to B: N_B$

2′. $B \to C(A): \{N'_B, N_B\}_{K_{AB}}$

2. $C(A) \to B: \{N'_B, N_B\}_{K_{AB}}$

3. $B \to C(A): \{N_B, N'_B\}_{K_{AB}}$

即攻击者 C 参与了与 B 之间的两个并行协议会话,B 是会话 1 的发起者,C 是会话 2 的发起者。首先,C 可以利用 B 发起会话 1 的消息 1 来发起会话 2;接着 C 可以把会话 2 的消息 2′转发给 B 作为会话 1 的消息 2;最后,当会话 1 成功完成后,C 又可以把会话 1 中的消息 3 转发给 B,从而完成会话 2。于是,C 和 B 成功地完成了两次协议运行,而 B 误认为自己是和 A 成功地完成了两次协议运行。

思考 10.4:上述协议是否可以通过 Hash 函数完成?

可以通过 Hash 函数完成,将加密函数用具有密钥的 Hash 函数替换即可。唯一的区别是,身份信息不再是保密的。例如,协议 1 中 $A \to B: \{T_A, B\}_{K_{AB}}$,替换为 $A \to B: \mathrm{Hash}_{K_{AB}}(T_A, B), T_A, B$。相应地,其他协议作类似修改。

思考 10.5:如果通信双方事先没有共享密钥,则需要有第三方认证服务器 AS 参与(通常情况下,AS 也充当了密钥分发的任务,此时称为 KDC)。如何设计认证协议?

对于单向认证：

$$A \to AS: A, B, N_A$$

$$AS \to A: \{K_{AB}, B, N_A, \{K_{AB}, A\}_{K_B}\}_{K_A}$$

$$A \to B: \{K_{AB}, A\}_{K_B}, M_{K_{AB}}$$

对于双向认证：

$$A \to AS: A, B, N_A$$

$$AS \to A: \{K_{AB}, B, N_A\{K_{AB}, A\}_{K_B}\}_{K_A}$$

$$A \to B: \{K_{AB}, A\}_{K_B}$$

$$B \to A: \{N_B\}_{K_{AB}}$$

$$A \to B: \{f(N_B)\}_{K_{AB}}$$

在后来的研究中发现消息 2 和 3 需要加上时间戳。这其实就是 Needham/Schroder 协议(含有双向认证和共享对称密钥分发)。在 11.3.2 小节有中心的密钥分发一节有具体的讨论。

另外，Needham/Schroder 协议在实际中的应用是 Kerberos 协议，它是基于对称密码的实体认证协议，在没有事先共享对称密钥的情况下，由可信第三方的参与，同时完成了密钥的分发。

10.3.2　基于公钥密码的实体认证

基于公钥密码的实体认证的优势在于可以利用数字签名提供抗抵赖性，并可以简化密钥的管理，不需要在线的可信第三方。但同时也付出了两个代价。

(1) 公钥密码体制中的计算代价都比较高，多需要两三个数量级的计算，因此，在设计基于公钥的协议时，应尽可能地减少公钥操作的数量。进一步将公钥的基本操作细分，需要考虑协议中使用到的私钥操作(如签名生成和解密)和公钥操作(签名验证和加密)，这两种操作的效率往往不同。如 RSA 算法的公钥操作比私钥操作的效率要高，而大多数离散对数算法刚好相反。此外，虽然基于离散对数的算法(包括椭圆曲线算法)总体上效率高于 RSA，但对于主要需要使用公钥操作的协议来说，使用小公开指数的 RSA 实现将会更加有效。

(2) 需要对公钥进行管理，通常使用公钥基础设施。

本节使用的符号主要有 $E_x(M)$表示用实体 X 的公钥对消息 M 进行加密。$\mathrm{Sig}_x(M)$表示用实体 X 的私钥对消息 M 进行有附录的签名。N_x 表示实体 X 选择的随机数，T_x 表示实体 X 选择的时间戳。

ISO/IEC9798-3 包括 5 个认证协议，美国标准 FIPS196 包括了其中的两个协议(协议 1 和协议 2)。在标准中每个协议的每条消息都包含有多个可选的文本域，其内容是以后能够用相关的，包含文本域的原因可能是多方面的：如为了认证信息；为了在签名中添加额外的冗余信息；为了提供其他的时间变量参数，如时间戳；为了在协议的使用中提供有效性信息。没有签名的文本域可能用于保存消息发送者的身份标识。由于可选的文本域并不是基本协议的组成部分，故在下面的描述中省略了。另外，如果接受方没有发送方的数字证书(第 11

章介绍),可以在消息中包含发送方的数字证书。

1. 一路单向认证协议

发起者A发送一条消息,验证者B验证A的身份,为单向认证。B由时间戳T_A判断A是否有效,包含身份标识B能保证A知道B是期望的验证实体。容易看到和ISO/IEC9798-2一路单向认证非常相似。

$$A \to B: T_A, B, \text{Sig}_A(T_A, B)$$

2. 两路单向认证协议

与协议1相比,该协议用随机数代替时间戳,另外一个不同是包含了A选择的随机数N_A,N_A与认证无关,但保证了A不是对B选择的消息进行签名。该协议仍然是单向认证。

$$B \to A: N_B$$

$$A \to B: N_A, N_B, B, \text{Sig}_A(N_A, N_B, B)$$

3. 两路双向认证协议

该协议是协议1的两个实例的简单组合。同样地,时间戳可用计数器代替。这个协议提供双向认证。因为协议中的消息彼此独立,所以协议可以只执行一轮。

$$A \to B: T_A, B, \text{Sig}_A(T_A, B)$$

$$B \to A: T_B, A, \text{Sig}_B(T_B, A)$$

4. 三路双向认证协议

该协议是对协议2的扩展,A和B分别使用随机数N_A和N_B。

$$B \to A: N_B$$

$$A \to B: N_A, N_B, B, \text{Sig}_A(N_A, N_B, B)$$

$$B \to A: N_B, N_A, A, \text{Sig}_B(N_B, N_A, A)$$

5. 两路并行认证协议

该协议允许认证在A和B之间并行进行,因此,消息1和1′,消息2和2′可以同时发送。

$$1.\ A \to B: N_A$$

$$1'.\ B \to A: N_B$$

$$2.\ A \to B: N_A, N_B, B, \text{Sig}_A(N_A, N_B, B)$$

$$2'.\ B \to A: N_B, N_A, A, \text{Sig}_B(N_B, N_A, A)$$

身份认证协议通常和密钥分发或建立协议联合使用,即在认证身份的同时,进行密钥的分发或者建立,如X.509认证协议(在11.4.2节介绍),Needham-Schroeder协议(以及NS协议的扩展Kerberos协议,在11.3.2节介绍)。

10.3.3 基于散列函数的实体认证

如图10.6所示,验证者发送给声称者一个自己产生的随机挑战n,声称者输入口令p',p'和ID经过散列函数f计算的结果(等于q)再和n通过散列函数h计算得到r',r'发送给验证者。验证者将保存的q和生成的n通过散列函数h计算得到r,通过比较r和r'是否相等来确定认证是否通过。

该协议中非重复的挑战完全由验证者决定，使得每次传输的认证信息不同，很好地防止了口令窃听和重放，但需要额外的通信开销。其安全性一方面取决于散列函数的安全性；另一方面由于是单向认证，存在验证者假冒和重放攻击。这可以通过双向认证或时间戳来解决。

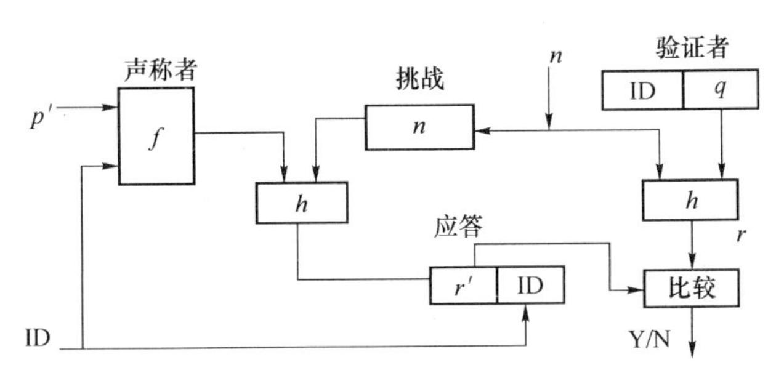

图 10.6 基于散列函数实体认证示意图

10.4 身份识别协议*

身份识别协议使用非对称技术证明身份，但不依赖于数字签名或公钥加密，而且可避免使用分组密码、序列号和时戳。形式上类似于基于口令的实体认证，拥有“挑战应答”的交互过程，但是这里的协议是基于交互式证明和零知识证明的思想。不但利用随机数作为挑战，也利用随机数作为阻止欺骗的一个承诺。身份识别协议的设计原理需要掌握零知识证明方面的概念之后才可以完全理解，本节重点是介绍身份识别协议。不同于前面的实体认证协议，身份识别协议可证明自己的身份，但验证者不能假冒证明者。

在 9.5 节曾经提到，所有身份识别协议可以通过利用一个 Hash 函数将交互式证明变为非交互式证明，从而得到相应的签名方案。

10.4.1 Fiat-Shamir 身份识别协议

首先介绍交互证明系统的概念。

交互证明系统由两方参与，分别称为证明者（Prover，简记为 P）和验证者（Verifier，简记为 V），其中 P 知道某一秘密（如果公钥密码体制的私钥），P 希望能使 V 相信自己的确掌握这一秘密。交互证明由若干轮组成，在每一轮，P 和 V 可能需根据从对方收到的消息和自己计算的某个结果向对方发送消息。比较典型的方式是在每一轮 V 都向 P 发出询问（挑战），P 向 V 做出应答。所有轮执行完后，V 根据 P 是否在每一轮对自己发出的询问都能正确回答，以决定是否接受 P 的证明。交互式证明有时称为协议证明。

交互证明和数学证明的区别在于：数学证明的证明者可独自完成证明，而交互证明是由 P 产生证明、V 验证证明的有效性来实现，因此双方之间通过某种信道的通信是必需的。

交互证明系统需要满足以下要求。

(1) 完备性（Completeness）。给定 P、V 都是诚实的，如果 P 知道某一秘密，V 将以很高的概率接受 P 的证明。

(2) 合理性(Soundness)。如果P能以不可忽略的概率使V相信P的证明,则P知道相应的秘密。

交互式证明如果具有完备性和合理性,则称为知识证明。知识的证明协议有零知识性。即证明者执行协议(即使和恶意验证者交互)不会泄露任何在多项式时间可公开计算的信息之外的信息,因此,验证者不能获得关于P的有用信息,使得V不能随后假冒P向第三方证明V是P。

1986年,A. Fiat和A. Shamir在Crypto86上提出了一个基于模n平方根问题的困难性的身份识别协议,其安全性等价于因子分解n。协议的设计运用了"挑战应答"机制,以及"分割选择"思想,并保证了零知识性。

FS身份识别协议,目的是A向B证明对知识s的拥有,执行t次协议。

Fiat-Shamir身份识别协议描述如下:

(1) 参数设置

可信中心TA选择并公开模数$n=pq$,素数p和q保密;

每个声称者A选择与n互素的秘密s,$1\leqslant s\leqslant n-1$,计算$v=s^2 \bmod n$,将$v$向TA注册为自己的公钥。

(2) 协议消息

t轮交互的每一轮都由如下三条消息构成:

$$\text{A}\rightarrow\text{B}:x=r^2 \bmod n$$

$$\text{A}\leftarrow\text{B}:e\in\{0,1\}$$

$$\text{A}\rightarrow\text{B}:y=r\cdot s^e \bmod n$$

(3) 协议执行过程

下列步骤连续地执行t次,假如t轮都成功,B就是接受证明。

① A选择随机数(承诺)r,$1\leqslant r\leqslant n-1$,发送(证据)$x=r^2 \bmod n$给B;

② B随机选择一个(挑战)比特$e=0$或$e=1$,发送e给A;

③ A计算(响应)y,并发送给B,其中$y=r(e=0)$,或者$y=rs \bmod n(e=1)$;

④ 若$y=0$,则B拒绝证明,反之则通过验证$y^2\equiv x\cdot v^e \bmod n$,接受证明(即若$e=1$,则$y^2\equiv xv \bmod n$,若$e=0$,则$y^2\equiv x \bmod n$)。

完备性:

如果P和V遵守协议,且P知道s,则应答rs应为模n下xv的平方根,V接受P的证明。

合理性:

如果P不知道s,他在第1条消息中发送$x=r^2/v$,在第3条消息中发送$y=r$作为应答。当挑战$e=1$,这个应答是正确的,即满足方程$[M_3]^2=[M_1]v \bmod n$,这里$[M_3]$表示第3条消息,$[M_1]$表示第1条消息。当挑战为$e=0$时,则应答不正确。故可欺骗的概率为1/2。如果进行t轮均正确应答,则欺骗的概率为2^{-t}。

零知识性:

V并没有知道P的秘密,P给V的消息中只能得出P知道v的平方根这一事实。

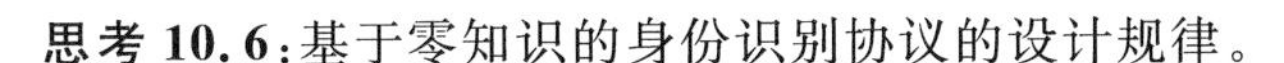

思考10.6:基于零知识的身份识别协议的设计规律。

一般来说,这类协议的一般结构是:

$$A \rightarrow B:\text{证据(承诺)}$$

$$A \leftarrow B:\text{挑战}$$

$$A \rightarrow B:\text{响应}$$

需要证明自己是A的证明者从预定义集中选择一个随机元素作为秘密承诺,并由此计算相关的公开证据。这提供了协议运行的随机初始化,实质上定义了证明者声称能够回答的一套问题,限制了随机后的响应。后面的协议中,只有知道秘密的合法方A,才有能力回答所有的挑战,对这些挑战的响应不会泄露任何A的秘密信息。B随后的挑战选择其中一个问题,A提供响应给B,B检测响应的正确性。必要时,重复执行协议,以降低成功欺骗概率的上界。

设计中应用到"挑战应答"的形式,利用了"分割选择"协议的思想(源于两个小孩分一块蛋糕的方法:一个切,另一个选)。对一个给定的证据,A最多响应一个挑战,而且不重复使用任何证据(承诺);如果违背这一条件,安全性就会受到威胁。

10.4.2 Feige-Fiat-Shamir 身份识别协议

为了提高FS身份识别协议的效率,1988年,U. Feige、A. Fiat和A. Shamir提出了FFS身份识别协议,该协议是FS身份识别协议的推广。

Feige-Fiat-Shamir 身份识别协议描述如下:

(1) 参数设置

可信中心TA选择两个秘密素数p和q,使得$n=pq$的因子分解在计算上是不可行的,其中p和q都为模4余3,将n作为公共的模数向所有的用户公开(n是Blum数)。整数k和t定义为安全参数。

① 每个实体选择k个随机整数$s_1, s_2, \cdots, s_k$,$1 \leqslant s_i \leqslant n-1$,和$k$个随机比特$b_1, \cdots, b_k$;

② 计算$v_i = (-1)^{b_i} \cdot (s_i^2)^{-1} \bmod n$,$1 \leqslant i$。A向TA证明自己的身份,TA注册A的公钥$(v_1, \cdots, v_k; n)$,只有A知道自己的私钥$(s_1, \cdots, s_k)$和$n$。

(2) 协议消息

t轮中的每轮执行如下3条消息:

$$A \rightarrow B: x = \pm r^2 \bmod n$$

$$A \leftarrow B: (e_1, \cdots, e_k), e_i \in \{0,1\}$$

$$A \rightarrow B: y = r \cdot \prod_{e_j=1} s_j \bmod n$$

(3) 协议执行过程

下列步骤执行t次,假如t轮都成功,B就接受A的身份。假定B有A的可信公钥$(v_1, \cdots, v_k; n)$,否则,可在第1条消息中发送证书。

① A选择随机整数r,$1 \leqslant r \leqslant n-1$和一个随机比特$b$;计算$x = (-1)^b \cdot r^2 \bmod n$;发送$x$(证据)给B;

② B将随机k比特向量$(e_1, \cdots, e_k)$发送给A(挑战);

③ A 计算并发送给 B(响应)：$y = r \cdot \prod_{j=1}^{k} s_j^{ej} \bmod n$(根据挑战得出这些 s_j 和 r 的乘积)；

④ B 计算 $z = y^2 \prod_{j=1}^{k} v_j^{ej} \bmod n$，验证 $z = \pm x$ 和 $z \neq 0$(后者是排除敌手选择 $r=0$ 能够成功的情形)。

可见,FFS 方案和 FS 方案的区别在于生成证据和挑战都是多个的(另外一个区别是验证方程有点改动,这是因为公钥和私钥方程有改动)。因此,某种意义上来说,FFS 是并行的 FS 方案。

例 10.2 TA 取 $p=7$,$q=13$,计算 Blum 数 $n=7\times13=91$ 并公布。不妨设 P 的私钥是 $s_1=9$,$s_2=31$,$s_3=67$,公钥是 v_1,v_2,v_3,由 $s_1^2 v_1=1 \bmod 91$,得到 $v_1=9$。同法可得到 $v_2=25$,$v_3=88$。

协议执行如下：

① P 随机选择一个整数 $r=57$,计算 $x=57^2 \bmod 91=64$,把 $x=64$ 发送给 V;

② 取 $e=\{1,1\}$,发送 e 给 P;

③ P 计算 $y=r\cdot\prod_{j=1}^{2} s_j^{ej} \bmod n=57 s_1 s_2 \bmod n=57\times9\times31 \bmod 91=69$,发送给 V。

④ V 计算 $z=y^2\prod_{j=1}^{2} v_j^{ej}=69^2 v_1 v_2 \bmod 91=69^2\times9\times25 \bmod 91=64$,验证通过。

⑤ 重复①～④t 次。

思考 10.7:FFS 方案的假冒成功的概率是多少?

每一轮假冒成功的概率为 $1/2^k$,t 轮之后假冒成功的概率为 2^{-kt}。

相比而言,FS 方案每一轮假冒成功的概率为 $1/2$,t 轮之后假冒成功的概率为 2^{-t}。

回忆前面介绍的一般性构造方法,体会下面将要介绍的 GQ 身份识别协议。

10.4.3 Guillou-Quisquater 身份识别协议

前面两个方案均基于模 n 的平方根问题的困难性。下面介绍一种基于大整数分解问题的身份识别方案 GQ 方案,由 L. Guillou 和 J. Quisquater 给出的。

GQ 身份识别协议描述如下(A 向 B 证实自己的身份)。

(1) 参数设置

该方案需要一个可信机构(Trusted Authority,TA)。TA 首先选取两个大素数 p 和 q,计算 $n=pq$,p 和 q 保密,n 公开。TA 选择一个大素数 b,作为公开参数,也称为公共的 RSA 加密指数。通常 b 是满足 $\gcd(b,\phi(n))=1$ 的 40 比特素数。

证明者 A 选择一个整数 u,满足 $0\leqslant u\leqslant n-1$,计算 $v=(u^{-1})^b \bmod n$,并传递给 TA,TA 计算签名 $\mathrm{Sign}_{TA}(\mathrm{ID}_A \parallel v)$,证书 $\mathrm{Cert}_A=\{\mathrm{ID}_A, v, \mathrm{Sign}_{TA}(\mathrm{ID}_A \parallel v)\}$。整数 n 和 v 是公开参数,v 是 A 的公钥,u 是 A 的私钥。

(2) 协议消息

$$A\rightarrow B: \mathrm{Cert}_A, x=r^b \bmod n$$

$$A\leftarrow B: e(1\leqslant e\leqslant b-1)$$

$$A\rightarrow B: y=ru^e \bmod n$$

(3) 协议执行

① A 选择随机数 $r, 0 \leqslant r \leqslant n-1$，计算 $x=r^b \bmod n$。A 传送 $\mathrm{Cert_A}$ 和 x 给 B。

② B 验证 $\mathrm{Cert_A}$。B 选择随机数 $e, 0 \leqslant e \leqslant b-1$，并传送 e 给 A。

③ A 计算 $y=ru^e \bmod n$，并传送响应 y 给 B。

④ B 验证是否有 $x \equiv v^e y^b \bmod n$。

完备性：

A 如果确实知道其秘密信息(私钥) u，则可以对任意挑战计算响应。易知 $v^e y^b \bmod n = v^e (ru^e)^b \bmod n = (vu^b)^e r^b \bmod n = r^b \bmod n = x$。

合理性：

如果伪装成 A 的攻击者能猜出 B 的挑战 e，则在提交 x 时先选定 y，并取 $x=v^e y^b \bmod n$，其后在响应消息中发送选定的 y，则会导致满足验证方程。这种假冒成功的概率即为猜中 e 的概率，由 e 的范围知，为 $1/b$。

10.4.4　Schnorr 身份识别协议

C. P. Schnorr 在 1989 年设计了一种身份识别协议，该协议基于离散对数问题的困难性。协议的计算量和通信量都不大，特别适合计算能力有限的终端设备。

在介绍 Schnorr 身份识别协议之前，先总结一下 FS 和 GQ 两种方案的共同点(见表 10.2)，从而体会如何基于离散对数问题设计身份识别协议。

表 10.2　FS 和 GQ 身份识别协议的对比

协议	参数设置	协议消息	协议验证
FS	证明者私钥 s 证明者公钥 $v=s^2 \bmod n$	A→B：$x=r^2 \bmod n$ A←B：$e \in \{0,1\}$ A→B：$y=rs^e \bmod n$	$y^2 \equiv xv^e \bmod n$
GQ	证明者私钥 u 证明者公钥 $v=(u^{-1})^b \bmod n$	A→B：$\mathrm{Cert}_A, x=r^b \bmod n$ A←B：$e(1 \leqslant e \leqslant b-1)$ A→B：$y=ru^e \bmod n$	$x \equiv v^e y^b \bmod n$

从表 10.2 中可以发现一个一般规律：第一条消息表明：根据协议所基于的困难问题，提交对随机值 r 的承诺 commit。第二条消息：返回挑战 challenge。第三条消息：根据私钥 s (或 u)返回响应，形如 response $=r \cdot s^{\text{challenge}}$。

根据上述一般规律，下面介绍 Schnorr 身份识别协议(这里改变了描述方式，以对照一般规律)。A 与 B 分别是证明者和验证者。

(1) 参数设置

两个大素数 p 和 q，满足 $q \mid (p-1)$。Z_p 中的阶为 q 的元素 g。Z_p 中元素 v，这里 $v=g^{-s} \bmod p$，对某个 $s \in Z_q$。

于是 (p,q,g,v) 是经过 TA 证实的 A 的公钥，A 的私钥是 s。

(2) 协议执行

协议执行 $t=\log_2 \log_2 p$ 次。

①A 选择 $r\in Z_q$,计算 commit$=g^r$mod p,发送给 B。

②B 选择 challenge(1≤challenge≤$2^t<q$),发送给 A。

③A 置 response$=r+s$ · challenge mod q,发送给 B。

④B 验证等式 commit$=g^{\text{response}}v^{\text{challenge}}$mod p 是否成立。

Schnorr 身份识别协议的优点是可以预先计算指数运算(承诺时),证明者只需要在线计算一次模乘法(应答时),因而在证明者在应答时的计算量比 FS 和 GQ 小。但缺点是验证者的计算量较大。

例 10.3 选择素数 $p=48\,731$,其中 $P-1$ 能够被 $q=443$ 整除。模 48 731 的生成元是 6,计算 $g=6^{(p-1)/q}$mod $p=11\,444$。系统参数(48 731,443,11 444)。选择参数 $t=8$。

A 选择一个私钥 $s=357$,计算 $v=g^{-s}$mod $p=11\,444^{-357}$mod 48 731=7 355。

协议消息交换过程如下。

① A 选择 $r=274$,发送 $x=g^r$mod $p=11\,444^{274}$mod 48 731=31 123 给 B。

② B 发送给 A 随机挑战 challenge=129。

③ A 发送给 B 响应:

$$\text{response}=r+s\cdot\text{challenge mod }q=274+357\times129\text{mod }443=255$$

④ B 验证:

$$g^{\text{response}}v^{\text{challenge}}\text{mod }p=11\,444^{255}\,7\,355^{129}\text{mod }48\,731=37\,123=x$$

10.4.5 Okamoto 身份识别协议

1992 年的 Crypto92 会议上,T. Okamoto 提出了 Schnorr 身份识别协议的改进版,具有可证明安全性。

Okamoto 身份识别协议描述如下(A 和 B 分别是证明者与验证者)。

(1) 参数设置

TA 选择两个大素数 p 与 q,满足 $q|(p-1)$。Z_p 中的阶为 q 的元素。A 秘密选择 s_1,$s_2\in Z_q$,并计算出 Z_p 中元素 $v=g_1^{-s_1}g_2^{-s_2}$mod p。(p,q,g_1g_2,v)是 TA 证实的 A 的公钥。

(2) 协议消息

① A 选择 $r_1,r_2\in Z_q$,计算 commit$=g_1^{r_1}g_2^{r_2}$mod p,发送给 B。

② B 选择 challenge(1≤challenge≤$2^t<q$)发送给 A。

③ A 置 response$_1=r_1+s_1$ · challenge mod q,response$_2=r_2+s_2$ · challenge mod q,把 response$_1$,response$_2$ 发送给 B。

④ B 验证 commit$=g_1^{\text{response}_1}g_2^{\text{response}_2}v^{\text{challenge}}$mod p 是否成立。

可见,Okamoto 方案和 Schnorr 方案的区别在于 Okamoto 方案中使用了两个生成元 g_1,g_2。由于当 p 与 q 较大时,计算离散对数问题 $\log_{g_1}g_2$ 是困难的,这也正是 Okamoto 方案具有可证明安全性的原因。但是,Okamoto 方案比 Schnorr 方案的计算量大,因而速度与效率较低。

最后需要指出的是:身份识别协议可以转换为签名方案(已在 9.5 节介绍了),办法是证明者自己构造一个挑战,这一挑战的构造方法通常是使用单向 Hash 函数,以达到对挑战值的不可预测性。具体而言,使用一个公开的安全 Hash 函数来代替验证者提出挑战值,即 challenge$=H(m,\text{commit})$。这种方法称为 Fait-Shamir 启发式方法。例如:对 m 的签名为(commit,response),其中 commit$=g^r$mod p,response$=(r+sH(x,m))$mod q(s 为私钥)。

签名验证方程为 $commit = g^{response} v^{H(x,m)} \bmod p$（$v$ 为公钥）。

小　　结

本章介绍了实体认证和身份识别协议。比较了概念之间的区别，并给出具体协议，如基于口令的协议，基于挑战应答的协议，身份识别协议。本章的知识点概括如下：

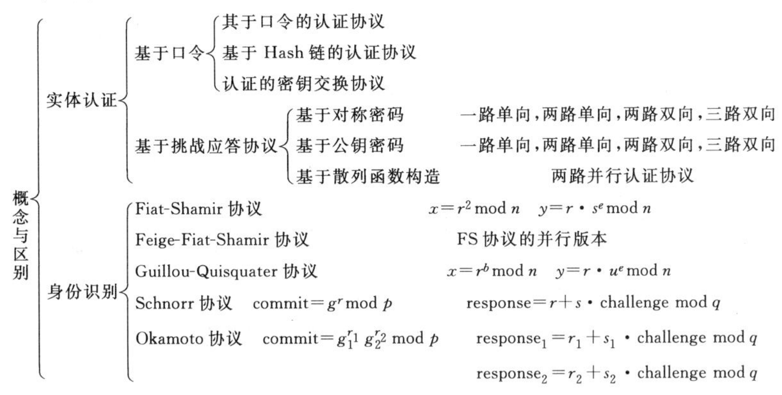

本章的重点是基于口令的实体认证协议，基于挑战应答的协议。难点是身份识别协议的一般解释，即从零知识证明的角度来解释的一般构造方法。

扩展阅读建议

按照时间顺序阅读身份识别协议的系列经典论文是有益的。

1. Fiat, Shamir A. How to Prove Yourself: Practical Solutions to Identification and Signature Problems. Crypto 86, 1987:186-194.

2. Feige U, Fiat A, Shamir A. Zero Knowledge Proofs of Identity. Journal of Cryptology, 1988, 1: 77-94.

3. Guillou L, Quisquater J. A Practicial Zero-Knowledge Protocol fitted to Security Microprocessors Minimizing Both Transmission and Memory. Eurocrypt 1988, 123-128.

4. Schnorr. Efficient Signature Generation for Smart Cards. Journal of Cryptology, 1991, 4(3): 161-174.

5. Okamoto T. Provable Secure and Practical Identificaiton Schemes and Corresponding Digital Signature Schemes. Crypto92, 1992: 31-52.

第11章 密钥管理

前面的章节关注的是采用何种密码算法和协议来实现数据的保密性、完整性、认证性、不可抵赖性等安全需求。本节关注密码系统中最重要(最困难)的部分——密钥管理。其实,一个信息系统的安全不仅仅与算法强度、协议安全性、密钥空间大小等相关,也与密钥的管理相关。根据 Kerckhoff 假设,密码分析者知道所使用的密码体制,拥有除了密钥以外的所有关于加密函数的全部知识。因此密码系统的安全性完全取决于所使用的密钥的安全。所以,密钥管理是密码系统不可缺少的重要组成部分,在密码系统中起着根本的作用。密钥管理相当复杂,既有技术问题,也有管理策略问题。

密钥管理主要研究内容有随机数生成理论与技术、密钥分配理论与方法、密钥分散管理技术、密钥分层管理技术、秘密共享技术、密钥托管技术、密钥销毁技术、密钥协议设计与分析技术等。密钥管理技术总是与密码的具体应用环境和实际的密码系统相联系,总是与密码应用系统的设计相联系。在很多情况下,一个密码应用系统的被攻破往往不是密码算法被攻破造成的,而是密码系统的密钥管理方案不合理造成的。

本章首先概述密钥管理的内容、种类、密钥长度的选取。然后介绍密钥生成的方法,密钥分配,最后介绍 PKI 技术。

11.1 密钥管理概述

11.1.1 密钥管理的内容

密钥管理包括密钥的生产、装入、存储、备份、分配、更新、吊销、销毁等内容,其中分配和存储是最棘手的问题。

(1) 密钥生成。密钥生成是密钥管理的首要环节,密钥生成的主要设备是密钥生成器,密钥生成可分为集中式密钥生成和分布式密钥生成两种模式。对于前者,密钥由可信的密钥管理中心生成;对于后者,密钥由网络中的多个节点通过协商来生成。

(2) 密钥的装入和更换。密钥可通过键盘、密钥注入器、磁卡、智能卡等设备和介质装入。密钥的生命周期结束,必须更换和销毁密钥,同时密钥泄露后也必须对其进行销毁和更新。

(3) 密钥分配。密钥分配主要有两种模式:集中式分配和分布式分配。集中式分配模式由一个可信的密钥管理中心给用户分发密钥,这种模式具有效率高的优点,但管理中心容易成为攻击者的攻击目标,存在单点失效问题。分布式密钥分配模式,则由多个服务器通过协商来分配密钥,该模式能极大地提高系统的安全性和密钥的可用性。如果一个服务器被攻击,其他服务器还可以帮助被攻击的服务器恢复密钥,在灾难恢复方面具有优势。

(4) 密钥保护和存储。所有生成和分配的密钥必须具有保护措施,密钥保护装置必须绝对安全,密钥存储要保证密钥的保密性,密钥应以密文出现。

(5) 密钥的吊销。如果密钥丢失或因某种原因不能使用,且发生在密钥有效期内,则需要将它从正常使用的密钥集合中除去,称为密钥吊销。采用证书的公钥可以通过吊销公钥证书实现对公钥的吊销。

(6) 密钥的销毁。不再使用的旧密钥必须销毁,否则敌手可用其解密用它加密的文件,且利用旧密钥进行分析和破译密码体制。

11.1.2 密钥的种类

密钥可分为主机主密钥、密钥加密密钥、会话密钥等类型。

(1) 主机主密钥(Host Master Key)。对密钥加密密钥进行加密的密钥称为主机主密钥。它一般保存于网络中心、主节点或主处理器中,受到严格的物理保护。

(2) 密钥加密密钥(Key Encryption Key)。在传输会话密钥时,用来加密会话密钥的密钥称为密钥加密密钥,也称为次主密钥(Submaster Key)或二级密钥(Secondary Key)。通信网络中各节点的密钥加密密钥应互不相同,在主机和主机之间以及主机和终端之间传送会话密钥时都需要有相应的密钥加密密钥。

(3) 会话密钥(Session Key)。通信双方交换数据时使用的密钥。根据会话密钥的用途,可分为数据加密密钥、文件密钥等。用于保护传输的数据的会话密钥叫数据加密密钥;用来保护文件的会话密钥称为文件密钥。会话密钥可以由可信的密钥管理中心分配,也可由通信方协商获得。通常会话密钥生存周期很短,一次通信结束后,该密钥就会被销毁。

现有密码系统的设计大都采用了层次化的密钥结构,这种层次化的密钥结构与对系统的密钥控制关系是对应的。图 11.1 表示一个常见的三级密钥管理层次结构。

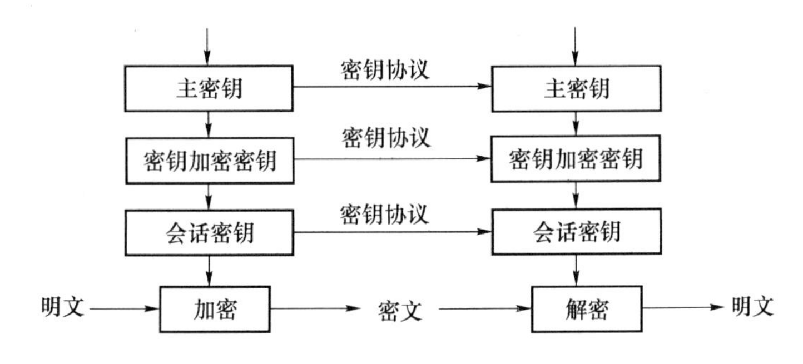

图 11.1 密钥管理的三层层次结构

密钥分级大大提高了密钥的安全性。一般来说,越低级的密钥更换越频繁,最低层的密钥可以做到一次一换。低级密钥具有相对独立性,这样,它的泄露或者破译不会影响到上级密钥的安全，而且它们的生成方式、结构、内容可以根据协议不断变换。于是，对于攻击者而言，密钥分层系统是一个动态系统，对低级密钥的攻击不会影响到高层主密钥。密钥的分层也方便了密钥的管理，使密钥管理自动化成为可能。

密钥还可以分散管理，如采用物理分散管理，将高层密钥保存在不同的地方，如 $K=KR\oplus KI$，K 为高层密钥，KR 保存在密码机内，KI 保存在密钥载体由用户保留，这样即使密码机丢失，或用户密钥载体丢失，密码机内的信息仍然由 K 加密保护。这一思想可以扩展到秘密共享机制，也就是使用秘密共享机制来多处保存主密钥。

11.1.3 密钥长度的选取

密钥长度是密码系统的首要安全因素，因为密钥长度的选取决定了攻击算法需要的计算量。因此，在系统设计时，要考虑密钥规模必须满足一定时期内安全的需要。由于技术的进步将使计算能力越来越大。根据摩尔定律估算计算能力的发展趋势，多个组织给出了各类密钥规模的建议。ECRYPT 项目给出了不同安全级别中密钥长度的建议，NISSIE 也给出了对称密钥算法的密钥长度的建议。表 11.1 为 ECRYPT 在 2010 年给出的建议。

表 11.1　ECRYPT 2010 年发布的对密钥长度的建议

级别	保护程度	对称密钥	非对称密钥	离散对数		椭圆曲线	Hash 函数
				密钥	群		
1	个人，实时攻击，仅用于消息鉴别	32	—	—	—	—	—
2	对小规模组织的非常短时间的保护，不能用于新系统的保密性	64	816	128	816	128	128
3	对中等规模组织的短时间的保护，对小规模组织的中等程度保护	72	1 008	144	1 008	144	144
4	非常短时间的对机构的保护，对小规模组织的长期保护。（最小的通用安全级别，2 个密钥的 3DES 限制间 2^{40} 明文、密文保护，时间为 2009 到 2012 年）	80	1 248	160	1 248	160	160
5	历史遗留标准级别，2 密钥 3DES 限制在 10^6 明文、密文对保护，时间为 2009 年到 2020 年	96	1 776	192	1 776	192	192
6	中等程度的保护，3 密钥 DES，从 2009 年到 2030 年	112	2 432	224	2 432	224	224
7	长期保护，通用的应用独立的，从 2009 年到 2040 年	128	3 248	256	3 248	256	256
8	“可预见的将来”，对量子计算机的好的保护，如果不使用 Shor's 算法	256	15 424	512	15 424	512	512

11.2 密钥生成*

不同类型的密钥可用不同的方法生成。好的密钥应具有良好的随机性，主要包括长周期性、非线性、等概率性、不可预测性等。

(1) 主机主密钥是产生其他加密密钥的密钥，其生存周期较长，故其安全性要求最高。通常从自然界中的真随机现象提取或由伪随机数生成器来生成，有时候也采用真随机现象提取与伪随机数生成器结合的办法来产生高质量的随机序列作为主机主密钥。

从真随机现象提取随机数，通常采用物理噪声源法。物理噪声源主要是基于力学的噪声源和基于电子学的噪声源。基于电子学的噪声源是目前的主要密钥产生技术，可以制成随机数产生芯片。基于这些物理现象可制造基于硬件的随机数生成器。基于软件的生成器可以使用系统时钟，敲击键盘和鼠标移动中的消逝时间，操作系统的参数量，如网络统计量等，构造软件随机比特生成器。另外，可以使用伪随机数生成器，如 BBS 伪随机比特生成器，ANSI X 9.17 伪随机数生成器。

(2) 密钥加密密钥可由随机数生成器产生，也可由密钥管理员选定。密钥加密密钥构成的密钥表存储在主机中的辅助存储器中，只有密钥产生器才能对此表进行增加、修改、删除和更换，其副本则以秘密方式发送给相应的终端或主机。一个由 n 个用户组成的通信网，若任一对用户间需要保密通信，则需要 C_n^2 个密钥加密密钥。

(3) 会话密钥可在密钥加密密钥控制下通过加密算法动态产生，例如，用密钥加密密钥控制 DES 算法产生。

本节主要讨论对称密钥的随机生成。对于非对称密钥的生成分别见某个非对称密钥体制的设计与安全性讨论。

11.2.1 伪随机数生成器的概念

密钥生成需要密钥空间中的每一个密钥出现的概率均相等，且与它的先导和后继没有任何关系，且具有不可预测性。换言之，即要求生成的密钥必须是一定长度的随机数。由于参数真随机数是比较困难的，通常需采用物理方法，但这些方法获得的随机数的随机性和精度不够，且这些设备很难连接到网络系统中，实际的安全系统多采用伪随机数代替随机数。

伪随机数不是真正的随机数，而是“看似”随机数，即单从输出结果看，无法将它与真随机数区分开。产生伪随机数的设备或算法称为伪随机数生成器(PesudorRndom Number Generator，PRNG)，而二进制的 PRNG 称为伪随机比特生成器(PesudoRandom Bit Generator，PRBG)。

在给定长度为 k 的真随机二进制序列时，PRBG 能输出一个长度为 $l \gg k$ 的伪随机二进制序列。PRBG 的输入为种子，显然，PRBG 是一种确定性算法，即在给定了相同的初始种子时，生成器将产生相同的输出序列，因而 PRBG 的输出不是真正随机的。这样做的目的是通过利用一个短的真随机序列将其扩展成一个长序列，以使敌手不能有效地区分 PRBG 的输出序列和长度为 l 的真随机序列。

PRBG 有如下两个基本的安全要求：

(1) PRBG 的输出序列与真随机序列应该在统计上是不可区分的；

(2) 对于拥有有限计算资源的敌手而言，输出比特是不可预测的。

为了证明一个 PRBG 是安全的，必须通过统计测试或下一比特测试来检验它们是否具有真随机序列所具有的特性。当然对于一个生成器来说，通过这些统计测试只是其安全的必要条件，而不是充分条件。

定义 11.1 一个 PRBG 通过了所有的多项式时间统计测试是指：任何多项式时间的算法均不能以大约 1/2 的概率正确区分该生成器的输出序列和一个相同长度的真随机序列。

定义 11.2 一个 PRBG 通过了下一比特测试是指：不存在这样的多项式时间算法，在输入 PRBG 的输出序列 s 的前 l 比特时，该算法能够以大于 1/2 的概率预测出序列 s 的第 $l+1$ 个比特。

这里，需要说明的是：① 测试的时间是以输出序列长度 1 的多项式为界的；② 对 PRBG 的下一比特测试与多项式时间统计测试是等价的，即可以证明 PRBG 通过了下一比特测试，当且仅当它通过了所有的多项式时间统计测试。

定义 11.3 通过下一比特测试的 PRBG 称为密码学上的伪随机比特生成器(Cryptographically Secure PRBG，CSPRBG)。

构造 CSPRBG 是应用密码学的一项基本内容。

11.2.2 密码学上安全的伪随机比特生成器

某些情况下，需要的是随机比特序列而不是随机数序列，如流密码的密钥流。它们都是基于密码学安全的伪随机比特生成器，基于某个计算困难问题，采取迭代的方式，每次取出一个比特，最后生成一个伪随机序列。

1. BBS 伪随机比特生成器(BBS-PRBG)

1986 年，Blum、Blum 和 Shub 提出了一个产生伪随机数的 BBS 算法①，该算法的安全性基于大整数分解的困难性。

BBS-PRBG 的计算过程如下：

(1) 首先选定两个大素数 p,q，满足 $p\equiv q\equiv 3 \bmod 4$，$p,q$ 保密。计算 $n=pq$，公开 n。

(2) 再选取一个与 n 互素的正整数 s，以 s 作为种子计算 $x_0=s^2 \bmod n$。

(3) 对于 i 从 1 到 $l(i=1,2,\cdots,l)$，执行如下：

① $x_i \leftarrow x_{i-1}^2 \bmod n$；

② $b_i \leftarrow x_i$ 的最低位(即 $b_i \leftarrow x_i \bmod 2$)。

(4) 输出 $R=b_1\cdots b_l$。

例 11.1 $n=192\ 649=383\times 503$，种子 $s=101\ 355$，BBS 生成器的计算过程如下：

---

① L. Blum, M. Blum, M. Shub, A Simple Unpredicatable Pseudo-random Number Generator, SIAM Journal on Computing, 15(2): 364-383, 1986.

i	x_i	b_i	i	x_i	b_i	i	x_i	b_i
0	20 749		7	45 663	1	14	114 386	0
1	143 135	1	8	69 442	0	15	14 863	1
2	177 671	1	9	186 894	0	16	133 015	1
3	97 048	0	10	177 046	0	17	106 065	1
4	89 992	0	11	137 922	0	18	45 870	0
5	174 051	1	12	123 175	1	19	137 171	1
6	80 649	1	13	8 630	0	20	48 060	0

可通过每次输出 x_i 的最低 k 位来提高该方法的效率，例如，$k=c\lg(\lg n)$。当 n 充分大时，该生成器仍然是密码学安全的。

2. 基于 RSA 伪随机比特生成器（RSA-PRBG）

与 BBS 伪随机生成器类似，只是基于的算法不是 Rabin 方程，而是 RSA 方程。

RSA-PRBG 的计算过程如下：

(1) 生成两个大的秘密素数 p 和 q，计算 $n=pq$，$\phi(n)=(p-1)(q-1)$。任意选择一个整数 e，$1<e<\phi(n)$，满足 $\gcd(e,\phi(n))=1$。

(2) 0 在区间$[1,n-1]$内任意选择一个整数 x_0（种子）。

(3) 对于 i 从 1 到 $l(i=1,2,\cdots,l)$，执行如下：

① $x_i \leftarrow x_{i-1}^e \bmod n$ ；

② $b_i \leftarrow x_i$ 的最低位。

(4) 输出 $R=b_1\cdots b_l$。

3. Micali-Schnorr 伪随机比特生成器（Micali-Schnorr PRBG）

还是基于 RSA 算法，但每次迭代输出多个比特。Micali-Schnorr PRBG 计算过程如下：

(1) 生成两个大的秘密素数 p 和 q，计算 $n=pq$，$\phi(n)=(p-1)(q-1)$。令 N 是 n 的二进制位数。选择一个整数 e，$1<e<\phi(n)$，满足 $\gcd(e,\phi(n))=1$，且 $80e\leqslant N$。令 $r=N-k$，其中 $k=\lfloor N(1-2/e)\rfloor$。

(2) 任意选择一个长度为 r 的整数 x_0。

(3) 对于 i 从 1 到 l，执行如下：

① $y_i \leftarrow x_{i-1}^e \bmod n$；

② $x_i \leftarrow y_i$ 的最高 r 位比特；

③ $b_i \leftarrow y_i$ 的最低 k 位比特。

(4) 输出 $R=b_1\parallel\cdots\parallel b_l$。

该算法每次迭代输出 $k=\lfloor N(1-2/e)\rfloor$ 个比特，故该方法比 RSA-PRBG 效率更高。例如，若 $e=3$，$N=1\,024$，则每一次指数运算将产生 $k=341$ 个比特，而且每次指数运算只需要对 $r=683$ bit 的数进行一次模平方和模乘运算。

11.2.3 标准化的伪随机数生成器

ANSI X9.17 是美国 ANSI 为银行电子支付系统设计的伪随机数生成算法。除了电子支付系统外，它也应用于电子邮件保密系统 PGP 中。X9.17 标准产生密钥的算法是三重 DES，算法的目的不是产生容易记忆的密钥，而是产生一个会话密钥或伪随机数。如图 11.2 所示为 X9.17 的框图，生成器有 3 个组成部分。

(1) 输入：输入为 2 个 64 bit 的随机数，其中 DT_i 是当前的日期和时间，每产生一个数 R_i 后，DT_i 都更新一次，V_i 是产生第 i 个随机数时的种子，其初值可任意设定，以后每次自动更新。

(2) 密钥：生成器用了 3 次三重 DES 加密，3 次加密使用相同的两个 56 bit 的密钥 K_1 和 K_2，这两个密钥必须保密。

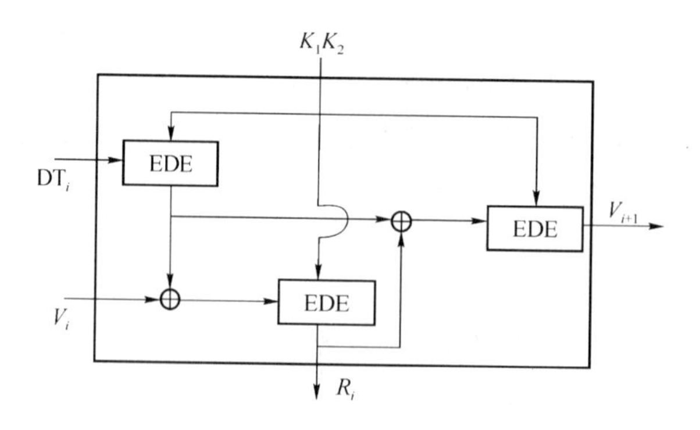

图 11.2 ANSI X9.17 伪随机生成器

(3) 输出：输出为一个 64 bit 的伪随机数 R_i 和一个 64 bit 的新种子 V_{i+1}，其中

$$R_i = \mathrm{EDE}_{K_1,K_2}(\mathrm{EDE}_{K_1,K_2}(\mathrm{DT}_i) \oplus V_i)$$

$$V_{i+1} = \mathrm{EDE}_{K_1,K_2}(\mathrm{EDE}_{K_1,K_2}(\mathrm{DT}_i) \oplus R_i)$$

该方案具有非常高的密码强度，因为采用了 112 bit 长的密钥和 9 个 DES 加密，同时算法由两个伪随机数输入驱动，一个是当前的日期和时间，另一个是上次算法产生的新种子。而且即使某次产生的随机数 R_i 泄露了，但由于 R_i 又经过一次 EDE 加密才产生新种子 V_{i+1}，所以别人即使得到 R_i，也无法推知 V_{i+1}，从而无法推知新随机数 R_{i+1}。

产生的 64 bit 的 R_i 可作为伪随机产生的密钥(如 DES CBC 模式中的 IV)。若将 R_i 用作 DES 密钥，则必须对 R_i 每个字节的最后一位的奇偶性进行调节，以使每个字节都具有奇数个 1。若需要产生 128 bit 的密钥，只要产生一对 64 位的密钥后，再把两者串接即可。

思考 11.1：伪随机数发生器不仅应用到密钥生成中，密码学中需要使用随机数的地方还有很多。例如，密码协议中(如密钥分配协议中)为保持会话新鲜性采用随机数 Nonce 避免重放攻击，对称密钥加密中的“一次一密”，公钥加密中的随机数，如 ElGamal 加密等，数字签名中用到的随机数，如 ElGamal 签名、ECDSA 等。

11.3 密钥分配

根据密钥传送的途径不同，可将密钥分配分成公钥的分配和对称密钥的分配。

11.3.1 公钥的分发

（1）广播式公钥分发。任意通信方将它的公钥发送给另一方或广播给其他通信各方。为防止中间人伪造公钥攻击，这种方式必须能对广播的公钥进行鉴别（如使用密钥证书）。

（2）目录式公钥分发。由可信机构维护一个公开、动态、可访问的公开密钥目录。参与者可通过正常或可信渠道到目录可信机构登记公开密钥，可信机构为参与者建立＜用户名，公钥＞条目，允许参与者通过公开渠道访问该目录，以及申请增、删、改自己的公钥，其他用户可以基于公开渠道访问目录来获取公钥。

（3）公钥管理机构分发。和目录式公钥分发类似，加上了一个公钥管理机构（或目录管理员）负责维护动态的公钥目录。要求每个用户知道公钥管理机构的公钥，公钥管理机构的私钥只有公钥管理机构知道。如果通信方 A 想获得通信方 B 的公钥，A 向公钥管理机构请求 B 的公钥，公钥管理机构将 B 的公钥签名后发送给 A。A 验证 B 的公钥的真实性和完整性。这是一种在线服务器公钥分发方式。

其缺点是：用户需要其他用户的公钥时，必须与公钥管理机构通信者要求可信服务器必须在线，且可能导致可信服务器成为瓶颈和单一失效点。

（4）公钥证书进行公钥分发。该方式使得无须可信服务器在线，也能达到类似直接从可信权威机构在线获取公钥的安全性。公钥证书由可信证书管理机构 CA 生成，内容包括用户的身份、证书有效期、公钥等信息。所有信息经 CA 用自己的私钥签名后形成了公钥证书。即证书的内容为：$\mathrm{Cert}_{\mathrm{A}}=\mathrm{Sig}_{\mathrm{SK}_{\mathrm{CA}}}(T,\mathrm{ID},\mathrm{PK}_{\mathrm{A}})$。其中 ID_{A} 表示用户身份，PK_{A} 是 A 的公钥，T 是有效期，$\mathrm{SK}_{\mathrm{CA}}$ 是 CA 的私钥，$\mathrm{Cert}_{\mathrm{A}}$ 是 A 的公钥证书。可见，证书就是将用户 ID 和其公钥绑定在一起，且经过权威机构的认证。（关于公钥证书的详细解释见 11.4 节。）

每个参与者向证书中心提交自己的公钥，申请证书，申请须本人当面提出，或有安全通道传递。使用证书时，可向通信对方索取证书或向可信中心索取。该方法的优点是无须可信服务器在线，但是公钥证书的有效期一般较长，其间可能会被撤销，于是验证公钥证书时需要检查这个证书是否被撤销，这样可信中心需要维护一个证书撤销列表，而这会增加验证证书的复杂性和可信中心的维护成本。

11.3.2 无中心对称密钥的分发

对称密钥分配是密钥管理中最重要的问题。传统的密钥分配通过信使或邮递传送密钥，密钥的安全性取决于信使的可靠性。在现代网络通信中，采用分层传送方式，只传密钥加密密钥。假定网络有 n 个用户，该方法需要 C_n^2 个安全信道，即使借助可信中心，也需要 n 个安全信道，如果 n 比较大，通信量和存储量依然很大。因此，设计密钥分配方案必须考虑如下两个因素:①通信量和存储量要尽可能小。②每一对用户都能独立地计算他们之间的会话密钥。

按照是否需要可信第三方,对称密钥的分发可分为无中心的密钥分发和有中心的密钥分发两种情况。①无中心的密钥分发(点对点密钥分发)。②有中心的密钥分发。

本节介绍第一种情况。

1. 有共享密钥或已知公钥的无中心密钥分发

其前提条件是通信双方拥有一个共享密钥,即密钥加密密钥,或者知道对方的公钥。分发的是随机生成的会话密钥 K。有共享密钥或已知公钥的无中心密钥分发如图 11.3 所示。

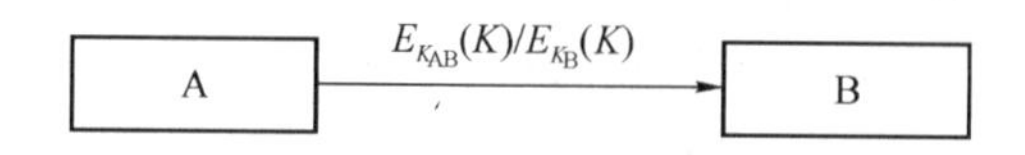

图 11.3 有共享密钥或已知公钥的无中心密钥分发

2. 无共享密钥的密钥分发

Shamir 提出一个无密钥的密钥分发,即通信双方并不需要事先知道共享密钥或对方公钥。其方法很巧妙,具有启发性。

假设发送方 A 的秘密数为 a,接收方的秘密数为 b。

(1) A 随机选取一个小于 $p-1$ 的秘密数 a,然后选择一个随机密钥 K 作为与 B 的通信会话密钥,要求 $1\leqslant K\leqslant p-1$,A 计算 $K^a \bmod p$ 并将其发送给 B。

(2) B 接收到了 $K^a \bmod p$,随机选取一个小于 $p-1$ 的秘密数 b,对其进行 b 次幂运算 $(K^a)^b \bmod p$,结果发送给 A。

(3) A 将接收到的值进行 a^{-1} 次幂运算,从而得到 $K^b \bmod p$,将其发送给 B。

(4) B 将接收到的值进行 b^{-1} 次幂运算,从而得到 $K \bmod p$,将其发送给 A。

协议没有提供身份识别,故攻击者可以实施中间人攻击。即截取 A 发送给 B 的消息,可冒充 B 与 A 通信。因而实际使用时,该协议需要加上身份识别。

无中心的密钥分发的主要问题还是点到点之间的需要事先共享密钥,对于 n 个用户,需要 C_n^2 个密钥。如果存在都信赖的密钥分发中心(Key Distribution Center, KDC),则每一方都与 KDC 共享一个不同的密钥,则需要的预分配密钥数量减少为 n。下面介绍有中心的密钥分发。

11.3.3 有中心对称密钥的分发

根据是否使用公钥以及密钥是否由中心生成,又可分为三种情况。

1. 基于对称密钥,会话密钥由通信方生成

该模式的中心其实是密钥转发中心(Key Transfer Center,KTC)。如果图 11.4 所示密钥由 A 生成,用 K_{AT} 加密后发送给 KTC,KTC 用 K_{BT} 加密后通过 A 转给 B 图(11.4(a))或直接发送给 B(图 11.4(b))。

例 11.2 大嘴青蛙(Big-Mouth-Frog)协议。

大嘴青蛙(Big-Mouth-Frog)协议是图 11.4 中(b)的情况。该协议最初由 M. Burrows 提出,在 1989 年的 *A Logic of Authentication* 一文中讨论了其安全性。协议如下:

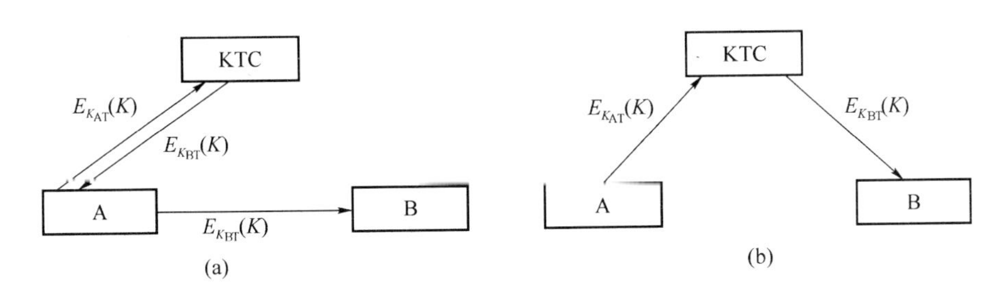

图 11.4　基于对称密钥，会话密钥由通信方生成

(1) A→S：$U,\{T_A, B, K_{AB}\}_{K_{AS}}$

(2) S→B：$\{T_S, A, K_{AB}\}_{K_{BS}}$

解释如下：

(1) A 表明要和 B 通信，当前时戳是 T_A，产生一个会话密钥是 K_{AB}，然后用 A 和 S 共享的密钥加密密钥 K_{AS} 加密$\{T_A, B, K_{AB}\}$，并将密文发送给 B。

(2) S 将来自 A 的密文解密，得到 K_{AB}，然后将数据$\{T_A, B, K_{AB}\}$用 K_{BS}加密后发送给 B，其中 T_S 是 S 生成的时戳。B 收到 S 的消息后，解密可以得到 K_{AB}，同时用 T_S 验证 K_{AB}的新鲜性，防御重放攻击。

图 11.5 给出了协议的图示，据说因其看上去像一个大嘴青蛙而得名。

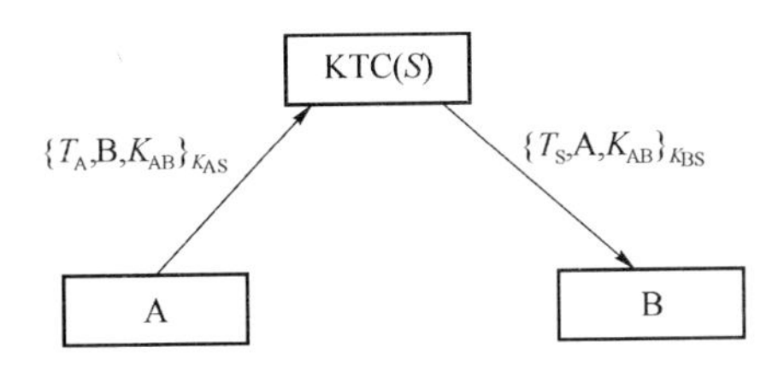

图 11.5　大嘴青蛙协议

2. 基于对称密钥，会话密钥由可信中心生成

如图 11.6 所示，当 A 请求与 B 通信时，KDC 随机生成一个密钥 K，通过 KDC 与 A 和 B 的预先共享密钥加密后发送给 A 或 B。

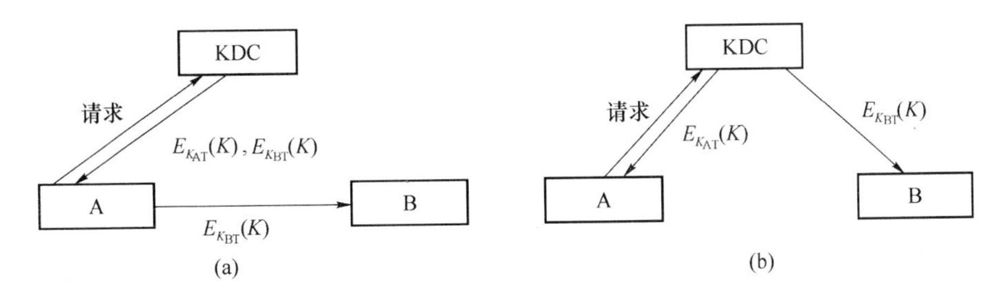

图 11.6　基于对称密钥，会话密钥由可信中心生成

例 11.3　Needham-Schroeder 密钥分发协议。

Needham-Schroeder 密钥分发协议是基于 KDC 的密钥生成和分发协议，由 R. Needham 和 M. Schroeder 于 1978 年提出，该协议是密钥分发技术的里程碑，许多密钥分发协议都是在其基础上发展而来的。它同时在密码协议分析中有重要的地位，成为密码协议设计与分析的"试验床"。

Needham-Schroeder 密钥分发协议有基于对称密码体制和非对称密码体制两个版本。这里 KDC 表示为 S,基于对称密码体制的协议流程如下:

(1) A→S:A,B,N_A

(2) S→A:$\{N_A, B, K_{AB}, \{A, K_{AB}\}_{K_{BS}}\}_{K_{AS}}$

(3) A→B:$\{A, K_{AB}\}_{K_{BS}}$

(4) B→A:$\{N_B\}_{K_{AB}}$

(5) A→B:$\{N_B - 1\}_{K_{AB}}$

解释如下:

(1) A 向 KDC 发出请求,想同 B 通信,并发送一个随机数。

(2) KDC 收到请求后,为 A 生成一个会话密钥 K_{AB},同时给 A 一个证书$\{K_{AB}, A\}_{K_{BS}}$,此证书经由 A 转交给 B。该消息使用只有 A 与 KDC 共享的密钥 K_{AS}加密,保证了只有 A 能解密。

(3) A 向 B 转交证书,只有 B 能解读这个证书。

(4) B 同 A 进行一次挑战应答协议。

(5) A 响应 B 的挑战,将随机数减 1,表明 A 在线,并正确使用共享密钥解密。

前三条协议的目的是 KDC 分配会话密钥,后两条消息的目的是 B 相信 A 在线。

下面简要介绍协议的安全分析。该协议的缺陷是 B 无法判断收到的 K_{AB}是否是新鲜的。一旦 K_{AB}暴露,敌手可以重放消息(3)并成功完成后续挑战应答协议。改进的方法是加入 KDC 生成的时间戳。另一个缺陷是即使敌手没有得到泄露的密钥 K_{AB},A 也无法通过消息(2)、(4)、(5)判断 B 已经知道会话密钥 K_{AB}。这是因为敌手可以任意构造消息(4)。过程如下:

(1) A→S:A,B,N_A

(2) S→A:$\{N_A, B, K_{AB}\{A, K_{AB}\}_{K_{BS}}\}_{K_{AS}}$

(3) A→P(B):$\{A, K_{AB}\}_{K_{BS}}$

(4) P(B)→A:$N_{P(B)}$

(5) A→P(B):$\{N_{P(B)}\}_{K_{AB}} - 1\}_{K_{AB}}$

即消息(3)被敌手拦截,(4)由敌手伪造,B 没有参与协议的执行。为了避免这一攻击,应该在消息(4)中加入 A 可以识别的消息,例如,B 的身份或保证会话新鲜性的 N_A。综合以上对两个缺陷的修改,改进方案如下:

(1) A→S:A,B,N_A

(2) S→A:$\{N_A, B, K_{AB}, \{N_A, A, K_{AB}, T_S\}_{K_{BS}}\}K_{AS}$

(3) A→B:$\{N_A, A, K_{AB}, T_S\}_{K_{BS}}$

(4) B→A:$\{N_B, N_A\}_{K_{AB}}$

(5) A→B:$\{N_B\}_{K_{AB}}$

思考 11.2:从 Needham-Schroeder 协议的改进构成可以发现,如何确保协议的安全性是一个值得研究的问题。

协议的安全性目前提出了很多分析协议安全性的方法，如模型检测方法、逻辑方法、串空间方法、可证明安全性方法（如利用随机预言模型 Random Oracle），通用可组合方法等。

例 11.4 Kerberos 密钥分发协议。

Needham-Schroeder 密钥分发协议的设计思想直接影响了著名的 Kerberos 密钥分发协议的设计。Kerberos 是 MIT 作为 Athena 计划的一部分开发的认证服务系统，而 Kerberos 协议是 Kerberos 认证系统的一部分。Kerberos 协议共分为六步，这里作了若干简化，略去了认证过程，只保留了会话密钥的密钥分发部分，因此称为简化的 Kerberos 协议。如前，假设 A、B 是用户，而 S 就是 KDC。Kerberos 会话密钥分发协议如图 11.7 所示。

(1) A→S：A，B

(2) S→A：$\{T_S, L, K_{AB}, B, \{T_S, L, K_{AB}, A\}_{K_{BS}}\}_{K_{AS}}$

(3) A→B：$\{T_S, L, K_{AB}, A\}_{K_{BS}}, \{A, T_A\}_{K_{AB}}$

(4) B→A：$\{T_A+1\}_{K_{AB}}$

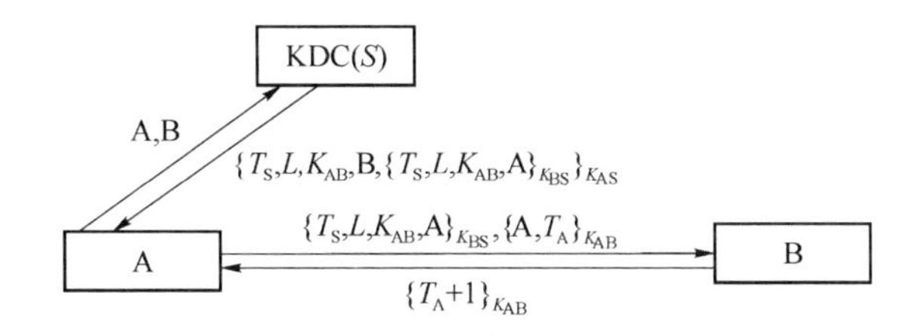

图 11.7 Kerberos 会话密钥分发协议

对协议的解释如下：

(1) A 向 S 发送标识符 A，B，请求 S 帮助建立 A 与 B 的会话密钥。

(2) S 生成会话密钥 K_{AB} 和时戳 T_S，并给定使用期限 L，加密处理成 $\{T_S, L, K_{AB}, B, \{T_S, L, K_{AB}, A\}K_{BS}\}K_{AS}$ 后发送给 A。

(3) A 解密，得到会话密钥 K_{AB} 及其使用期限 L，并用 T_S 判断其新鲜性，然后生成新的时戳 T_U，将其与 A 的标识符一起用会话密钥 K_{AB} 加密成 $\{T_S, L, K_{AB}, A\}K_{BS}, \{A, T_A\}K_{AB}$ 一同发送给 B。

(4) B 收到 A 发送的消息后，先解密 $\{T_S, L, K_{AB}, A\}K_{BS}$，获得会话密钥 K_{AB} 及其使用期限 L，再用 K_{AB} 解密，得到 T_A，以判定 A 确实收到了 K_{AB}，同时判定 K_{AB} 的新鲜性。

该协议的缺点是：由于协议中使用了时间戳，需要网络中所有用户都有同步时钟，这在实际实现中有难度。KDC 需要保存大量的共享密钥，管理和更新都有很大的困难，需要特别细致的安全措施。因此，一个改进方法是使用多个密钥分配中心，采取分层结构。

3. 基于公钥，会话密钥由单方生成或双方共同生成

参与通信的单方或双方选择一个对称密钥，然后使用另一方的公钥将其加密，传送给另一方。A 向 KDC 请求 B 的公钥 PK_B，A 生成会话密钥 K_{AB}，用 B 的公钥加密后传递给 B。B 用自己的私钥解密得到会话密钥 K_{AB}。基于公钥加密的密钥分配，如图 11.8 所示。

下面这个例子中的会话密钥是 A 和 B 两方共同决定的。

例 11.5 Needham－Schroeder 密钥分发协议使用公钥密码体制的版本。

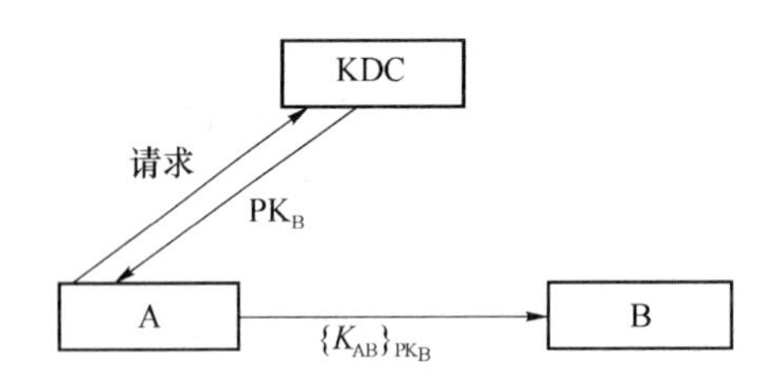

图 11.8　基于公钥加密的密钥分配

方法如下：

(1) A→S：A,B

(2) S→A：$\{K_B, B\}_{K_S^{-1}}$

(3) A→B：$\{N_A, A\}_{K_B}$

(4) B→S：B,A

(5) S→B：$\{K_A, A\}_{K_S^{-1}}$

(6) B→A：$\{N_A, N_B\}_{K_A}$

(7) A→B：$\{N_B\}_{K_B}$

解释如下：

(1) A 向 S 发送标识符 A 和 B,说明是 A 发起协议,希望与 B 通信。

(2) S 向 A 发送用它的私钥 k_S^{-1} 加密的 K_B,B。

(3) A 用 S 的公钥解密消息②,得到 B 的公钥 K_B,向 B 发送临时值 N_A 和 A。

(4) 消息④与⑤的作用与消息①和②类似。

(5) 消息⑥中 B 用 S 的公钥解密消息⑤,得到 A 的公钥 K_A,向 A 发送临时值 N_A 和 N_B。

(6) 消息⑦中 A 向 B 表明收到了 N_B。

最后,共享的密钥通过 N_A 和 N_B 构造,例如,$K_{AB}=h(N_A, N_B)$。总之,协议通过消息①②④⑤达到 A 和 B 从 KDC 获取对方公钥的目的。再通过消息③⑥⑦达到获取对方秘密 N_A 或 N_B 的目的。

对该协议的安全分析发现的一个安全缺陷是消息⑥中没有 B 的标识符,敌手可以假冒 B 的身份发送消息⑥,故改进的协议在消息⑥中加上了 B,即 B→A：$\{B, N_A, N_B\}_{K_A}$。

思考 11.3:总结避免重放攻击的方法。

重放攻击(Replay Attack)是一种将协议消息再次发送的常见攻击方式,避免的方式主要有时间戳、期限、序列号以及随机数,通常称为 Nonce(Number used Once),即只用一次的数。

思考 11.4:密钥分配和密钥协商的区别。

密钥分配是一种机制,通过这种机制,通信双方的一方选取一个秘密密钥,然后将其传送给通信中的另一方。或者有密钥分配中心参与生成密钥并分配。

密钥协商是一种协议,利用这种协议,通信双方可以在一个公开的信道上通过相互传送一些消息来共同建立一个共享的秘密密钥。在密钥协商中,双方共同建立的秘密密钥通常是双方输入消息的一个函数。

思考 11.5:认证协议和密钥分配(建立)协议之间的联系。

多数情况下,认证协议和密钥分配(建立)协议是联合使用的(如 Kerberos 协议、Needham-Schroeder 协议等),即成为认证的密钥建立,表明先进行了实体认证,确保了密钥在正确的实体间建立。

11.3.4 Blom 密钥分配协议*

Blom 密钥分配协议是一种无条件安全的密钥分配方案。设在公开信道上有 $n(n>2)$ 个用户,每对用户之间要建立一个可进行秘密通信的会话密钥。TA 是一个可信的第三方。一个"平凡的"解决方法是,对于任何一对用户{U,V},TA 选择一个随机密钥 $K_{UV}=K_{VU}$,并通过"离线"的安全信道传送 U 和 V。但是这种方法每个用户必须存储 $n-1$ 个密钥,且 TA 需要安全地传送 C_n^2 个密钥。在网络用户数量较多时这一代价是很高的,因而不是一个实用的解决方案。

Blom 方案的巧妙之处是利用了关于 x 和 y 的多项式的对称性:对于所有的 x,y,有 $f(x,y)=f(y,x)$,这一性质可被用来构造共享的密钥。

Blom 方案描述如下:

(1) 公开参数选择:TA 选定一个大素数 $p(p\geqslant n)$,每个用户 U 各自选定一个正整数 $r_U\in Z_p^*$,它们各不相同,TA 公开这些 r_U。

(2) TA 随机选定 3 个 $a,b,c\in Z_p^*$,并构造函数 $f(x,y)=(a+b(x+y)+cxy)\bmod p$。

(3) 对每个用户 U,TA 计算多项式 $g_U(x)=f(x,r_U)\bmod p$,并将 $g_U(x)$ 通过安全信道发送给 U。容易得到,$g_U(x)=a_U+b_Ux$,其中 $a_U=(a+br_U)\bmod p$,$b_U=(b+cr_U)\bmod p$。

如果 U 要与 V 进行秘密通信,那么 U 和 V 分别计算 $K_{UV}=g_U(r_V)\bmod p$,以及 $K_{VU}=g_V(r_U)\bmod p$。

由于 $K_{UV}=g_U(r_V)\bmod p=f(r_U,r_V)\bmod p=g_V(r_U)\bmod p=K_{VU}$,所以 U 与 V 得到一个共享的密钥 $K_{UV}=K_{VU}$。

例 11.6 假设有 3 个用户 U,V 和 W,$p=17$,用户的公开信息为 $r_U=12$,$r_V=7$ 以及 $r_W=1$。假定 TA 选择 $a=8$,$b=7$ 和 $c=2$,于是多项式 f 为:$f(x,y)=8+7(x+y)+2xy$。

多项式 g 表示为

$$g_U(x)=7+14x$$
$$g_V(x)=6+4x$$
$$g_W(x)=15+9x$$

由此产生的三个密钥为:$K_{UW}=3$,$K_{UW}=4$,$K_{VW}=10$。容易验证:

用户 U 计算

$$K_{UV}=g_U(r_V)=7+14\times7\bmod 17=3$$

用户 V 计算

$$K_{VU}=g_V(r_U)=6+4\times12\bmod 17=3$$

其他密钥的计算留作练习。

思考 11.6:为什么 Blom 密钥分配是无条件安全的?

Blom 密钥分配方案对于单个用户而言是无条件安全的,即对 W 而言,U 和 V 的共享密钥取密钥空间中任何值都是可能的。

对于用户 W 而言，其知道的信息有 TA 发送的多项式 $g_W(x)$的系数。

$$a_W = a + br_W \bmod p$$
$$b_W = b + cr_W \bmod p$$

W 的目标是猜测 K_{UV}，该值有 $K_{UV} = a + b(r_U + r_V) + cr_U r_V \bmod p$，这里 r_U, r_V 是公开的，但 a, b, c 是未知的。于是观察如下方程组：

$$\begin{Bmatrix} 1 & r_U + r_V & r_U r_V \\ 1 & r_W & 0 \\ 0 & 1 & r_W \end{Bmatrix} \begin{Bmatrix} a \\ b \\ c \end{Bmatrix} = \begin{Bmatrix} K^* \\ a_W \\ b_W \end{Bmatrix}$$

对于任意可能的 $K^* \in Z_p$，即 K_{UV}的可能的取值，该方程组对于未知数 a, b, c 而言，均有唯一解。因为矩阵的行列式 $r_W^2 + r_U r_V - (r_U + r_V) r_W = (r_W - r_U)(r_W - r_V) \neq 0$。这意味着，$K_{UV}$可取得密钥空间中的任意值。

思考 11.7：能否抵御两个用户的合谋(collusion)攻击？

如果两个用户联合起来发起攻击，则可以确定任何密钥 K_{UV}。

这是因为，假设两个用户为{W, X}，则可以得到 4 个方程：

$$a_W = a + br_W \bmod p$$
$$b_W = b + cr_W \bmod p$$
$$a_X = a + br_X \bmod p$$
$$b_X = b + cr_X \bmod p$$

知道 4 个方程，只有 3 个未知数 a, b, c，于是可以计算出 a, b, c 的唯一解，从而重构方程 $f(x, y)$，计算任意想得到的密钥。

思考 11.8：如果想提高抗合谋攻击的能力到 K 个用户，可采取什么办法？

方法是改变 $f(x, y)$的次数，等于 K。即 TA 使用如下形式的多项式：

$$f(x, y) = \sum_{i=0}^{k} \sum_{j=0}^{k} a_{i,j} x^i y^j \bmod p$$

其中，$a_{i,j} \in Z_p (0 \leqslant i \leqslant k, 0 \leqslant j \leqslant k)$，且对于所有的 i, j 有 $a_{i,j} = a_{j,i}$。即 $f(x, y)$是对称的。方案的其他部分保持不变。

11.4 PKI 技术

11.4.1 PKI 的组成

公钥基础设施(Public Key Infrastructure, PKI)是指结合公钥密码体制建立的提供信息安全服务的基础设施。这种管理服务要求具有普遍性，即 PKI 的机构框架可以为任何需要安全的应用和对象使用，应用者无须了解 PKI 内部实现这种服务的方法。PKI 并不只是一种技术，而是一种安全体系和框架。该体系在统一的安全认证标准和规范基础上提供身份识别和公钥管理，集成了 CA 认证、数字证书、数字签名等功能。

为了使用户在不可靠的网络环境中获得真实的公钥，同时避免集中存放密钥和在线查询产生的瓶颈问题,PKI引入了公钥证书(Certification)的概念。通过可信第三方即证书认证机构(Certificate Authority,CA,或称为认证中心),把用户的公钥和用户真实的身份信息(如名称、E-Mail 地址、身份证号、电话号码等)捆绑在一起,产生公钥证书。通过公钥证书,用户能方便、安全地获取对方的公钥,并且可以离线验证公钥的真实性。PKI 的主要目的是通过自动管理密钥和证书,从技术上解决了开放网络中身份识别、信息完整性和不可抵赖性等安全问题,为用户建立起一个安全的网络运行环境,使用户可以在网络环境下方便地使用加密和数字签名技术,保证开放网络中数据传输的保密性、完整性、认证性和不可否认性。PKI 的核心理论是公钥密码学,主要技术包括加密、认证、数字签名、信任模型等。

一个 PKI 系统由认证中心(CA)、证书库、Web 安全通信平台、注册审核机构(RA)等组成,其中 CA 和证书库是 PKI 的核心。

(1) CA:CA 是具有权威性的实体,它作为 PKI 管理实体和服务的提供者负责管理 PKI 机构下的所有用户的证书,包括用户的密钥或证书的创建、发放、更新、撤销、认证等工作。CA 是 PKI 框架中唯一能够创建、撤销、维护证书生命期的实体。

(2) 证书库:为使用户容易找到所需的公钥证书,必须有一个健壮的、规模可扩充的在线分布式数据库存在 CA 创建的所有用户公钥证书。证书库可由 Web、FTP、X. 500 目录来实现。证书库主要用来发布、存储数字证书,查询、获取其他用户的数字证书、下载黑名单等。

(3) Web 安全通信平台:PKI 是一个安全平台,为各类应用系统如电子商务、网上银行等提供数据的机密性、完整性、身份识别等服务。

(4) RA:RA 是数字证书的申请、审核和注册中心。它是 CA 认证机构的延伸。在逻辑上 RA 和 CA 是一个整体,主要负责提供证书注册、审核以及发证功能。

(5) 发布系统:发布系统主要提供 LDAP 服务、OCSP 服务和注册服务。注册服务为用户提供在线注册的功能;LDAP 提供证书和 CRL 的目录浏览服务;OCSP 提供证书状态在线查询服务。

(6) 应用接口系统:应用接口系统为外界提供使用 PKI 安全服务的入口。应用接口系统一般采用 API、JavaBean、COM 等多种形式。一个典型、完整、有效的 PKI 应用系统具有以下几个部分:密钥对的生成、公钥证书的管理、证书撤销、密钥的备份和恢复、自动更新密钥、自动管理历史密钥等。主要功能都是由 CA 实现的。

11.4.2 X. 509 认证业务

国际电信联盟 X. 509 定义了 X. 500 目录业务向用户提供认证业务的一个框架,目录的作用是存放用户的公钥证书。X. 509 还定义了基于公钥证书的认证协议。由于 X. 509 中定义的证书结构和认证协议已被广泛应用于 S/MIME、IPSec、SSL/TLS、SET 等诸多应用协议,因此 X. 509 已成为一个重要的标准。X. 509 的基础是公钥密码体制和数字签名,但其中未特别指明使用哪种密码体制(通常建议使用 RSA),也未特别指明数字签字中使用哪种 Hash 函数。

1. X. 509 的证书格式

X. 509 中最重要的部分是公开的密钥证书结构。证书由某个可信的证书发放机构 CA 建立,并由 CA 或用户将其放入目录中,以便其他用户访问。在 X. 509 中,数字证书的数据域包括以下内容。

(1) 版本号:如 V3。

(2) 序列号:由同一发行者(CA)发放的每个证书的序列号是唯一的。

(3) 签名算法识别符:签署证书所用的算法及相应的参数。

(4) 发放者名称:指建立和签署证书的 CA 名称。

(5) 有效期:包括证书有效期的起始时间和终止时间。

(6) 主体名称:指证书所属用户的名称。

(7) 主体的公开密钥信息:包括主体的公开密钥、使用这一公开密钥算法的标识符及相应的参数。

(8) 发行者唯一标识符:这一数据项是可选的,当 CA 名称被重新用于其他实体时,则用这一识别符来唯一地识别发行者。

(9) 主体唯一识别符:这一数据项是可选的,当主体的名称被重新用于其他实体时,则用这一识别符来唯一地识别主体。

(10) 扩展域:包括一个或多个扩展的数据项。

(11) 签名:CA 用自己的私钥对上述域的 Hash 值进行数字签名的结果。

X.509 的证书格式如图 11.9 所示。

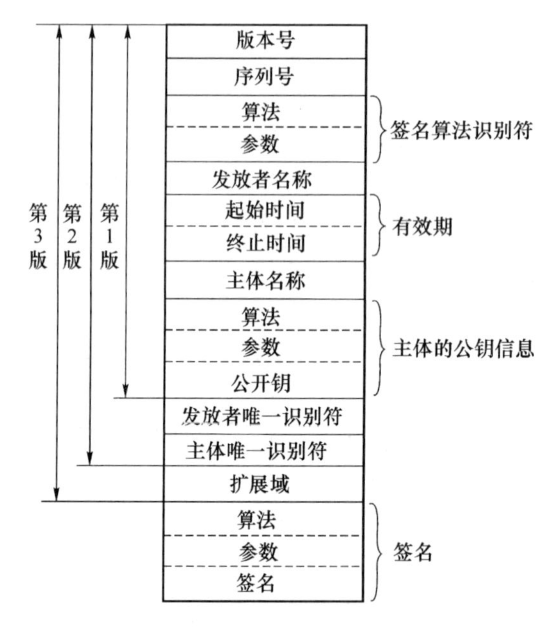

图 11.9　X.509 的证书格式

2. X.509 证书的获取

CA 为用户产生的证书,应有以下特征。

(1) 其他任一用户只要得到 CA 的公钥,就能由此得到 CA 为该用户签署的公钥。

(2) 除 CA 以外,任何其他人都不能以不被察觉的方式修改证书的内容。

如果所有用户都由同一 CA 签署证书,则这一 CA 就必须取得所有用户的信任。用户证书除了能放在目录中以供他人访问外,还可以由用户直接发给其他用户。

如果用户数量极多,则仅有一个 CA 负责为所有用户签署证书是不现实的,因为每一用户都必须以绝对安全的方式得到CA的公开密钥，以验证CA签署的证书，因此，在用户数目极多的情况下，应有多个CA，每个CA仅为一部分用户签署证书。

设用户A已从证书发放机构X_1处获取了公钥证书，用户B已从X_2处获取了证书。如果A不知X_2的公开密钥，虽然能读取B的证书，但却无法验证X_2的签字，因此，B的证书对A来说是没有用的。然而，如果两个CA：X_1和X_2彼此间已经安全地交换了公开密钥，则A可通过以下过程获取B的公开密钥：

(1) A从目录中获取X_1签署的X_2的证书，因A知道X_1的公开密钥，所以能验证X_2的证书，并从中得到X_2的公开密钥；

(2) A再从目录中获取由X_2签署的B的证书，并由X_2的公开密钥对此验证，然后从中得到B的公开密钥。

以上过程中，A是通过一个证书链来获取B的公开密钥，证书链可表示为：$X_1(X_2)X_2(B)$。这里，$X_1(X_2)$表示由X_1签署的X_2的证书。

类似的，B能通过相反的证书链获取A的公开密钥：$X_2(X_1)X_1(A)$。

n个证书的证书链可表示为：$X_1(X_2)X_2(X_3)\cdots X_n(B)$。

X.509建议将所有CA以层次结构组织起来。图11.10所示为X.509的CA层次结构的一个例子，其中的内部节点表示CA，叶节点表示用户。用户A可从目录中得到相应的证书以建立到B的证书链：X(W)W(V)V(Y)Y(Z)Z(B)并通过该证书链获取B的公开密钥。

3. X.509证书吊销列表

如果用户的密钥或CA的密钥被破坏，或者该用户有欺诈行为，CA不想再对该用户进行验证，则该用户的证书就应该被吊销，被吊销的证书应该存入目录供其他人查询。吊销证书列表如图11.11所示。

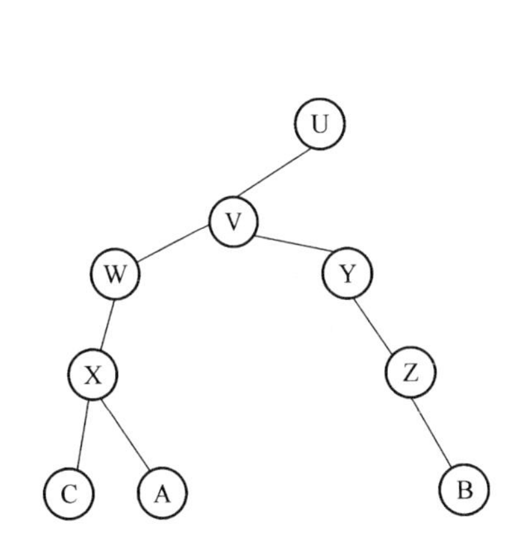

图11.10　X.509的CA层次结构

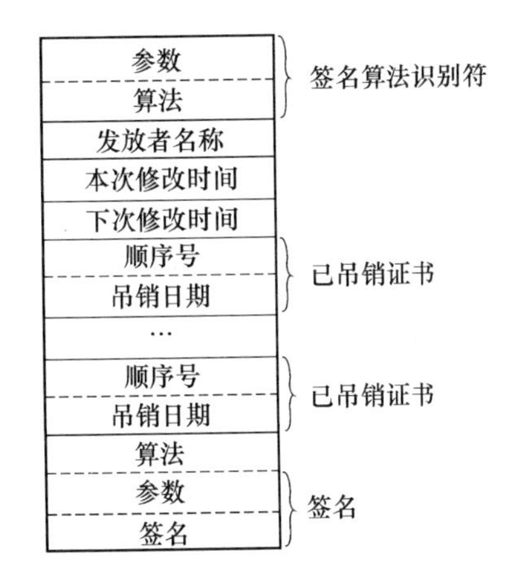

图11.11　证书吊销列表

4. X.509认证过程

X.509是基于公钥密码系统的用户之间认证的对称密钥传输功能。X.509认证方案有单向认证、双向认证和三向认证方案。方案中使用时间戳和基于随机数的挑战应答方式。协议中$Cert_A$、PK_A、SK_A、E、Sign分别表示用户A的公钥证书、公钥、私钥、加密算法、签名算法。X.509的认证过程如图11.12所示。

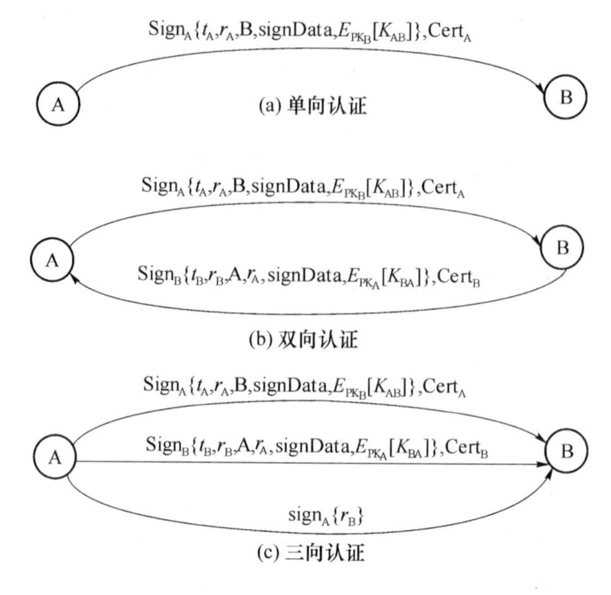

图 11.12　X.509 的认证过程

(1) 单向认证。指用户 A 将消息发送给 B,以向 B 证明:A 的身份、消息是由 A 产生的;期望的消息接收者是 B,消息的完整性和新鲜性。

为实现单向认证,A 发往 B 的消息应由 A 的私钥签署的若干项组成。数据项中应至少包括时间戳 t_A,一次性随机数 r_A,B 的身份,其中时间戳有消息的产生时间(可选项)和截止时间,以处理消息传送过程中可能出现的延迟、一次性随机数用于防止重放攻击。r_A 在该消息未到截止时间以前应是这一消息唯一所有的,因此 B 可在消息的截止时间前,一直存有 r_A,以拒绝具有相同 r_A 的其他消息。

如果仅用于认证,则 A 发往 B 的上述消息就可作为 A 提交给 B 的凭证。如果不单纯用于认证,则 A 签署的数据项中还可包含其他信息 signData,将这个信息也包括在 A 签署的数据项中可保证该信息的真实性和完整性。数据项中还可包括由 B 的公钥 PK_B 加密的双方想建立的会话密钥 K_{AB}。

(2) 双向认证。包括在上述单向认证的基础上,B 再向 A 作出应答,以证明:B 的身份、应答消息是由 B 产生的,应答的期望接收者是 A,应答消息的完整性和新鲜性。

应答消息中包括由 A 发来的一次性随机数 r_A(以使应答消息有效),由 B 发送的时间戳 t_B 和一次性随机数 r_B。与单向信息类似,应答中还可以包括其他附件信息和由 A 公钥加密的会话密钥。

(3) 三向认证。上述双向认证完成后,A 再对从 B 发来的一次性随机数字签名后发往 B,即构成三向认证。三向认证的目的是双方将收到的对方发来的一次性随机数又都返回给对方,因此双方不需检查时间戳只需要检查对方的一次性随机数即可检查出是否有重放攻击。在通信双方无法建立时钟同步时,需要使用该方法。

11.4.3　PKI 中的信任模型

证书用户、证书主体、各个 CA 之间的证书认证关系称为 PKI 的信任模型。目前信任模型常用的有 4 种:认证机构的严格层次模型、分布式结构模型、Web 模型和以用户为中心的信任模型。

1. 严格层次结构模型

严格层次结构模型是一种集中式的信任模型，又称树(层次)模型。认证机构的严格层次结构模型是一棵树，它比较适合具有层次结构的机构，如军队、垂直性行业、学校。在严格层次结构模型中，多个 CA 和最终用户构成一棵树。其中最高级的一个 CA 为根，称为根 CA，根 CA 是树型信任模型中的信任根源。其他 CA 根据其在树中的位置不同而分别被称为中间 CA 和底层 CA。证书的持证人(最终用户)为数的叶子。所有的 CA 和最终用户都遵循共同的行动准则，如图 11.13 所示。

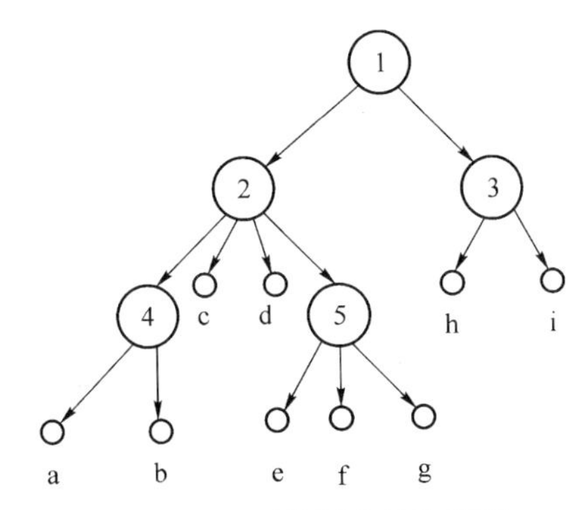

图 11.13 严格层次结构模型

2. 分布式信任结构模型

在严格层次结构信任模型中，所有的 CA 和最终用户都遵循共同的行动准则。这对于具有层次结构的机构是可行的。但是，对于社会而言，要建立一个包容各行各业的树型模型 PKI 是不现实的。于是出现了由多棵树组成的森林模型即分布式信任结构模型(也称交叉认证模型)。对于森林模型，如果多棵树之间彼此没有联系、互不信任，那么分别属于不同树的最终用户之间的保密通信是无法进行的。这样，这些树便成了信任孤岛，为了避免这种情况，应当在这些树之间建立某种信任关系，从而实现交叉认证。在分布式模型中，任何 CA 都可以对其他 CA 发证。这种模型非常适合动态变化的组织机构。它遵循自底向上的原则，不依赖于高层的根 CA，终端用户可以保持原来的非集中状态加入到交叉认证模型中来。分布式信任结构模型如图 11.14 所示。

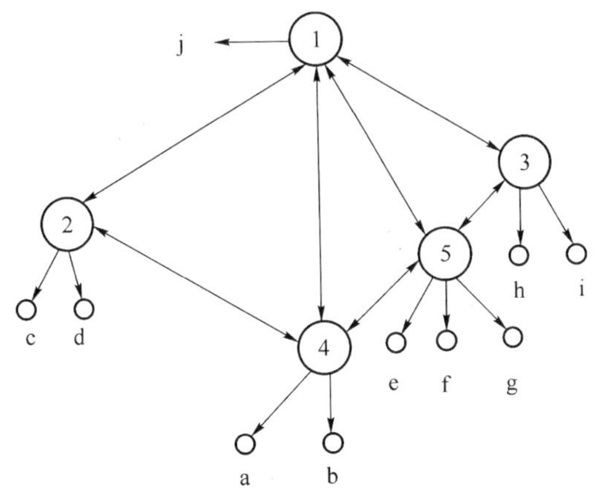

图 11.14 分布式信任结构(交叉认证)模型

3. Web 模型

Web 模型又称桥 CA 模型，如图 11.15 所示。各 PKI 的 CA 之间互相签发证书；由用户控制的交叉认证；由桥接 CA 控制的交叉认证。桥 CA 提供交叉证书，但不是根 CA，桥 CA 是所有信任域都信任的第三方，并管理所有域的策略映射。

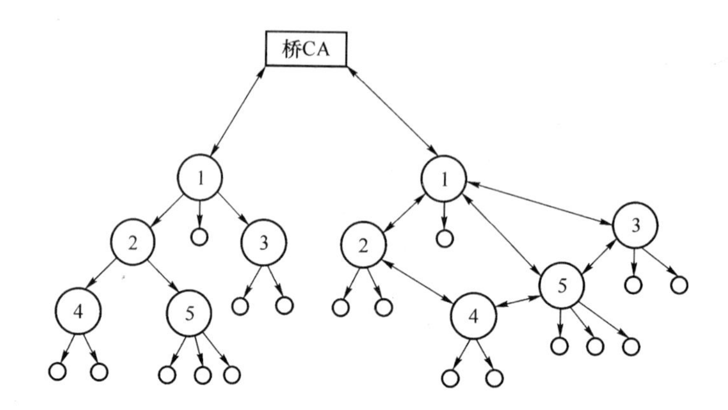

图 11.15　Web 模型（桥 CA 模型）

4. 以用户为中心的信任模型

以用户为中心的信任模型（如图 11.16 所示）为客户端系统提供了一套可信任的（根）公钥。通常使用的浏览器中的认证就属于这种类型。由于不需要目录服务器，因此，该模型应用方便，操作简单。

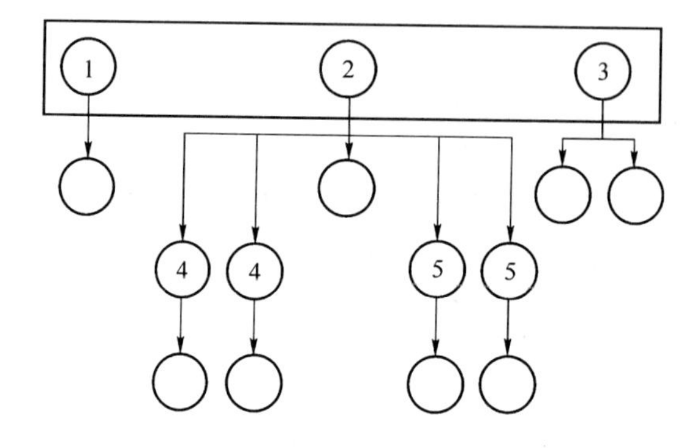

图 11.16　以用户为中心的信任模型

小　　结

本章围绕密钥管理，介绍了密钥生成、密钥分配、PKI 技术等主要内容。本章的主要知识点归纳如下。

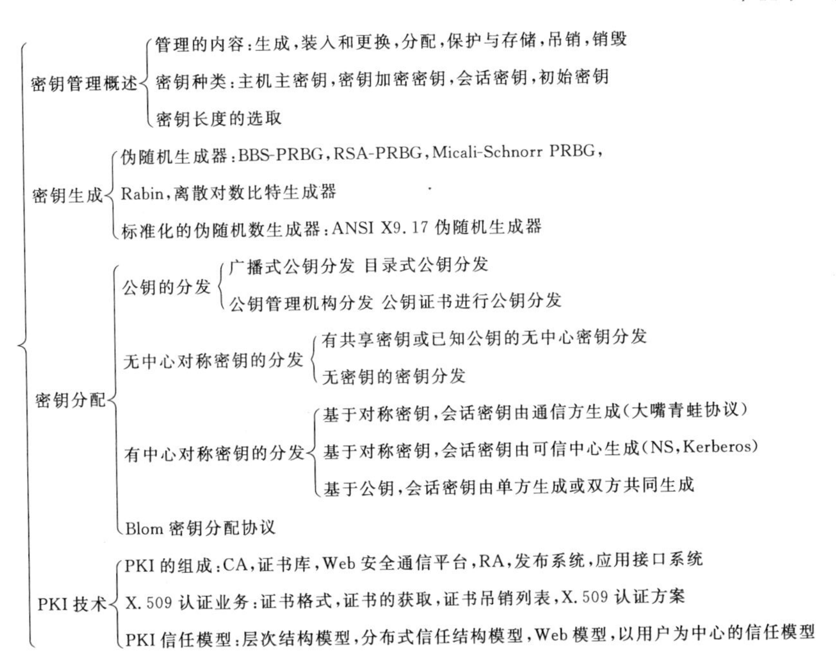

本章的重点是密钥分配和 PKI 技术,难点是密钥生成。

扩展阅读建议

关于 PKI 的专著:

Calisle Adams. 公开密钥基础设施——概念、标准和实施. 冯登国,等译. 北京:人民邮电出版社,2001.

关于密钥建立协议的专著:

Colin Boyd and Anish Mathuria. Protocols for Authentication and Key Establishment. Berlin: Springer, 2003.

参 考 文 献

[1] 陈鲁生，等. 现代密码学[M]. 北京:科学出版社，2002.

[2] 陈恭亮. 信息安全数学基础[M]. 北京:清华大学出版社,2004.

[3] 陈少真. 密码学基础[M]. 北京:科学出版社,2008.

[4] 陈少真. 密码学教程[M]. 北京:科学出版社,2012.

[5] 陈智雄. 伪随机序列的设计及其密码学应用[M]. 厦门:厦门大学出版社,2011.

[6] 曹珍富. 公钥密码学[M]. 哈尔滨:黑龙江教育出版社,1993.

[7] 曹天杰，等. 安全协议[M]. 北京:北京邮电大学出版社,2009.

[8] 邓安文. 密码学——加密演算法[M]. 北京:中国水利水电出版社,2006.

[9] 丁存生,肖国镇. 流密码学及其应用[M]. 北京:国防工业出版社,1994.

[10] 裴定一，等. 算法数论[M]. 北京:科学出版社,2002.

[11] 范九伦，等. 密码学基础[M]. 西安:西安电子科技大学出版社,2008.

[12] 冯登国,裴定一. 密码学导引[M]. 北京:科学出版社,1999.

[13] 冯登国. 密码分析学[M]. 清华大学出版社、广西科学技术出版社,2000.

[14] 冯登国,吴文玲. 分组密码的设计与分析[M]. 北京:清华大学出版社,2000.

[15] 冯登国. 网络安全原理技术[M]. 北京:科学出版社,2003.

[16] 冯晖，等. 计算机密码学[M]. 北京:中国铁道出版社,1999.

[17] 谷利泽，等. 现代密码学教程[M]. 北京:北京邮电大学出版社,2009.

[18] 胡向东，等. 应用密码学教程[M]. 北京:电子工业出版社,2005.

[19] 胡亮. 基于身份的密码学[M]. 北京:高等教育出版社,2011.

[20] 何大可，等. 现代密码学[M]. 北京:人民邮电出版社,2009.

[21] 李克洪,王大玲,董晓梅. 实用密码学与计算机数据安全[M]. 沈阳:东北大学出版社,1997.

[22] 李顺东，等. 现代密码学:理论、方法与研究前沿[M]. 北京:科学出版社,2009.

[23] 刘嘉勇，等. 应用密码学[M]. 北京:清华大学出版社,2008.

[24] 刘木兰. 密钥共享体制和安全多方计算[M]. 北京:电子工业出版社,2008.

[25] 林东岱，等. 应用密码学[M]. 北京:科学出版社,2009.

[26] 林东岱. 代数学基础与有限域[M]. 北京:高等教育出版社,2006.

[27] 卢开澄. 计算机密码学——计算机网络中的数据保密与安全. 2 版[M]. 北京:清华大学出版社,1999.

[28] 李超. 密码函数的安全性指标分析[M]. 北京:科学出版社,2011.

[29] 李超,孙兵,李瑞林. 分组密码的攻击方法与实例分析[M]. 北京:科学出版社,2010.

[30] 毛明，等. 大众密码学[M]. 北京:高等教育出版社,2005.
[31] 潘承洞，等. 初等数论[M]. 北京:北京大学出版社,2003.
[32] 邱卫东，等. 密码协议基础[M]. 北京:高等教育出版社,2009.
[33] 卿斯汉. 安全协议[M]. 北京:清华大学出版社,2005.
[34] Katz J, Lindel Y. 现代密码学——原理与协议[M]. 任伟,译. 北京:国防工业出版社,2010.
[35] Katz J. 数字签名[M].任伟，译 . 北京:国防工业出版社,2012.
[36] 阮传概,孙伟. 近世代数及其应用[M]. 北京:北京邮电大学出版社,2002.
[37] 孙淑玲. 应用密码学[M]. 北京:清华大学出版社,2004.
[38] 宋震，等. 密码学[M]. 北京:中国水利水电出版社,2002.
[39] 沈世镒. 组合密码学[M]. 杭州:浙江科学技术出版社,1992.
[40] 沈世镒. 近代密码学[M]. 桂林:广西师范大学出版社,1998.
[41] 田园. 计算机密码学——通用方案构造及安全性证明[M]. 北京:电子工业出版社,2008.
[42] 王亚弟，等. 密码协议形式化分析[M]. 北京:机械工业出版社,2006.
[43] 王育民,何大可. 保密学——基础与应用[M]. 西安:西安电子科技大学出版社,1990.
[44] 王育民,梁传甲. 信息与编码理论[M]. 西安:西北电讯工程学院出版社,1986.
[45] 王育民,刘建伟. 通信网的安全——理论与技术[M]. 西安:西安电子科技大学出版社,1999.
[46] 王新梅,马文平,武传坤. 纠错密码理论[M]. 北京:人民邮电出版社,2001.
[47] 王小云,王明强，孟宪萌. 公钥密码学的数学基础[M]. 北京:科学出版社,2013.
[48] 中国密码学会组. 古今密码学趣谈[M]. 北京:电子工业出版社,2012.
[49] 王亚弟，等. 密码协议形式化分析[M]. 北京:机械工业出版社,2007.
[50] 万哲先. 代数和编码[M].3 版. 北京:高等教育出版社,2007.
[51] 徐茂智. 信息安全基础[M]. 北京:高等教育出版社,2006.
[52] 徐茂智,游林. 信息安全与密码学[M]. 北京:清华大学出版社,2007.
[53] 肖攸安. 椭圆曲线密码体系研究[M]. 武汉:华中科技大学出版,2006.
[54] 肖国镇,张宁译. 密码学导引:原理和应用[M]. 北京:清华大学出版社,2008.
[55] 杨波. 现代密码学[M]. 北京:清华大学出版社,2003.
[56] 杨义先，等. 现代密码新理论[M]. 北京:科学出版社,2002.
[57] 杨义先，等. 应用密码学[M]. 北京:北京邮电大学出版社,2005.
[58] 杨义先，等. 网络安全理论与技术[M]. 北京:人民邮电出版社,2003.
[59] 杨晓元. 现代密码学[M]. 西安:西安电子科技大学出版社,2009.
[60] 杨军. 基于 FPGA 密码技术的设计与应用[M]. 北京:电子工业出版社,2012.
[61] 赵泽茂. 数字签名理论[M]. 北京:科学出版社,2007.
[62] 张福泰，等. 密码学教程[M]. 武汉:武汉大学出版社,2006.
[63] 椭圆曲线密码学导论[M].张焕国，等译. 北京:清华大学出版社,2003.

[64] 张焕国,刘玉珍. 密码学引论[M]. 武汉:武汉大学出版社,2004.
[65] 张世永. 网络安全原理与应用[M]. 北京:科学出版社,2003.
[66] 张华,温巧燕,金正平. 可证明安全算法与协议[M]. 北京:科学出版社,2012.
[67] 章照止. 现代密码学基础[M]. 北京:北京邮电大学出版社,2004.
[68] 钟义信. 信息科学原理[M]. 北京:北京邮电大学出版社,1996.
[69] 周荫清. 信息理论基础[M]. 北京:北京航空航天大学出版社,1993.
[70] 周福才,徐剑. 格理论与密码学[M]. 北京:科学出版社,2013.
[71] 周炯槃. 信息理论基础[M]. 北京:人民邮电出版社,1984.
[72] 郑东,等. 密码学——密码算法与协议[M]. 北京:电子工业出版社,2009.
[73] 祝跃飞,等. 公钥密码学设计原理与可证明安全[M]. 北京:高等教育出版社,2010.
[74] 祝跃飞,等. 密码学与通信安全基础[M]. 武汉:华中科技大学出版社,2008.
[75] Menezes A,等. 应用密码学手册[M]. 胡磊,等,译. 北京:电子工业出版社,2005.
[76] Bruce Schneier. 应用密码学——协议、算法与C源程序[M]. 吴世忠,等,译. 北京:机械工业出版社,2000.
[77] Douglas R Stinson. 密码学原理与实践[M]. 冯登国,译. 北京:电子工业出版社,2003.
[78] Ranjan Bose. 信息论、编码与密码学[M]. 武传坤,译. 北京:机械工业出版社,2005.
[79] Niels Ferguson,等. 密码学实践[M]. 张振峰,等,译. 北京:电子工业出版社,2005.
[80] Paul Garrett. 密码学导引[M]. 吴世忠,宋晓龙,郭涛,等,译. 北京:机械工业出版社,2003.
[81] Richard Spillman. 经典密码学与现代密码学[M]. 叶阮健,等,译. 北京:清华大学出版社,2005.
[82] Ross J Anderson. 信息安全工程[M]. 蒋佳,等,译. 北京:机械工业出版社,2003.
[83] Thomas M Cover. 信息论基础(影印本)[M]. 北京:清华大学出版社,2003.
[84] Trappe W,Washington L C. 密码学与编码理论[M]. 王金龙,等,译. 北京:人民邮电出版社,2008.
[85] Wenbo Mao. 现代密码学理论与实践[M]. 王继林,等,译. 北京:电子工业出版社,2004.
[86] William Stallings. 密码编码学与网络安全——原理与实践[M]. 4版. 孟庆树,王丽娜,傅建明,等,译. 北京:电子工业出版社,2007.
[87] Wade Trappe,Lawrence C Washington. 密码学概论[M]. 邹红霞,等,译. 北京:人民邮电出版社,2004.
[88] Neal Koblitz. A Course in Number Theory and Cryptography[M]. 2nd ed. New York: Springer, 1994.

[89] Oded Goldreich. Foundation of Cryptography，Basic Tools[M]. 北京:电子工业出版社,2003.

[90] Oded Goldreich. Foundation of Cryptography，Basic Applications[M]. 北京:电子工业出版社,2005.

[91] 中国密码学会. 密码学学科发展报告,2009—2010[R]. 北京:中国科学技术出版社,2010.

[92] 中国密码学会组. 中国密码学发展报告，2008[R]. 北京:电子工业出版社,2009.

[93] 中国密码学会组. 中国密码学发展报告，2009[R]. 北京:电子工业出版社,2010.

[94] 中国密码学会组. 中国密码学发展报告，2011[R]. 北京:电子工业出版社,2011.

[95] 中国密码学会组. 密码术语[R]. 北京:电子工业出版社,2009.

[96] 斯文森. 现代密码分析学—破译高级密码的技术[M]. 黄月江,祝世雄，译. 北京:国防工业出版社，2012.

[97] 帕尔,佩尔茨尔. 深入浅出密码学——常用加密技术原理与应用[M]. 马小婷，译. 北京:清华大学出版社,2012.

[98] 康海涛. 计算机安全与密码学[M]. 唐明，等，译. 北京:电子工业出版社,2010.